内容简介

本教材是高等职业教育农业部"十二五"规划教材，按照畜牧兽医、兽医、动物防疫检疫等专业技术领域和岗位（群）所需要的基本理论和技能设计教学内容，突出实用性、针对性和技能性。

本教材汲取了国内外各版本教材的丰富经验，凝集了动物病理方面最新的实用知识和技能，并由长期从事动物病理教学与科研，且具有丰富兽医临床实践经验的专家教授编写。本教材主要包括动物疾病的基本病理变化、常见器官病理、动物病理诊断技术三部分内容，以章为单位，各章附有知识目标、技能目标和复习思考题，并附有独立的实训指导。教材图文并茂，附有大量大体和镜下病变的彩色图片，文字表达通俗易懂，有助于读者理解和掌握。

本教材可作为高职高专畜牧兽医专业、兽医专业、动物防疫与检疫专业及相关专业的使用教材，也可作为畜牧兽医工作者的重要参考书。

高等职业教育农业农村部"十三五"规划教材
山东省"十四五"职业教育规划教材

动物病理

DONGWU BINGLI

姜八一 主编

中国农业出版社
北京

图书在版编目（CIP）数据

动物病理/姜八一主编. —北京：中国农业出版社，2014.3（2024.7重印）
高等职业教育农业部"十二五"规划教材
ISBN 978-7-109-18908-9

Ⅰ.①动… Ⅱ.①姜… Ⅲ.①兽医学-病理学-高等职业教育-教材 Ⅳ.①S852.3

中国版本图书馆 CIP 数据核字（2014）第 031327 号

中国农业出版社出版
（北京市朝阳区麦子店街 18 号楼）
（邮政编码 100125）
责任编辑　徐　芳

中农印务有限公司印刷　新华书店北京发行所发行
2014 年 3 月第 1 版　2024 年 7 月北京第 10 次印刷

开本：787mm×1092mm　1/16　印张：14.75　插页：4
字数：348 千字
定价：38.00 元
（凡本版图书出现印刷、装订错误，请向出版社发行部调换）

编审人员名单

主　编　姜八一

副主编　杨慧萍　周珍辉　吕建存

编　者（以姓名笔画为序）

　　　　　王汝都　王金福　吕建存

　　　　　杨慧萍　周珍辉　赵满达

　　　　　姜八一　钱　峰

审　稿　刘思当　陆桂平

前 言

近年来,高等职业教育坚持贴近地方产业,积极主动与行业、企业合作,努力为经济社会发展服务,面向生产服务一线培养了一大批技术型和高层次技能型人才。在本教材的编写过程中,我们密切跟踪畜牧兽医行业(企业)发展需求,紧密结合畜牧兽医类职业岗位群所需要的知识、能力、素质要求,参考职业标准、行业规范,以职业能力培养为主线,以岗位技能培养为重点,在保持科学性和先进性的基础上,重点突出实用性和实践性。在结构体系上,打破学科的系统性和完整性,方便读者学习和使用;在内容阐述上,力求反映当代新知识、新方法、新工艺和新技术,保证其先进性。

本教材的编写分工是:绪论、第二章的第一节和第二节、第三章由姜八一(山东畜牧兽医职业学院)编写,第一章、第四章、第十四章由杨慧萍(杨凌职业技术学院)编写,第五章、第十章、第二十章的第一节由周珍辉(北京农业职业学院)编写,第二章的第三节、第八章、第十五章由吕建存(河北农业大学中兽医学院)编写,第六章、第十一章、第二十章的第二节由赵满达(山东畜牧兽医职业学院)编写,第十二章、第十八章由王汝都(河南农业职业学院)编写,第七章、第九章、第十七章由王金福(上海农林职业技术学院)编写,第十三章、第十六章、第十九章由钱峰(黑龙江农业经济职业学院)编写,实训部分由相应编写人员编写,动物病理实践技能考核项目由姜八一编写。全书由姜八一统稿,由山东农业大学刘思当教授和江苏农牧科技职业学院陆桂平教授审阅定稿。

由于编者水平有限,纰缪之处在所难免,恳请使用本教材的师生和读者提出宝贵意见,以供今后修订时参考。

编 者

2014 年 1 月

目 录

前言

绪论 ·· 1

第一章 疾病概论 ······························ 5
第一节 疾病的概念 ························· 5
第二节 疾病发生的原因 ··················· 6
一、外界致病因素 ···························· 6
二、机体内部致病因素 ······················ 7
三、疾病发生的条件 ························ 10
第三节 疾病发生发展的一般
机理和规律 ························ 10
第四节 疾病的经过和转归 ··············· 12

第二章 细胞和组织的适应、
损伤与修复 ···················· 14
第一节 细胞和组织的适应 ··············· 14
一、萎缩 ······································ 14
二、肥大 ······································ 15
三、增生 ······································ 16
四、化生 ······································ 16
第二节 细胞和组织的损伤 ··············· 17
一、可逆性损伤（变性）··················· 17
二、不可逆性损伤（细胞死亡）········· 19
三、病理性物质沉着 ························ 22
第三节 损伤的修复 ························ 24
一、再生 ······································ 24
二、纤维性修复 ······························ 26
三、创伤愈合 ································ 27

第三章 局部血液循环障碍 ············· 32
第一节 充血 ································ 32
一、动脉性充血 ······························ 32
二、静脉性充血 ······························ 34
第二节 局部贫血 ·························· 35
第三节 出血 ································ 36
第四节 血栓形成 ·························· 37
一、血栓形成的条件和发生机理 ········ 37
二、血栓形成的过程和类型 ··············· 38
三、血栓与死后凝血块的区别 ············ 39
四、血栓的结局 ······························ 40
五、血栓形成对机体的影响 ··············· 40
第五节 栓塞 ································ 41
一、栓子运行的途径 ························ 41
二、栓塞的类型和对机体的影响 ········ 41
第六节 梗死 ································ 42
一、梗死的原因 ······························ 42
二、梗死的类型及病理变化 ··············· 43
三、梗死对机体的影响和结局 ············ 44

第四章 水、电解质代谢及酸碱
平衡紊乱 ························· 46
第一节 水肿 ································ 46
一、水肿发生的机理 ························ 47
二、水肿的类型 ······························ 49
三、水肿的病理变化 ························ 50
四、水肿的结局及对机体的影响 ········ 51
第二节 脱水 ································ 52
一、高渗性脱水 ······························ 52
二、低渗性脱水 ······························ 53

三、等渗性脱水 …………… 54
四、脱水的补液原则 ………… 54
第三节 酸碱平衡紊乱 …………… 55
一、机体对酸碱平衡的调节 … 55
二、酸碱平衡紊乱的类型 …… 56

第五章 炎症 ………………………… 62
第一节 炎症概述 ………………… 62
第二节 炎症的基本病理变化 …… 63
一、变质 ……………………… 63
二、渗出 ……………………… 63
三、增生 ……………………… 69
第三节 炎症局部的临床表现和
全身反应 ………………… 69
第四节 炎症的类型 ……………… 71
一、变质性炎 ………………… 71
二、渗出性炎 ………………… 72
三、增生性炎 ………………… 75
第五节 炎症的结局 ……………… 76

第六章 发热 ………………………… 79
第一节 发热的原因和机制 ……… 79
一、发热激活物 ……………… 79
二、内生致热原 ……………… 80
三、发热时的体温调节机制 … 81
第二节 发热的发展过程
及热型 …………………… 82
第三节 发热时机体代谢和
功能的变化 ……………… 84
第四节 发热的生物学意义
及处理原则 ……………… 85

第七章 贫血 ………………………… 87
第一节 贫血的分类及特征 ……… 87
第二节 贫血对机体的影响 ……… 89

第八章 缺氧 ………………………… 91
第一节 缺氧的类型和特点 ……… 91
一、乏氧性缺氧 ……………… 91
二、血液性缺氧 ……………… 92
三、循环性缺氧 ……………… 93
四、组织性缺氧 ……………… 93
第二节 缺氧时机体代谢和
功能的变化 ……………… 94
一、物质代谢的变化 ………… 94
二、功能的变化 ……………… 95

第九章 休克 ………………………… 99
第一节 休克的原因及分类 ……… 99
第二节 休克的发生发展过程
及其发生机制 …………… 100
第三节 休克时机体的病理变化 … 102
一、机体代谢变化及细胞损伤 … 102
二、休克时器官功能和
结构的变化 ……………… 103
第四节 休克的防治原则 ………… 105

第十章 黄疸 ………………………… 107
第一节 胆红素正常代谢过程 …… 107
第二节 黄疸的类型、机理及特征 … 108
第三节 黄疸对机体的影响 ……… 110

第十一章 肿瘤 ……………………… 112
第一节 肿瘤的概念 ……………… 112
第二节 肿瘤的特性 ……………… 113
一、肿瘤的一般形态与结构 … 113
二、肿瘤的异型性 …………… 114
三、肿瘤细胞的代谢特点 …… 115
四、肿瘤的生长与扩散 ……… 116
五、肿瘤对机体的影响 ……… 117
第三节 良性肿瘤和恶性肿瘤的
区别 ……………………… 118

第四节　肿瘤的命名和分类 …………… 119
第五节　肿瘤的原因 …………………… 120
　　一、肿瘤的外因 ……………………… 121
　　二、肿瘤的内因 ……………………… 122
第六节　动物常见肿瘤 ………………… 123

第十二章　造血系统病理 …………… 128
第一节　淋巴结炎 ……………………… 128
　　一、急性淋巴结炎 …………………… 129
　　二、慢性淋巴结炎 …………………… 130
第二节　脾炎 …………………………… 133

第十三章　心血管系统病理 ………… 136
第一节　心包炎 ………………………… 136
第二节　心肌炎 ………………………… 137
第三节　心内膜炎 ……………………… 139

第十四章　呼吸系统病理 …………… 141
第一节　肺炎 …………………………… 141
　　一、支气管肺炎 ……………………… 141
　　二、纤维素性肺炎 …………………… 142
　　三、间质性肺炎 ……………………… 145
第二节　肺气肿 ………………………… 145
第三节　肺萎陷 ………………………… 147

第十五章　消化系统病理 …………… 148
第一节　胃炎 …………………………… 148
第二节　肠炎 …………………………… 149
第三节　肝炎 …………………………… 151
第四节　肝硬化 ………………………… 155

第十六章　泌尿系统病理 …………… 158
第一节　肾炎 …………………………… 158
　　一、肾小球肾炎 ……………………… 158
　　二、间质性肾炎 ……………………… 160
　　三、化脓性肾炎 ……………………… 161
第二节　肾病 …………………………… 162

第十七章　生殖系统病理 …………… 164
第一节　卵巢病变 ……………………… 164
第二节　子宫内膜炎 …………………… 164
第三节　乳腺炎 ………………………… 165
第四节　睾丸炎 ………………………… 167

第十八章　神经系统病理 …………… 168
第一节　神经组织的基本病变 ………… 168
　　一、神经细胞的变化 ………………… 168
　　二、神经胶质细胞的变化 …………… 170
　　三、血液循环障碍 …………………… 170
　　四、脑脊液循环障碍 ………………… 171
第二节　脑炎 …………………………… 172
第三节　脑软化 ………………………… 173

第十九章　代谢病病理 ……………… 176
第一节　白肌病 ………………………… 176
第二节　佝偻病和骨软化症 …………… 177

第二十章　动物尸体剖检技术 ……… 178
第一节　尸体剖检概述 ………………… 178
第二节　尸体剖检术式 ………………… 186

动物病理实训指导 …………………… 196
实训一　细胞和组织的损伤 …………… 196
实训二　细胞和组织的适应与修复 …… 198
实训三　局部血液循环障碍 …………… 200
实训四　水肿 …………………………… 203
实训五　脱水 …………………………… 204
实训六　炎症 …………………………… 205
实训七　肿瘤 …………………………… 208
实训八　造血系统病理 ………………… 211
实训九　心脏病理 ……………………… 212
实训十　呼吸系统病理 ………………… 213
实训十一　胃肠病理 …………………… 215
实训十二　肝病理 ……………………… 216

实训十三 肾病理 …………… 217	实训十七 动物尸体剖检诊断技术…… 222
实训十四 生殖器官病理 …………… 219	
实训十五 神经系统病理 …………… 220	附录 动物病理实践技能考核项目…… 223
实训十六 代谢病病理 …………… 221	参考文献……………………………… 224

绪　论

> 【学习目标】
> 1. 熟悉：动物病理的概念、动物病理的研究材料和方法。
> 2. 了解：动物病理的基本内容和任务；动物病理在兽医学科中的地位。
> 3. 养成唯物主义辩证的哲学思维，指导动物病理的学习。

　　动物病理是研究动物疾病发生、发展规律的一门科学。它的主要任务是通过研究疾病发生的原因、发病机制、经过和转归，以及患病机体的功能、代谢和形态结构的改变，来阐明疾病的本质，为防治疾病提供科学的理论依据。动物病理是具有临床性质的基础学科，它既可作为基础学科为临床医学奠定坚实的基础，又可作为应用学科直接参与动物疾病的诊断和防治。

　　（一）动物病理的基本内容

　　传统的动物病理由于研究方法或角度的不同，可分为动物病理解剖和动物病理生理两部分。前者侧重从形态变化阐明疾病的本质，而后者侧重从功能和代谢变化阐明疾病的发生、发展规律。在疾病的发生、发展过程中，机体的形态、功能及代谢的变化是互相联系和互相影响的，因此本教材把动物病理解剖和动物病理生理融为一体。全书共设二十章，第一至第十一章为动物病理总论部分，主要阐述疾病发生、发展过程中的共同规律和基本病理变化；第十二章至第十九章为动物病理各论部分（器官系统病理），主要阐述患病动物机体各主要系统、器官的常见病变及其发生、发展规律；第二十章为动物尸体剖检技术，主要介绍动物尸体剖检概述和尸体剖检术式。

　　（二）动物病理在兽医学科中的地位

　　动物病理是兽医科学中重要的专业基础课，在兽医学科体系中占有重要地位。

　　患病动物机体生命活动的变化是十分复杂的。在研究疾病时，首先要了解正常机体的形态结构、功能和代谢活动规律。因此，动物病理必须以动物解剖学、动物组织胚胎学、动物生理学、动物生物化学作为学习的必要理论基础。从病因学角度，动物病理与动物微生物学、动物寄生虫学和兽医免疫学等也有着密切的联系。其次，动物病理又是学习动物内科病、动物外科病、动物产科病、动物传染病、动物寄生虫病等临床学科的必要基础，为临床各学科疾病的症状、体征和诊断提供了理论基础；同时，各临床学科又不断向动物病理提供新的研究课题，从而促进动物病理的深入发展。因此，动物病理是沟通兽医基础与兽医临床各学科之间的桥梁学科，在兽医教育体系中起着承上启下的作用。

　　动物病理不仅在课程学习上具有承上启下的作用，在对疾病的研究与诊断中，同样发挥着重要作用。随着科学的发展，临床医学诊断疾病的手段越来越多，如实验室特殊检查、内窥镜检查、超声影像技术等。虽然它们在疾病的发现和诊断上起了重要作用，但最具有权威性和能为临床提供最准确诊断的仍然是病理诊断。此外，临床兽医工作中的医疗纠纷和法律纠纷案例也只有通过病理诊断才能得出较正确的结论，病理诊断也是最后的宣判性诊断。由此可见，动物病理在动物医学中具有十分重要的地位。在国外，人们通常称病理医生为"医生的医生"。

（三）动物病理的研究方法

动物病理的研究方法很多，现介绍如下：

1. 尸体剖检 尸体剖检简称尸检，是指对患病后死亡动物的尸体进行病理剖检。通过尸体剖检，全面检查各系统、器官和组织的病理变化，并结合临床症状，确立病理学诊断，查明病（死）因，有助于及时总结经验，提高诊疗工作质量。尸体剖检，也可以对某些群发性疾病如传染病、寄生虫病等做出及时诊断，为疾病防治工作提供依据。

2. 动物实验 是指根据研究需要，在实验动物身上复制某些动物疾病的模型，动态地观察疾病全过程中各阶段的病理变化，进而研究疾病的病因、发病机制、经过和结局以及药物的疗效等，为疾病的诊断和治疗提供理论依据。

3. 活体组织检查 是指用局部切除、钳取、穿刺等方法，从患病动物活体采取病变组织进行病理学检查，这有助于及时而准确地对疾病做出诊断和进行疗效判断，对指导治疗和预后都具有十分重要的意义。

4. 临床病理研究 是指对自然发病的动物进行临床病理学研究，即在系统观察的基础上，根据疾病的特点和研究目的，选用实验室检验技术对其血液、尿液等做化验分析，从检测结果可以直接反映患病动物体内功能、代谢或某些形态结构的改变，了解疾病的发生、发展过程。

5. 细胞学检查 是指从患病动物的痰液、胃液、尿液、胸腹水、阴道分泌物等体液或破溃肿瘤的表面采集脱落细胞，涂片染色后进行细胞学检查。

6. 组织和细胞培养 是指将动物的某种组织或细胞用适宜的培养基在体外进行培养，研究在各种原因作用下，组织或细胞病变的发生、发展规律，如肿瘤的生长、细胞的癌变、肿瘤的诱导分化、病毒的复制和染色体的变异等。

7. 病理学的观察方法和新技术的应用 近年来，随着学科的发展，病理学的研究手段已远远超越了传统的、经典的形态观察，而采用了许多新方法、新技术，从而使研究工作得到了进一步的深化，但形态学方法（包括改进了的形态学方法）仍不失为基本的研究方法。现将常用的方法简述如下：

（1）大体观察。主要运用肉眼或借助放大镜、量尺、各种衡器等辅助工具，对所检标本的大小、形态、色泽、质量、表面及切面、病灶特征及坚硬度等进行细致地观察及检测。有经验的病理及临床工作者往往能根据大体观察初步确定诊断和病变性质。大体观察可以看到病变的整体形态和许多重要性状，它具有微观观察不能取代的优势，因此不能片面的只注重组织学观察及其他高科技技术检查，它们各有所长，一定要配合使用。

（2）光学显微镜观察。将病变组织制成病理切片，或将脱落细胞制成涂片，经不同方法染色后用光学显微镜观察其病变，通过分析病变特点，做出疾病的病理诊断。

（3）电子显微镜观察。运用透射及扫描电子显微镜，对细胞的内部和表面超微结构进行更细微地观察，可从亚细胞（细胞器）和生物大分子水平了解细胞的病变。但由于放大倍率太高，观察病变只见局部不见全貌，常需结合肉眼观察及光学显微镜检查，才能发挥其作用。

（4）组织和细胞化学观察。一般称为特殊染色法，应用某些能与组织细胞内化学成分特异性结合的显色试剂，显示组织、细胞内某些化学成分（如蛋白质、酶类、核酸、糖原、脂肪等）的变化。如用 PAS 染色法显示细胞内糖原的变化，用苏丹Ⅲ染色法显示细胞内的脂肪成分。该方法对一些代谢性疾病的诊断有一定的参考价值，也可用于肿瘤的病理诊断和鉴别诊断。

（5）免疫组织化学观察。简称免疫组化，其原理是利用抗原与抗体的特异性结合反应来检测组织和细胞中的未知抗原或抗体，从而进行病理学诊断。其优点是可以在原位观察抗原物质是否存在及存在部位、含量等，把形态变化与分子水平的功能、代谢变化结合起来，在显微镜下直接观察。该方法目前已广泛运用于肿瘤的病理诊断与鉴别诊断，对病理学研究和诊断都有很大的帮助。

除上述方法外，近年来陆续建立的还有放射自显影技术、显微分光光度技术、流式细胞仪技术、形态测量（图像分析）技术、多聚酶链反应（PCR）技术、组织芯片技术以及原位杂交技术等一系列分子生物学技术。这些新的研究手段和方法，使我们对疾病的发生、发展的规律逐渐获得更为深入的了解，推动动物病理的发展进入一个新的时期。

（四）学习动物病理的指导思想和方法

学习动物病理必须坚持辩证唯物主义的世界观和方法论，用对立统一的法则去认识疾病，辨别疾病过程中的各种矛盾关系。用运动、发展的观点看待疾病，具体病变具体分析，以掌握疾病发生、发展和转归的基本规律。为此，在学习中必须注意以下几个方面：

1. 用运动发展的观点认识疾病 任何疾病在发生、发展过程中的不同阶段，其病理变化及临床表现各不相同。而我们所观察的大体标本、组织切片及患病动物的症状，只是疾病在某一时段的病变和表现，并非是疾病的全貌。因此，在观察任何病理变化和病理过程时，都必须以运动的、发展的观点去分析和理解，既要看到它的现状，也要想到它的过去和将来，这样才能比较全面地认识其本质。

2. 树立实践第一的观点 动物病理是一门实践性很强的学科。动物病理的理论知识来源于实践，并在实践中进一步发展和完善，而病理的基础知识和基本技能又必须在实践中才能得以更好地理解和掌握。在学习过程中，要坚持实践、认识、再实践、再认识的学习方法，积极参加临床病例观察、尸体剖检、标本观察、动物实验、临床病理讨论等实践活动，提高解决实际问题的能力，为进一步学习临床课程打下良好的基础。

3. 注意局部与整体的辩证关系 动物机体是一个完整的统一体，全身各个器官和系统是相互联系、密切相关的，通过神经、体液的协调活动以维持机体的健康状态。在疾病过程中，局部的病变常常影响全身，而全身的改变也必然影响到局部。如肺结核患畜，病变虽然主要在肺，但常常伴有发热、食欲减退等全身表现。另外，肺的结核病变也受全身状态的影响，当机体抵抗力增强时，肺的病变可以局限甚至痊愈；机体抵抗力降低时，原有的陈旧性病变又可复发或恶化。因此，疾病是一个非常复杂的过程，局部与整体是相互联系、密不可分的。

4. 注意功能、代谢和形态结构之间的辩证关系 疾病过程中，机体常发生功能、代谢和形态三方面的改变。代谢改变是功能和形态改变的基础，功能改变往往又可影响代谢和形态改变，形态改变必然会影响其代谢和功能的改变。可见疾病过程中机体形态、功能和代谢变化之间互相联系、互相影响、互为因果。因此，在学习动物病理时，要通过形态的改变去联系功能、代谢的变化，再由功能、代谢的改变去联系形态的变化，从而全面认识疾病。

5. 正确认识内因与外因的关系 任何疾病的发生，都有外因和内因两个方面。没有外因，就不会引起相应的疾病；但外因必须通过内因才能起作用。外因作用于机体后，并非都能引起疾病，它只有破坏了机体内部环境的相对平衡，使机体的免疫防御功能降低，才会发生疾病。因此，内因对疾病的发生、发展起着决定性的作用。只有辩证地认识内因和外因在疾病发生、发展中的关系，对具体疾病进行具体分析，才能正确地认识和防治疾病。

思政园地

动物病理是动物医学之本

第一章 疾病概论

【学习目标】
1. 掌握：疾病和死亡的概念；疾病发生发展的一般规律。
2. 熟悉：健康、因果转化、完全康复、不完全康复等的概念；疾病发生的机理；疾病的转归。
3. 了解：疾病原因的分类、疾病的发生发展过程。
4. 能分析疾病的发生发展规律；能运用疾病的基本理论分析现代化畜禽场疫病的防控方案实施依据；能为临床疾病防治（控）提供科学的指导方案。

第一节 疾病的概念

要明确疾病的概念，必须首先要了解健康。因为健康与疾病是一组对应概念，两者可以相互转化，但缺乏明确的判断界限，至今尚无完整的定义。现仅就目前的认识予以阐述。

（一）健康

健康是指动物机体内部结构与功能完整而协调，在神经-体液的统一调节下，维持内环境的稳定，同时与不断变化着的外界环境保持协调，维持着正常的生命活动。

（二）疾病

疾病是一种复杂的自然现象，人类对疾病的认识，随着科学技术的发展在不断深化和完善。现代医学认为，疾病是指动物机体在一定条件下，与来自内外环境中的致病因素相互作用所产生的损伤和抗损伤的复杂斗争过程，因自稳调节紊乱而发生的异常生命活动，使动物的生产力下降和经济价值降低。

概括起来，动物疾病具有以下基本特征：

1. 疾病是在一定条件下病因作用于机体的结果 任何疾病都有它的原因，没有原因的疾病是不存在的。尽管现在还有一些疾病的原因没有弄清楚，但随着科学的进展和人们认识水平的不断提高，这些疾病的原因最终会被揭示的。

2. 疾病是一种矛盾斗争的过程 在致病因素的作用下，机体内发生了功能、代谢障碍和形态结构改变等损伤性变化；与此同时，机体也必然出现抗损伤的反应，借以抵抗和消除致病因素及其所造成的损伤。例如，在肠炎过程中，当致病因素作用于肠黏膜时，对肠黏膜造成损伤；同时机体利用肠黏膜的屏障机构，反射性地引起副交感神经兴奋，加强肠管的分泌、蠕动机能，以阻挡、消灭和清除这些致病因素。损伤与抗损伤现象贯穿于疾病的始终，构成一种矛盾斗争，推动着疾病的发生和发展。当损伤占优势，疾病就恶化；当抗损伤占优势，疾病就好转。但损伤和抗损伤并非始终不变或截然分开的，如肠炎时的腹泻，本来是一种排除病原对机体有利的抗损伤作用，但超过一定限度，会引起机体发生脱水、酸中毒等，这又成为对机体不利的损伤性因素。因此，正确认识疾病过程中损伤和抗损伤两个方面，是治疗疾病的基础。

3. 疾病是完整机体的反应 当致病因素作用于机体时，会产生一系列损伤与抗损伤反应，并呈现一定的功能、代谢和形态结构的变化，这是疾病产生各种症状和体征的内在基础。损伤与抗损伤反应是完整统一机体的全身反应，而局部出现的功能、代谢和形态结构的改变，则是完整统一机体全身反应在局部的集中表现。

4. 疾病的发生、发展和转归存在一定的规律 掌握其规律，对防治疾病具有重要意义。

5. 生产能力降低是动物患病的标志之一 患病动物由于机体功能、代谢和形态结构发生障碍或改变，必然导致动物生产能力下降（产蛋、产乳、产毛、增重、繁殖等），使其经济价值降低。

（三）病理过程和病理状态

病理过程是指存在于不同疾病中共同的、规律性的功能、代谢和形态结构的病理性变化。它本身无特异性，但它是构成特异性疾病的一个基本组成成分。例如肺炎、肠炎、肝炎、肾炎以及所有其他炎性疾病，都是以炎症这一病理过程为基础构成。病理过程可以局部表现为主，如血栓形成、栓塞、梗死、炎症等；也可以全身反应为主，如发热、缺氧、休克等。一种疾病中可以包括多种病理过程，如患大叶性肺炎时，就有发热、炎症、缺氧、呼吸困难、心跳加快等病理过程。

病理状态是相对稳定或发展极慢的局部形态变化，常是病理过程的后果。例如，烧伤后的皮肤瘢痕，关节炎后的关节强直等。

第二节 疾病发生的原因

任何疾病的发生都有一定的原因，没有原因的疾病是不存在的。疾病发生的原因简称病因，又称致病因素。概括起来可分为外界致病因素（外因）和内部致病因素（内因）两方面。对于多数疾病除了内因与外因以外，还有促使疾病发生的条件，即所谓的诱因。

一、外界致病因素

1. 生物性致病因素 生物性致病因素是动物最常见的致病因素，包括各种病原微生物（如细菌、病毒、支原体、衣原体、立克次氏体、螺旋体、真菌等）和病原寄生虫（如原虫、蠕虫和节肢动物等），这类致病因素常引起各种传染性或感染性疾病、寄生虫病和肿瘤性疾病。

生物性致病因素的特点是具有生命，并通过一定的途径入侵机体，可在动物体内繁殖。它们引起的疾病往往有一定的特异性，如有一定的潜伏期、病程经过、病理特征和临床表现。它们的致病作用除与其侵袭力、毒力和入侵数量有关外，还与机体的易感性和免疫防御能力有关。

2. 化学性因素 化学性致病因素包括无机毒物（如强酸、强碱、一氧化碳、汞、砷、氰化物等）、有机毒物（如醇、氯仿、乙醚、有机磷、有机氯等）、动植物毒性物质（如植物中的生物碱与配糖体、蛇毒、蜂毒等）等。化学性致病因素也可来自体内，如体内各种病理性有毒代谢产物、肠道内腐败分解的毒性产物等。一定剂量或浓度的化学物质可引起化学性损伤、中毒甚至动物死亡。此外，某些药物使用不当也会引起疾病，如痢菌净中毒、磺胺类药物中毒、青霉素过敏等。

化学性致病因素的致病作用与其性质、剂量（或浓度）、作用部位和持续时间等有关。它们致病的特点是不仅在疾病发生的最初阶段，往往在疾病的发展过程中继续发挥作用。某些化学物质对机体的组织、器官多有一定的选择性损害作用，如四氯化碳主要引起肝细胞损伤，一氧化碳易与血红蛋白结合而使其失去携氧能力。

3. 物理性致病因素　物理性致病因素常包括温度、电流、光、电离辐射、大气压的改变、噪声和机械力等。高温作用于局部可引起烧伤，作用于全身可引起热射病与日射病；低温作用于局部可引起冻伤，低温还可降低机体防御能力，而诱发感冒和肺炎；电流可引起电击伤；电离辐射可引起放射病；气压降低可引起高山病，导致动物缺氧；噪声可使动物惊恐不安，导致产蛋下降、泌乳减少等；来自体外的机械力可引起创伤、骨折、脱臼和脑震荡等，而机体内部的肿瘤、脓肿、结石等可对相应的组织器官产生机械性压迫或机械性阻塞而导致疾病。

物理性致病因素的致病作用与其强度、作用部位和持续时间有关，对组织器官的损伤多无明显的选择性，一般潜伏期短，甚至没有潜伏期，而且仅仅在疾病发生时起作用，并不参与疾病的进一步发展。

4. 营养性因素　氧气、水、糖、脂肪、蛋白质、各种维生素、无机盐类（钾、钠、钙、镁等）及某些微量元素（铁、铜、锌、碘等）都是维持机体生命活动所必需的营养物质，其缺乏或过剩，均可引起相应的疾病。如维生素 A 缺乏可引起夜盲症；维生素 E 或微量元素硒缺乏，可引起雏鸡脑软化、渗出性素质或白肌病；维生素 D 缺乏可引起佝偻病；日粮中蛋白质过多常引起家禽痛风；反刍动物摄食过多的碳水化合物可引起瘤胃酸中毒等。

二、机体内部致病因素

疾病发生的内因是指机体本身的生理状态，大致可包括两个方面：一方面是指机体可接受某种致病因素作用而引起损伤的特性，即机体的感受性；另一方面是指机体对致病因素的防御适应能力，即抵抗力。疾病发生的根本原因，就在于机体对致病因素具有感受性和机体抵抗力降低。而机体的感受性和抵抗力，与机体的反应性、防御能力、免疫性和遗传性有关。

（一）机体防御能力的降低和免疫性因素

1. 屏障功能　动物的皮肤、黏膜、骨骼、肌肉、皮下结缔组织、淋巴结、血脑屏障、胎盘屏障等构成机体的屏障机构，发挥屏障作用，具有重要的防御能力。

健康动物的皮肤有机械性阻止微生物侵入机体内的作用。皮肤角质层不断脱落更新，有助于清除皮肤表面的微生物；皮脂腺和汗腺分泌的酸性物质还有一定的杀菌和抑菌作用；皮肤的表皮，由鳞状上皮组成，缺乏血管和淋巴管结构，而其表面发生角质化，可以阻止化学毒物的侵蚀和吸收；皮肤中分布有丰富的感觉神经末梢，借助神经反射能使机体及时避开某些致病刺激物的损害。

黏膜除具有阻挡病原微生物侵入的作用外，还具有分泌、排泄和杀菌作用。如眼泪和唾液中含有溶菌酶，有溶解细菌的能力；气管黏膜可通过纤毛的摆动，阻止异物入侵和排除异物；黏膜感受器非常敏感，当受到刺激后，可引起反射性的咳嗽、喷嚏、呕吐等反应，将有害物质排出体外。

骨骼、肌肉和皮下结缔组织，在一定程度上可以保护脑和内脏器官免受致病因素侵害。

淋巴结是机体的免疫器官之一，当病原微生物侵入机体，首先被淋巴结阻挡，并受到淋巴结内窦壁细胞吞噬。一般毒力较弱的病原体在淋巴结内大部分被杀灭，毒力强的病原体引起淋巴结发炎、肿大，呈现防卫反应。

由脑软膜、脉络膜、室管膜及脑血管内皮所组成的血脑屏障能阻止某些细菌、毒素及大分子有害物质通过血液进入脑脊液或脑组织内。

胎盘屏障由母体的血管、胎盘组织和胎儿的血管构成，可阻止母体内的某些细菌、有害物质（如细菌毒素、代谢产物）等通过绒毛膜进入胎儿血液循环，从而保护胎儿不受伤害。

当机体屏障机构遭到破坏或其功能发生障碍时，动物往往因防御能力降低而容易发生疾病。

2. 吞噬功能 病原微生物一旦突破了机体的屏障机构，侵入机体内部将遭到吞噬细胞的吞噬和杀灭。

单核巨噬细胞系统是由结缔组织的组织细胞、肝的星状细胞、血液中的单核细胞、肺的尘细胞、脾和淋巴结的窦壁细胞、中枢神经系统的小胶质细胞等构成，广泛分布于机体的各组织器官，对侵入机体的病原微生物和异物具有强大的吞噬能力，并靠细胞质内的各种溶酶将其消化杀灭；中性粒细胞能吞噬较小的病原体，其细胞质中的溶酶体含有多种溶酶，可消化杀灭病原微生物；嗜酸性粒细胞能吞噬杀灭抗原抗体复合物。

当体内吞噬细胞减少或吞噬能力下降时，容易导致感染性疾病的发生或使局部感染全身化。

3. 解毒功能 肝是机体主要的解毒器官，从肠道吸收的各种有毒有害物质，随血液转运到肝，肝细胞可通过氧化、还原、甲基化、乙酰化、形成硫酸酯或葡萄糖醛酸酯等方式，使之转化为无毒物质经肾排出体外。此外，肾可借助生物化学的解毒过程如脱氨基、结合等方式，减弱或消除毒物的作用。因此，当肝功能障碍（如肝炎、肝硬化等）或肾功能障碍（如肾小球肾炎等）时，机体的解毒和排毒功能受损，则易发生中毒性疾病。

4. 排出功能 肾、胃肠道以及呼吸道的反射机能（咳嗽、喷嚏），有排出各种异物和有害物质的作用。如果机体的排出机能发生障碍时，可促进相应疾病的发生。

5. 免疫性因素 机体免疫系统的功能状态是某些疾病产生的重要因素，许多疾病的发生发展又与免疫反应密切相关。

（1）变态反应性疾病。某些机体的免疫系统对外来抗原刺激产生异常强烈的反应，从而导致组织细胞的损伤和生理功能的障碍，这种异常的免疫反应称为变态反应或超敏反应。如异种血清蛋白或某些药物（如青霉素等）导致过敏性休克，花粉、粉尘等异物导致支气管哮喘、荨麻疹等变态反应性疾病。

（2）自身免疫性疾病。机体对自身组织的抗原（自身成分）产生免疫反应并引起自身组织损害，称为自身免疫性疾病。有些动物的疾病如系统性红斑狼疮、类风湿性关节炎等，均属自身免疫性疾病。

（3）免疫缺陷病。机体由于先天性或后天性免疫功能障碍所引起的疾病称免疫缺陷病。

原发性（先天性）免疫缺陷病是由于遗传因素（如基因突变等）和先天性因素（如胚胎期感染、母体的影响等）的作用，使免疫系统的不同部分受损而引起。

继发性（后天性）免疫缺陷病较原发性（先天性）免疫缺陷病更为常见。许多因素（如感染、营养不良、药物、肿瘤及霉菌毒素等）可以影响细胞免疫和体液免疫，导致免疫功能低下。

各种免疫缺陷病的共同特点是易反复发生致病微生物的感染。细胞免疫缺陷的另一后果是容易发生恶性肿瘤。

（二）机体反应性改变

机体反应性是指机体对各种刺激物（包括生理性和病理性）以比较恒定的方式发生反应的特性，它对疾病的发生及其表现形式有重要影响。机体的反应性不同，对外界致病因素的抵抗力和感受性也不同。不同种属、品种或品系、年龄和性别的个体对各种致病因素的反应性有所不同。

1. 种属　不同种属的动物，对同一致病因素的反应性不同。这不仅表现在对传染性致病刺激物的反应上（种属免疫），也表现在对一般非特异性刺激物的反应上。在种属免疫方面，某类动物易感染某些传染病或寄生虫病，而另一类则不然。如马不感染猪瘟病毒，而猪则易感染；牛不感染鼻疽菌，而马则易感染。同一种传染性病原体作用于不同种属的动物，即使可引起相同的疾病，但其表现也不一定相同。如马、牛感染炭疽可引起全身败血症变化，而猪通常只是局部感染。不同种属的动物，对同一非特异性刺激物的反应性也常不一样。如雏鸭对黄曲霉毒素很敏感，羊对黄曲霉毒素则有较强的抵抗力；葫蔓藤（断肠草）对一般动物有很大的毒性，而猪对其有相当大的抵抗力。这些都是动物机体在长期进化过程中形成的一种先天性的非特异性免疫力。

2. 品种与品系　不同品种或品系的动物，对同一致病刺激物的反应强度差异也很大。例如，一些品种或品系的鸡对白血病相当敏感，另一些品种或品系的鸡该病的发病率却很低；在绵羊的肺腺瘤病、某些动物的血孢子虫病、布鲁氏菌病等，也存在着品种、品系不同，发病率有较大差异的现象。这也提示了通过育种途径可以减少这些疾病的发生。

3. 个体　同种动物，由于个体不同，营养状况、抵抗力等不同，对同一致病刺激物的反应性也不一样。例如，同一畜、禽群发生同一种传染病时，有的病重，有的病轻，有的只是带菌带毒而不呈现临床症状。

4. 年龄　年龄不同，对同一致病刺激物的反应性不同。幼龄动物由于中枢神经系统、屏障机构及免疫机能尚未发育完善，抵抗力较弱，容易发生消化道及呼吸道疾病，且发病经过也较严重。而成年动物的神经系统及屏障机构已发育完善，抵抗力较强。如成年鸡对马立克氏病毒的抵抗力比一日龄雏鸡大 1 000～10 000 倍。老龄动物由于神经系统功能衰退，防御机能大大降低，抵抗力减弱，易发生传染病及其他疾病，且病势一般较重。当组织器官损伤后，老龄动物修复过程也较缓慢。

5. 性别　动物的性别不同，某些组织器官结构不一样，内分泌激素有差异，对同一致病因素的反应性也不同。例如牛和鸡的白血病，通常是雌性动物多患。

（三）机体应激机能降低

应激反应是机体受到强烈刺激而处于"紧急状态"时，出现神经、内分泌和代谢机能改变，以提高机体对环境变化的适应能力，维持机体与外界环境间的相对平衡。动物机体应激机能降低时，就会引起应激性疾病。如机体受到创伤、烧伤、失血、剧痛、中毒、缺氧、过冷、过热、捕捉、噪声和恐惧等强烈刺激时，由于神经调节或激素代谢障碍，引起这种非特异性防御反应机能降低而导致疾病发生。

(四) 遗传性因素

遗传性因素包括直接致病和遗传易感性两种情况。

1. 直接致病 是由基因突变或染色体畸变等遗传物质发生改变引起的疾病，常称为遗传性疾病。例如马和猪的某些基因改变，可引起血友病、猪的肛门闭锁；牛的某些基因突变则引起牛的短腿、裂唇和斜视等。

2. 遗传易感性 是指动物机体因某种遗传上的缺陷使后代具有在一定条件下容易发生某种疾病的倾向性，往往易发于同一家族的成员，如高血压病、糖尿病等。

三、疾病发生的条件

疾病的发生除了内因和外因之外，还有发病的条件，即所谓的诱因，它包括促使疾病发生的自然因素和社会因素。

1. 疾病发生的自然因素 是指季节、气候、地理位置等自然环境对疾病发生的影响。这些因素虽然不能直接引起疾病，但通过降低动物的机能活动与防御适应性，或通过加强外因的作用来促使疾病发生。如夏季气温高，病原微生物易繁殖，易引起消化道疾病。低温、潮湿的条件，不但可诱发动物风湿病，而且可以使飞沫传播媒介的作用时间延长，加之寒冷使动物呼吸道黏膜抵抗力降低，很容易诱发呼吸道疾病。近年来，由于工业的发展，某些工厂排出的废水、废气、废渣污染周围环境，对人、畜健康构成严重威胁，已成为一个需要重视和亟待解决的问题。

2. 疾病发生的社会因素 是指社会因素对疾病发生的影响，包括社会制度、政策管理、科技和生产水平、经济水平、生活水平等。社会制度不同，对疾病的认识和重视程度不同，疾病的发生也不同。我国在新中国成立前，由于不重视畜牧业，根本不可能建立正规的饲养管理及兽医防疫制度，因此动物的疾病，特别是传染病终年不断。如新中国成立前，在一次牛瘟的大流行中，牛的死亡数达百万头之多。新中国成立以后，共产党领导下的人民政府，十分重视人民生活水平的提高和畜牧兽医事业的发展，颁布了畜禽疫病防治条例及检疫规程，大力支持动物疫病防治研究，很快扭转了畜禽疫病大肆流行的被动局面。1954年就在我国全面消灭了牛瘟，之后又逐步控制了羊痘、山羊传染性胸膜肺炎、牛肺疫等疾病的流行，猪瘟、炭疽、气肿疽等疾病的发生也显著减少。目前，许多传染病已得到有效的控制，我国畜牧业正在以前所未有的速度健康发展。

第三节 疾病发生发展的一般机理和规律

(一) 疾病发生的一般机理

动物机体受到致病因素作用后，一方面可造成机体病理性损伤，另一方面又可引起机体一系列抗损伤反应。所有这些现象的出现，主要是通过致病因素对组织的直接作用、神经系统功能的改变或体液因素作用来实现的。

1. 致病因素对组织的直接作用 致病因素可以直接作用于组织、器官，或者在侵入体内后选择性地作用于某一组织或器官引起损伤。前者如高温引起的烧伤、低温引起的冻伤、强酸强碱对组织的腐蚀等；后者如四氯化碳引起的肝坏死、猪瘟病毒引起的微血管内皮损伤等。

2. 致病因素通过改变体液而起作用　致病因素或病理产物可引起体液发生量变或质变，使机体内环境稳定性遭到破坏，继而引起一系列变化。属于量变情况的如失血、脱水时等，可导致严重后果；属于质变情况的如体液的酸碱度、电解质含量、氧和二氧化碳分压、激素水平改变以及抗原抗体复合物的出现等，均可引起机体出现一系列的变化。体液因素中，激素的作用最为重要，特别是垂体前叶和肾上腺皮质激素在很多疾病中起着相当重要的作用。

3. 致病因素通过改变神经的调节机能而起作用　在疾病过程中，神经系统的作用可区分为致病因素对神经的直接作用和神经反射作用两种。

（1）致病因素直接作用于神经系统。在感染、中毒等情况下，致病因素可直接作用于神经中枢，引起神经功能障碍。例如各种脑炎、狂犬病、一氧化碳中毒、铅中毒等。

（2）神经反射作用。致病因素作用于机体内外感受器，通过神经反射活动的改变引起相应的疾病或病理变化。如饲料中毒时出现的呕吐与腹泻；有害气体刺激时呼吸运动的减弱甚至暂停；缺氧时血液中低氧分压刺激颈动脉窦及主动脉弓的化学感受器，使呼吸加深加快等，都是通过神经反射而引起的损伤与抗损伤反应。

4. 细胞和分子机理　致病因素作用于机体后，直接或间接作用于组织细胞，造成细胞代谢、功能障碍，引起细胞的自稳调节紊乱，这是疾病发生的细胞机理。近年来，随着病理学和分子生物学研究的不断深入，分子病理学应运而生。广义的分子病理学研究所有疾病的分子机理；狭义的分子病理学研究生物大分子特别是核酸、蛋白质和酶受损所致的疾病。其中由DNA的遗传性变异引起的疾病称为分子病。从分子水平阐述疾病发生的机理是当前生物医学发展的重要方向。

上述三种作用在疾病过程中不是孤立的，而是相互关联的。在致病因素直接作用于组织的同时，也作用于组织中的神经系统；致病因素引起组织损伤后，产生的各种组织崩解产物及代谢产物也可进入体液，从而引起一系列的病理变化。

（二）疾病发展的一般规律

1. 疾病过程中损伤与抗损伤的斗争与转化　致病因素作用于动物机体后，一方面引起功能、代谢和形态结构的各种病理性损伤，同时也引起机体出现一系列防御、适应和代偿等抗损伤反应。损伤与抗损伤的斗争，推动着疾病的发生发展，贯穿于疾病的始终，决定着疾病的转归。当损伤占优势时，则疾病向恶化的方向发展，甚至造成死亡。反之，当抗损伤占优势时，则疾病就趋向缓解，动物机体逐渐恢复健康。如机体外伤性出血时，一方面引起组织损伤、血管破裂、血液丧失等一系列损伤性变化；同时又激起动物机体的抗损伤反应，如血管收缩、心率加快、心肌收缩力加强、血库释放储存的血液参与循环等。如果失血量不大，病理性损伤不严重，通过上述抗损伤反应，加上相应的医疗措施，机体可恢复健康。反之，如果出血过多，损伤严重，机体的抗损伤反应不足以抗衡损伤性变化时，则病情向恶化方向发展，就可能导致缺氧、休克等一系列严重后果，甚至引起动物死亡。

疾病过程中的损伤与抗损伤这对矛盾，并不是固定不变的，在一定条件下又可以相互转化。如肠炎时，肠蠕动和分泌机能增强出现的腹泻可排出细菌毒素，这是有利于机体的抗损伤反应；若长期过度腹泻，可引起机体发生脱水和酸中毒，这就使抗损伤反应转化为损伤反应。所以，在兽医临床实践中，必须善于区分疾病发展过程中的损伤与抗损伤反应，注意识别这种转化所必需的条件，才能做出正确判断，采取有效措施，使机体的抗损伤反应逐渐增强，促进疾病的康复。

2. 疾病过程中的因果转化　因果转化是疾病发生发展的基本规律之一，任何疾病都不例外。原始病因作用于机体引起的损害（结果），又可作为新的发病原因而引起新的变化，如此原因与结果不断转换，形成链式发展的疾病过程。例如暴力造成创伤，使血管破裂而引起大出血，大出血使血容量减少和血压下降；血压下降引起脑缺血、缺氧，可以引起中枢神经系统功能障碍；中枢神经功能障碍又进一步加重血液循环障碍。如此继续进行，形成恶性循环，使疾病恶化，最后导致死亡。相反，如果能及时采取止血、补充血容量等措施，即可在某一环节上打断因果转化和疾病的链式发展，可阻断恶性循环，防止病情的恶化，使疾病向着有利于康复的方向发展。

3. 疾病过程中局部与整体的关系　任何疾病都有局部表现和全身反应，局部病变可通过神经和体液途径引起机体的整体反应，而机体的整体反应可影响到局部病变的发展。在疾病过程中，局部与整体互相影响、互相制约。例如，体表发生急性炎症时，局部表现为红、肿、热、痛和机能障碍，同时全身可呈现体温升高、白细胞数增多等反应。再如，感冒时，病变主要表现为上呼吸道黏膜的炎症，但患畜常有发热、精神沉郁、食欲减退等全身反应。当患畜营养不良和某些维生素缺乏时，损伤局部的组织细胞再生能力减弱，可延缓创伤愈合。因此，在兽医临床实践中，要正确处理局部与全身之间的辩证关系，在注意局部病理变化的同时，也要考虑全身的反应，还要注意两者之间的相互影响，这对于提高疾病诊断的准确性和采取正确的医疗措施都具有十分重要的意义。

第四节　疾病的经过和转归

疾病从发生至结束的整个过程称为疾病的经过。在疾病发生发展过程中，由于损伤和抗损伤矛盾双方力量对比的不断变化，使疾病表现不同的阶段性。由生物性致病因素引起的传染病，其病程经过的阶段性表现更为明显，通常可分为潜伏期、前驱期、临床明显期和转归期四个发展阶段。

（一）潜伏期

从致病因素作用于机体开始，到机体出现最初的临床症状之前的阶段称为潜伏期。传染病由于病原微生物的特性不同，机体所处的环境及本身的情况不同，潜伏期的长短不一。例如猪瘟一般为7～10d；猪丹毒是3～5d。潜伏期的长短与机体特性和致病因素毒力强弱有关。一般地讲，致病因素毒力强、机体抵抗力弱时，潜伏期短，反之则长。有的疾病的潜伏期与致病因素的作用部位有关。如狂犬病时，病毒入侵部位与中枢越近，潜伏期越短。在潜伏期，机体动员一切防御力量与侵入机体的致病因素作斗争。如果机体的防御力量能战胜致病因素，则机体可不发病。反之，则疾病继续发展而进入下一期。

（二）前驱期

从疾病出现最初症状开始，到疾病的主要症状出现之前的阶段称前驱期。在这一阶段中，机体的机能活动及反应性均有所改变，出现一些非特异性的临床症状，如精神沉郁、食欲减退、呼吸及脉搏的变化、体温升高等。

（三）临床明显期

疾病的特征性症状表现出来的阶段称临床明显期。在这一时期中，患病动物抗损伤功能得到进一步发挥，同时机体的病理性损伤变化更加明显，患病动物呈现出疾病的特征性症状。因此，研究此期机体的功能、代谢和形态结构的改变，对疾病的正确诊断和合理治疗均有着十分重要的意义。

(四) 转归期

疾病的结束阶段称为转归期。疾病的转归可分为完全康复、不完全康复和死亡三种情况。

1. 完全康复 完全康复是指机体完全恢复了健康，通常称为痊愈。此时，致病因素的作用停止，临床症状消失，机体的机能、代谢和形态结构的损伤完全恢复正常，机体内部各器官之间及机体与外界环境之间的协调平衡关系得到恢复，其生产性能也恢复正常。

2. 不完全康复 不完全康复是指致病因素对机体的损害作用已经停止，疾病的主要症状已经消失，但是机体的功能、代谢障碍和形态结构的损伤未完全恢复，机体在一定程度上处于病理状态，往往遗留下某些持久性的不再变化的损伤残迹。此时机体借助于代偿作用来维持正常生命活动，例如心内膜炎后所形成的心瓣膜闭锁不全。

3. 死亡 死亡是指生命活动终止，完整机体解体。死亡分为生理性死亡和病理性死亡两种。生理性死亡是由于机体各器官的自然老化所致，又称为老死（衰老死亡）。但实际上生理性死亡是很少见的，绝大多数属于病理性死亡。死亡也有一个发展过程，通常分为濒死期、临床死亡期及生物学死亡期。

(1) 濒死期。在此期间机体各系统功能发生严重的障碍，脑干以上的中枢神经处于深度的抑制状态，表现为反应迟钝、感觉消失、心跳微弱、呼吸时断时续或出现周期性呼吸、括约肌松弛、粪尿失禁等。

(2) 临床死亡期。此期的主要标志为心跳和呼吸完全停止，各种反射消失，延髓处于深度的抑制状态，但各组织仍然进行着微弱的代谢过程。

濒死期和临床死亡期，因机体重要器官的代谢过程尚未停止，此时若采取急救措施，机体有复活的可能，因此又称为死亡的可逆时期。

(3) 生物学死亡期。是死亡的不可逆阶段，此时从大脑皮质开始到整个神经系统以及其他各器官系统的新陈代谢相继停止，并出现不可逆的变化，整个机体已没有复活的可能。

现代医学提出脑死亡的概念，脑死亡是指全脑功能（包括大脑皮层和脑干）的永久性丧失。脑死亡是整体死亡的判定标志，是整体功能的永久性停止。其判定标准为：①不可逆性昏迷和大脑无反应性；②自主呼吸停止；③瞳孔扩散或固定；④脑干神经反射消失（如瞳孔反射、角膜反射、咳嗽反射、吞咽反射等均消失）；⑤脑电波消失；⑥脑血液循环完全停止（脑血管造影）。

复习思考题

1. 怎样理解疾病的概念？
2. 疾病的原因包括哪些？生物性和化学性致病因素引起的疾病各有哪些特点？
3. 简述疾病发生的一般机理和基本规律。
4. 什么是疾病过程中的因果转化规律？试举例说明。
5. 疾病的经过是什么？疾病的转归有哪几种形式？

第二章 细胞和组织的适应、损伤与修复

> 【学习目标】
> 1. 掌握：萎缩、肥大、增生、化生、变性、坏死、糜烂、溃疡、空洞、瘘管、窦道、机化、再生、肉芽组织、瘢痕组织等的概念；坏死的结局；肉芽组织的结构和功能；
> 2. 熟悉：萎缩的类型；创伤愈合的基本过程及类型；骨折愈合的过程。
> 3. 了解：细胞损伤的原因；黏液样变性、淀粉样变性、病理性色素沉着的病变特点；肥大的类型；化生的常见原因及意义；各种组织的再生过程；影响创伤愈合的因素。
> 4. 能识别萎缩、颗粒变性、水泡变性、脂肪变性、病理性钙化、坏死、凝固性坏死、液化性坏死、干酪样坏死、坏疽、纤维素样坏死、肥大、增生和化生等病理变化，并能初步分析发生原因、机理。

在许多疾病过程中，可出现一系列复杂的病理形态学变化。这些变化可概括为两个方面：一是组织和器官在受到致病因素作用后所出现的各种损伤性变化，表现为可逆性损伤（细胞变性）和不可逆性损伤（细胞死亡）；二是机体在神经、体液的调节下发生的抗损伤反应，表现为适应和修复。细胞和组织的损伤性变化与抗损伤反应是疾病发生的基础性病理变化。

第一节 细胞和组织的适应

适应是指细胞和组织对于内、外环境中各种有害因子的刺激作用而产生的非损伤性应答反应。适应在形态学上一般表现为萎缩、肥大、增生和化生。

一、萎 缩

萎缩是指已经发育成熟的器官、组织或细胞，发生体积缩小和功能减退的过程。萎缩常因该器官和组织的实质细胞体积缩小或数量减少所引起。萎缩细胞的蛋白质合成减少而分解增多，以适应营养水平低下的生存环境。萎缩和发育不全及未发育不同，后两者是指器官或组织未充分发育至正常大小，或处于根本未发育的状态。

（一）原因与类型

根据发生的原因，萎缩可分为生理性萎缩和病理性萎缩两类。

1. 生理性萎缩 是指动物在生理情况下，随着年龄的增长，某些组织或器官的生理机能逐渐减退和代谢过程逐渐降低所发生的萎缩。如胸腺、法氏囊在性成熟时发生退化，老龄动物的乳腺、性腺器官的萎缩等。

2. 病理性萎缩 是指组织和器官受到某些致病因素的作用，使物质代谢发生障碍而引起的萎缩。病理性萎缩在临床上可分为全身性萎缩和局部性萎缩两种。

（1）全身性萎缩。这种萎缩多由营养供应不足（如长期饥饿或饲料营养成分不足等）、营养消耗过多（如传染病、寄生虫病、恶性肿瘤等）和营养消化吸收障碍（如胃肠道疾病等）等引起。这种萎缩常具有顺序性，如脂肪组织的萎缩发生得早而严重，其次是肌肉，再次是肝、肾、脾等内脏器官；而脑、心、肾上腺、垂体、甲状腺的萎缩发生较晚，也较轻微。

（2）局部性萎缩。根据发生原因，可分为以下几种：

①废用性萎缩：指器官组织长期功能和代谢活动降低而导致的萎缩。如久卧不动后的肌肉萎缩和骨质疏松，骨折、关节炎患者肌肉的萎缩等。

②压迫性萎缩：指器官或组织长期受压迫而引起的萎缩。如尿路阻塞时肾盂积水导致肾实质长期受压迫而引起肾萎缩，肉仔鸡腹水症引起的肝萎缩等。

③神经性萎缩：指神经损伤后，其所支配的器官、组织失去神经的调节作用而发生的萎缩。如鸡马立克氏病由于外周神经受侵害，患肢肌肉萎缩；维生素 B_2 缺乏，家禽坐骨神经和臂神经对称性肿大，患肢肌肉萎缩等。

④缺血性萎缩：指小动脉不全阻塞时，由于血液供应不足，引起相应部位的组织萎缩。如脑动脉硬化时的脑萎缩等。

⑤内分泌性萎缩：指内分泌功能低下可引起相应靶器官萎缩。如动物去势后性器官可发生萎缩，垂体功能低下可使甲状腺、肾上腺和性腺等器官萎缩等。

（二）萎缩的病理变化

萎缩器官或组织体积缩小，质量减轻，色泽变深或呈褐色。当萎缩伴有间质结缔组织增生时，质地可变韧。萎缩器官的包膜可因结缔组织增生而稍变厚。胃、肠等管腔器官发生萎缩时，管壁变薄甚至呈半透明状，易撕裂。心脏萎缩时，体积缩小，心壁变薄，其表面冠状动脉因心脏缩小而弯曲如蛇形。脂肪组织萎缩消失后，空缺处被浆液取代变成灰白色或灰黄色半透明胶冻样物，故称此为脂肪浆液性萎缩或胶冻样萎缩。

镜检：萎缩组织、器官的实质细胞体积缩小或兼有细胞数目减少，细胞质浓缩浓染，细胞核皱缩深染，间质常见结缔组织增生。在心肌细胞、肝细胞细胞质内常可见褐色颗粒，称脂褐素。当这种脂褐素明显增多时，器官可呈棕褐色，固有褐色萎缩之称。

（三）结局和对机体的影响

萎缩的细胞、组织和器官功能大多下降，并通过减少细胞体积与降低血液供应，使之在营养、激素、生长因子的刺激及神经递质的调节之间达成新的平衡。萎缩是一种可复性病理过程，当病因消除后，轻度病理性萎缩的细胞、组织和器官可恢复常态，但持续性萎缩的细胞最终可死亡。

二、肥　大

细胞、组织或器官的体积增大称为肥大。组织、器官肥大的基础是细胞肥大，而细胞肥大是由于细胞内细胞器合成增加所致。此外，许多组织或器官中，肥大常伴有细胞数量的增多（增生），即肥大与增生并存，只有心肌和骨骼肌的肥大不伴发增生。肥大可分为生理性肥大与病理性肥大。

1. 生理性肥大　激素的刺激或为适应生理机能需要所引起的组织、器官的肥大称生理性肥大。其特点是组织、器官体积增大，机能增强。如赛马的心肌肥大、妊娠期的子宫肥大及哺乳期的乳腺肥大等。

2. 病理性肥大　在疾病过程中，为适应某种功能代偿而引起的相应组织或器官的肥大，称为病理性肥大（或代偿性肥大）。如高血压时左心室排血阻力增加所致的左心室肥大、一侧肾切除后对侧肾的肥大等。代偿性肥大对机体是有利的，但有一定限度。如果超过其限度，便会出现代偿失调。如心肌过度肥大时，心肌细胞的血液供应相对缺乏，往往会诱发心力衰竭（失代偿）。

此外，组织、器官由于间质增生而发生的体积增大称为假性肥大。由于实质细胞受到增生间质的压迫而发生萎缩，发生假性肥大的组织、器官虽然体积增大，但其机能降低。如饲喂过多精饲料的役用畜，在长期休闲、缺乏运动时，体内脂肪蓄积，体形肥胖，心脏也因蓄积过多脂肪而发生假性肥大。虽然外观心脏体积增大，但其功能降低，并且容易发生急性心力衰竭。

三、增　生

由实质细胞数量增多导致组织、器官的体积增大称增生。根据发生的原因不同，增生可分为生理性增生和病理性增生。

1. 生理性增生　指在生理条件下，组织、器官为适应生理需要而发生的增生。如妊娠后期及泌乳期乳腺上皮的增生等。

2. 病理性增生　指由于某些致病因子作用所引起的组织器官的增生。此种增生常见于慢性刺激引起的过度增生、激素刺激以及营养缺乏情况下引起的增生。如消化道寄生虫寄生时，黏膜上皮细胞长期受到刺激而增生；雌激素绝对或相对增多时，可致子宫腺上皮增生；动物缺碘时，可致甲状腺上皮增生等。

由于引起细胞、组织和器官的增生与肥大的原因往往十分相似，甚至会相同，两者常相伴存在。对于细胞分裂增殖能力活跃的组织、器官（如子宫、乳腺等），其肥大可以是细胞体积增大（肥大）和细胞数量增多（增生）的共同结果；对于细胞分裂增殖能力较低的组织、器官（如心肌、骨骼肌等），其组织、器官的肥大仅因细胞肥大所致。

四、化　生

一种已分化成熟的细胞类型由于外界环境的刺激转化成另外一种分化成熟的细胞类型的过程称为化生。化生并非由分化成熟的细胞直接转变成为另一种细胞，而是由具有分裂能力的未分化细胞向另一方向分化而成。

化生只能发生在同源细胞之间，即上皮组织之间或间叶组织之间，如柱状上皮能化生为鳞状上皮而不能化生为结缔组织。常见的化生有：

1. 鳞状上皮化生　常见于气管和支气管黏膜，如慢性支气管炎时支气管黏膜的纤毛柱状上皮常化生为复层鳞状上皮。鳞状上皮化生还可见于其他器官，如慢性胆囊炎时胆囊黏膜上皮的鳞状化生，慢性宫颈炎时宫颈黏膜上皮的鳞状化生等。鳞状上皮化生是一种适应性表现，通常是可复性的，但若持续进行，则有可能发展成为鳞状上皮细胞癌。

2. 肠上皮化生　主要见于慢性萎缩性胃炎，由于慢性炎症的刺激可使胃黏膜固有腺体萎缩，而由腺体颈部的未分化细胞增生分化为小肠或大肠上皮，肠上皮化生可成为胃腺癌的基础。

3. 结缔组织化生 骨骼肌反复损伤可在肌肉内形成骨组织，称骨化性肌炎，这是新生的结缔组织分化成骨细胞的结果。

化生是机体对内、外环境改变的适应性变化，对机体具有一定的保护作用，但由于化生的组织失去了原有组织的结构和功能，使得这种保护作用不够完善，同时还有可能发生癌变，值得注意。

第二节 细胞和组织的损伤

在生理情况下，动物机体的组织、细胞在不断变化着的体内外环境中，具有一定的适应能力。如果体内外的各种有害因素的刺激超过了细胞、组织的调整适应能力，组织、细胞就会发生损伤，表现出代谢、功能和形态三方面的变化。根据其损伤程度和形态变化特征，通常分为可逆性损伤（细胞变性）和不可逆性损伤（细胞死亡）。

一、可逆性损伤（变性）

可逆性损伤，旧称变性，是指由于物质代谢障碍，在细胞或间质内出现一些异常物质或正常物质含量显著增多的现象。变性组织、细胞的功能往往降低，病因消除后，大多数能恢复正常形态及功能，但严重时也可引起细胞死亡。

（一）细胞水肿

细胞水肿，或称水变性，主要表现为细胞体积增大，细胞质内水分含量增多。细胞水肿是细胞损伤的早期形态学变化，主要见于线粒体丰富且代谢活跃的心、肝、肾等器官的实质细胞，也可见于皮肤和黏膜的被覆上皮细胞。

1. 原因和机制 细胞水肿主要是由于缺氧、感染和中毒等致病因素的作用，使细胞的内环境受到干扰，线粒体损伤，ATP产生减少，引起细胞膜上的钠泵功能障碍或细胞膜直接受损，导致细胞质内钠、水增多。

2. 病理变化 眼观，病变器官体积肿大，被膜紧张，切面隆起，边缘外翻；色泽苍白、混浊无光泽，似沸水烫过一样；质地脆弱易碎。光镜下，可见细胞肿大，细胞质内出现多量细小的淡红色颗粒，称颗粒变性；如果细胞水肿进一步发展，细胞质肿胀更加明显，细胞质清亮、淡染（胞质疏松化）；重度细胞水肿时整个细胞膨大变圆，细胞质透明似气球（气球样变）（彩图2）。

3. 结局 细胞水肿是一种可复性损伤，轻度水肿的细胞去除病因后可恢复正常，重度水肿的细胞可发展为细胞坏死。

（二）脂肪变性

脂肪变性又称脂肪变，是指中性脂肪（即甘油三酯）蓄积于非脂肪细胞的胞质中，多发生于肝细胞、心肌细胞、肾小管上皮细胞、骨骼肌细胞等，其中尤以肝脂肪变性最为常见。

1. 原因和机制 脂肪变性起因于感染、中毒、缺氧、饥饿或缺乏必需的营养物质等，上述致病因素导致脂肪代谢紊乱，从而引起脂肪变性。归纳起来大致有以下四个方面：

（1）脂蛋白合成障碍。脂肪必须与载脂蛋白结合形成脂蛋白后才可运出肝外，组成载脂蛋白的重要原料胆碱和蛋氨酸缺乏，以及缺氧、感染、中毒等可破坏粗面内质网结构或抑制脂蛋白合成酶的活性，均可影响脂蛋白、载脂蛋白的合成，使脂肪输出受阻而堆积于细胞内。

（2）进入肝的脂肪过多。高脂饮食脂肪摄入过多，或饥饿状态及糖尿病患者从脂库中动员出大量脂肪，过量的脂肪酸经血液进入肝，肝细胞内合成的甘油三酯剧增，超过了肝细胞将其氧化、利用和合成脂蛋白输出的能力，从而使脂肪在肝细胞内蓄积。

（3）脂肪酸的氧化障碍。如中毒、缺氧、感染等可使线粒体功能受损，脂肪酸的氧化受阻，造成中性脂肪在细胞内蓄积。

（4）结构脂肪破坏。见于感染、中毒和缺氧，此时细胞结构破坏，细胞结构脂蛋白中的结构脂肪与蛋白质分解，脂肪析出形成脂滴。

2. 病理变化 眼观，轻度脂肪变性时，病变器官的变化常不明显，仅见器官稍显黄色。随着病变的加重，脂肪变性的器官体积肿大，被膜紧张，边缘钝圆，呈黄褐色或土黄色，质地松软、脆弱、易碎，切面结构模糊不清，有油腻感。肝发生脂肪变性时，若伴发瘀血，则肝切面由暗红色的瘀血部分和黄褐色的脂肪变性部分相互交织，形成红黄相间类似槟榔切面的花纹色彩，称作"槟榔肝"。心脏发生脂肪变性时，在心外膜下和心室乳头肌及肉柱的静脉血管周围，脂肪变心肌呈黄色，正常的心肌呈暗红色，形成黄红相间的虎皮状斑纹，故有"虎斑心"之称。

光镜下，HE染色切片由于在制片过程中脂肪滴被有机溶剂（乙醇、二甲苯）溶解，表现为大小不等的圆形空泡，大者可充满整个细胞而将细胞核挤压于一侧（彩图6）。冰冻切片可保存脂质，苏丹Ⅲ染料可将脂肪染成橘红色，锇酸可将其染成黑色。

3. 结局和对机体的影响 脂肪变性是一种可复性的病理过程，病因消除后可以恢复正常；若病因持续作用，细胞内的脂肪滴越来越大，挤压细胞核使其变形甚至消失，则可导致细胞坏死，或被纤维结缔组织取代。发生脂肪变性的器官，其生理功能往往降低，如肝脂肪变性，可导致糖原合成和解毒功能降低；心肌的脂肪变性，可使心肌收缩力减弱。

（三）玻璃样变性

玻璃样变性又称透明变性，是指在细胞质、血管壁和纤维结缔组织内出现一种均质、无结构的蛋白质性物质，即透明蛋白或透明素，可被伊红或酸性复红染成鲜红色。透明变性包括多种性质不同的病变，它们只是在形态上出现相似的均质、玻璃样物质，而其原因、发生机理和玻璃样物质的化学性质都是不同的。常见以下三种：

1. 纤维结缔组织玻璃样变性 常见于慢性炎症、疤痕组织、纤维化的肾小球、动脉粥样硬化的纤维性斑块和硬性纤维瘤等。眼观病变组织呈灰白色、半透明状，质地坚韧，缺乏弹性。光镜下可见增生的胶原纤维肿胀增粗，融合形成梁状、带状或片状、均匀红染的半透明状物质，其间少有纤维细胞和血管。其发生机理尚不清楚。

2. 血管壁玻璃样变性 常见于高血压病时肾、脑、脾和视网膜等处的细小动脉壁，因有血浆蛋白渗入而使管壁变厚、管腔狭窄甚至闭塞。玻璃样变的细动脉壁弹性减弱，脆性增加，易继发扩张、破裂和出血。

3. 细胞内玻璃样变性 指蓄积于细胞内的异常蛋白质形成均质、红染的近圆形小体，通常位于细胞质内。例如，慢性肾小球肾炎时肾小管上皮细胞内的玻璃样小滴（蛋白尿时由原尿中重吸收的蛋白质形成）、浆细胞细胞质中的Russell小体（蓄积的免疫球蛋白）和酒精性肝病时肝细胞细胞质中的 Mallory 小体。

（四）淀粉样变性

淀粉样变是指在细胞间质，特别是在小血管基底膜出现淀粉样蛋白-黏多糖复合物沉淀，称为淀粉样变性。HE 染色其镜下特点为呈淡红色、均质状物，显示淀粉样显色反应：刚果红染色为橘红色，遇碘则为棕褐色，再加稀硫酸又变成蓝色或紫色。因为这种变色反应与淀粉遇碘时的反应相似，所以传统称之为淀粉样物质，其实和淀粉并无关系。常发生于脾、肝、肾及淋巴结等器官。早期病变，眼观不易辨认，在光镜下才能发现。淀粉样变性的原因和发生机理还不完全清楚，总的来说是蛋白质代谢障碍的一种产物，与全身免疫反应有关。

轻度淀粉样变性一般是可以恢复的，重症淀粉样变性不易恢复。发生淀粉样变性的器官由于实质细胞受损和结构破坏均发生机能障碍。

（五）黏液样变性

黏液样变性是指细胞间质内出现类黏液（黏多糖和蛋白质）的积蓄。常见于间叶组织肿瘤、急性风湿病时的心血管壁、动脉粥样硬化的主动脉壁和营养不良时的骨髓与脂肪组织等。眼观，病变组织呈灰白色、半透明胶状。光镜下，可见病变处间质变疏松，充满淡蓝色的胶性液体，其中散在一些多角形的星芒状纤维细胞。甲状腺功能低下时，透明质酸酶活性受抑制，含有透明质酸的黏液样物质及水分在皮肤及皮下蓄积形成黏液性水肿。在病因消除后，黏液样变性可吸收消散。但若病因长期存在，则可引起纤维组织增生而硬化。

（六）纤维素样变性

纤维素样变性是指间质胶原纤维及小血管壁的一种变性。其病变特点是发生变性的胶原纤维可断裂、崩解，变为一堆境界不清晰的颗粒状、小条或团块状无结构的物质，呈强嗜酸性红染，类似纤维素，因此称纤维素样变性。

纤维素样变性主要见于变态反应性疾病，其发生可能是抗原抗体反应形成的活性物质使局部胶原纤维崩解；此外，小血管壁损伤而通透性增高，以致血浆渗出，其中的纤维蛋白原可转变为纤维蛋白沉着于病变部，形成纤维素样物质。

二、不可逆性损伤（细胞死亡）

当细胞发生代谢停止、结构破坏、功能丧失等不可逆变化时，称为不可逆性损伤，即细胞死亡。细胞死亡分为坏死和凋亡两种类型。

（一）坏死

活体内局部组织细胞的病理性死亡，称为坏死。一般情况下，坏死是由变性逐渐发展而来的。但在个别情况下，由于致病因素极为强烈，如高温、强酸或强碱等的突然作用，坏死可立即发生。

1. 坏死的一般病理变化 眼观，坏死早期，组织细胞的形态结构同坏死前基本相似，不易辨认。时间稍长，可发现坏死组织失去正常光泽或变为苍白，较混浊；缺乏正常组织的弹性，组织回缩不良；没有正常血液供应，摸不到血管搏动，局部温度低，切割不流血；失去正常的触觉、痛觉和运动功能（如肠蠕动消失）等。在坏死 2~3d 后，在坏死组织周围出现一条明显的分界性炎性反应带。

镜检，细胞坏死的组织学变化表现如下：

（1）细胞核的变化。光镜下判断细胞坏死的主要标志是细胞核的变化，表现为核浓缩、核碎裂、核溶解三种形式。①核浓缩：由于细胞核脱水使染色质浓缩，染色加深，核体积缩小；②核碎裂：核膜破裂，核染色质崩解成小碎片而分散在细胞质中；③核溶解：核染色质在DNA分解酶的作用下分解，失去对碱性染料的亲和力，染色变淡，只能见到核的轮廓甚至完全消失（图2-1）。

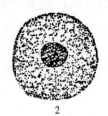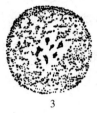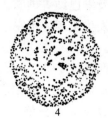

1　　　　　　2　　　　　　3　　　　　　4

图2-1　细胞坏死时核的变化

1. 正常细胞　2. 核浓缩　3. 核碎裂　4. 核溶解消失

（陆桂平．2001．动物病理）

（2）细胞质的变化。坏死细胞的细胞质嗜酸性增强，呈红染颗粒状。这是由于细胞质内嗜碱性核蛋白体减少和细胞质内细胞器的微细结构破坏所致。

（3）间质的变化。早期不明显，后期在各种酶的作用下基质逐渐解聚，胶原纤维肿胀、崩解、断裂或液化，纤维性结构消失，成为一片颗粒状或均质、无结构的红染物质。

最后，坏死的细胞核、细胞质和崩解的间质融合成一片模糊、红染、无结构的颗粒状物质。

2. 坏死的类型　根据坏死的形态表现，可分为以下三种类型：

（1）凝固性坏死。组织坏死后，由于水分丢失和蛋白质凝固而变成灰白色或灰黄色、干燥而坚实、无光泽的固体物质，称为凝固性坏死。常见于肾、心、脾等器官的贫血性梗死。凝固性坏死还有以下两种特殊类型：

①干酪样坏死：主要见于结核病灶，其特征是坏死组织分解比较彻底，并含有较多脂质（主要来自结核杆菌）。眼观，坏死组织呈淡黄色，质较松软，状似干酪或豆腐渣，故称为干酪样坏死。镜检，坏死组织结构消失，成一片模糊的颗粒状、红染物质。

②蜡样坏死：是肌肉组织的凝固性坏死。眼观，坏死的肌肉组织混浊、无光泽，干燥而坚实，呈灰黄或灰白色，如同石蜡一样。镜检，肌纤维肿胀，细胞核溶解，横纹消失，细胞质变成红染、均匀无结构的玻璃样物质，有的还可发生断裂。这种坏死常见于白肌病、犊牛口蹄疫的心肌和骨骼肌等。

（2）液化性坏死。坏死组织受蛋白分解酶的作用而分解为液态，称为液化性坏死。最常见于脑组织坏死，因脑组织含磷脂和水分较多，含蛋白质较少，坏死后不易凝固，而被蛋白溶解酶溶解、液化形成羹状的软化病灶，称为脑软化。此外，组织化脓时，化脓灶中有大量中性粒细胞浸润，中性粒细胞崩解释放出大量蛋白水解酶，将坏死组织溶解、液化成为脓液，也属于液化性坏死。

（3）坏疽。组织坏死后，受到外界环境影响和不同程度的腐败菌感染而形成的特殊的病理变化称为坏疽。病变部位眼观呈黑褐色或黑色，这是由于坏死组织经腐败菌分解时产生的硫化氢与血红蛋白分解所产生的铁结合，形成黑色硫化铁的结果。坏疽可以分为三种类型：

①干性坏疽：多发生于四肢、耳壳、尾尖等体表末梢部位。坏死灶干涸、皱缩、质硬，呈黑褐色，与健康组织分界线明显。由于病变局部干燥，不利于腐败菌生长，因此病变发展较缓慢。动物中常见的干性坏疽有慢性猪丹毒的皮肤、冻伤所致的耳壳和尾尖、子宫内的干尸（木乃伊胎）等。

②湿性坏疽：多发生于与外界相通的内脏器官（如肺、肠、子宫等）。坏死组织呈污黑色或污绿色，糊状或液状，有恶臭。由于局部坏死组织含水分较多，适合腐败细菌生长繁殖，故病变发展迅速，呈弥漫性炎症变化，坏死组织与健康组织间分界线不明显。坏死组织腐败产生的分解产物和毒素被吸收后，可引起严重的全身中毒症状。湿性坏疽常见于肠变位、肺坏疽、腐败性子宫内膜炎和乳房炎等。

③气性坏疽：是湿性坏疽的一种特殊形式。主要是深部创伤（如阉割、刺伤等）合并感染厌氧菌（如产气荚膜杆菌、恶性水肿杆菌等）所致。由于细菌分解坏死组织产生大量气体，使坏死组织呈蜂窝状，棕黑色，有酸臭味，按之有捻发音。气性坏疽发展迅速，其毒性产物被吸收后可引起全身中毒，导致动物急性死亡。

上述坏死的类型，不是固定不变的，随着机体抵抗力的强弱和坏死发生原因和条件等的改变，坏死的病理变化在一定条件下也是可以互相转化的。如凝固性坏死，如果继发化脓细菌感染，可以转变为液化性坏死等。

3. 坏死对机体的影响及结局　　坏死对机体的影响主要取决于坏死发生的部位、范围大小及有无感染等。坏死组织的功能已完全丧失，如坏死范围不是很大，又不是重要器官者，可有疼痛及功能障碍；较大范围坏死并伴有严重感染时（如湿性及气性坏疽等），由于病变发展迅速，其分解产物和细菌毒素大量被吸收，可导致严重的全身中毒，甚至危及生命；重要器官（如心、脑等）坏死，即使范围不大，往往引起严重功能障碍甚至死亡。坏死组织的结局通常有以下几种：

（1）吸收再生。范围较小的坏死组织可由中性粒细胞和坏死细胞崩解释放的蛋白水解酶溶解、液化，经淋巴管和小血管吸收。不能吸收的碎片则由巨噬细胞吞噬消化。组织缺损处由邻近的健康组织再生而修复。

（2）脱落排除。较大范围的坏死组织与正常组织交界处出现充血和中性粒细胞浸润（炎症反应），这些中性粒细胞不断坏死、崩解并释放蛋白溶解酶，加速坏死灶边缘的溶解吸收，使坏死组织与健康组织分离，有利于坏死组织脱落排除。皮肤与黏膜的坏死组织脱落后，局部留下缺损，浅的缺损称为糜烂，深的称为溃疡。肺、肾等器官的坏死组织溶解、液化后，可经支气管或输尿管排出，留下的空腔称为空洞。溃疡和空洞等缺损一般均可通过再生而修复。

（3）机化和包囊形成（包裹）。如果较大范围的坏死组织，不易被完全溶解、吸收，又不能被脱落排除，可由周围新生毛细血管和成纤维细胞组成的肉芽组织逐渐长入并取代，最后形成瘢痕组织。这种由肉芽组织取代坏死组织、血栓、渗出的纤维素等病理产物或异物的过程称机化。如果坏死组织等太大，难以完全长入并吸收，则由周围增生的肉芽组织将其包围，称为包囊形成（包裹）。

（4）钙化。坏死组织和细胞碎片若未被及时清除，则日后可发生钙盐和其他矿物质的沉积，引起营养不良性钙化。

(二）凋亡

凋亡指在生理或病理状态下，活体内单个细胞发生的、由基因调控的、主动而有序的死亡过程，亦称程序性细胞死亡。

细胞凋亡与坏死是两种截然不同的细胞学现象。细胞凋亡是细胞自我破坏的主动过程。细胞凋亡过程中，细胞膜反折，包裹断裂的染色质片断或某些细胞器，然后逐渐分离，形成众多的凋亡小体，凋亡小体则被附近的细胞（单核巨噬细胞或实质细胞）所吞噬，在整个过程中，细胞膜的整合性保持良好，死亡细胞的内容物不会逸散到胞外环境中去，因而不引发炎性反应。而在细胞坏死时，细胞膜发生渗漏，细胞内容物，包括膨大、破碎的细胞器及染色质片断，释放到胞外环境中，发生炎性反应。

细胞凋亡对多细胞生物个体发育的正常进行、自稳平衡的保持以及抵御外界各种不良因素的干扰都起着非常重要的作用。如细胞能适时凋亡，有机体可以清除不再需要的细胞，而不引起炎性反应。但若细胞凋亡的机制失调，包括不恰当的激活或抑制，则将导致疾病发生（如各种肿瘤病、病毒病以及自身免疫性疾病等）。

近年来，随着分子生物学、细胞生物学、免疫学和肿瘤学的深入研究，人们对细胞凋亡的理论和实际意义有了更深的理解，对其机制已经有了比较清晰的认识，但有些细节仍需进一步证明和阐释；细胞凋亡与疾病关系的研究也有很大进展，很多研究成果为防治肿瘤和自身免疫性疾病拓宽了思路，为人类攻克某些重大疾病提供了可靠的依据。

三、病理性物质沉着

（一）病理性钙化

在骨和牙齿以外的软组织内有固体性钙盐的沉积，称为病理性钙化。沉积的钙盐主要是磷酸钙和碳酸钙，眼观，为灰白色，颗粒状或团块状，坚硬，触之有砂粒感或硬石感。光镜下，在 HE 染色时，钙盐呈蓝色颗粒状、片块状。病理性钙化按其发生原因可分为以下两种：

1. 营养不良性钙化 钙盐主要沉积于变性坏死组织（如结核坏死灶、动脉粥样硬化斑块等）或其他异物（如血栓、死亡的寄生虫卵等）中。因无全身钙、磷代谢障碍，故血钙不升高。

2. 转移性钙化 指由于全身钙、磷代谢障碍（高血钙）而引起的钙盐沉积于正常组织内。主要见于甲状腺功能亢进、骨肿瘤破坏骨组织或维生素 D 摄入过多等，常在肾小管、胃黏膜和肺泡等处沉积。

病理性钙化一旦发生，一般长期存在，很难消散。钙化对机体的影响视具体情况而异。钙化的血管壁可失去弹性、变脆，易破裂出血；结核病灶的钙化，可使结核杆菌逐渐丧失活力而减少复发。

（二）尿酸盐沉着（痛风）

尿酸盐沉着即痛风，是由于体内嘌呤代谢紊乱导致血液中尿酸浓度升高，并以尿酸盐的形式沉着于体内一些器官组织而引起的疾病。痛风可发生于人类及多种动物，但以家禽尤其是鸡最为常见。

1. 病因和发生机理 痛风发生的原因和机理很复杂，目前尚不十分清楚，一般认为与饲料中核蛋白含量过高、饲养管理不当、中毒以及病原体感染等有密切联系，其中之一或多种因素综合作用均可引起该病发生。

（1）蛋白质特别是核蛋白的摄入量过多。痛风的主要原因之一是给动物饲喂大量高蛋白饲料，特别是鱼粉、肉粉、动物的内脏等核蛋白含量丰富的动物性饲料。核蛋白是动植物细胞的主要成分，是由核酸和蛋白质组成的一种结合蛋白，在水解时能产生蛋白质和核酸。核酸又可分解为磷酸和核苷。核苷在核苷酶作用下，分解为戊糖、嘌呤和嘧啶类碱性化合物。嘌呤类化合物在体内进一步氧化为次黄嘌呤和黄嘌呤，后者再形成尿酸。禽类不仅可将嘌呤分解为尿酸，而且还可用蛋白质代谢中产生的氨合成尿酸，但和其他动物不同的是，禽类的肝内缺乏精氨酸酶，故不能经鸟氨酸循环生成尿素，随尿排出，而只能生成尿酸。在一般情况下，机体的血液只能维持一定限度的尿酸和尿酸盐，当其含量过多又不能排出体外时，就沉积在内脏器官或关节内而导致痛风。因此，禽类更容易发生痛风。

（2）维生素A缺乏。饲料中维生素A缺乏时，除食管与眼睑黏膜上皮常发生角化甚至脱落外，肾小管、输尿管上皮也会出现病变，致使尿路受阻。此时，一方面尿酸和尿酸盐排出障碍；另一方面因肾组织细胞发生坏死，核蛋白大量分解并产生大量尿酸，使血液中尿酸的浓度随之升高。所以，鸡尤其是幼鸡维生素A缺乏时，肾小管与输尿管等常有尿酸盐沉着。

（3）中毒性因素。如长期大量服用磺胺类药物、抗生素、食盐、硫酸钠、碳酸氢钠等，造成肾的损害。肾损伤后，尿酸排出障碍，肾组织细胞破坏而产生较多核蛋白，使尿酸生成增多，结果血中尿酸盐的浓度增加，进而引起痛风。

（4）传染性疾病方面的因素。许多传染病，如传染性法氏囊炎、肾型传染性支气管炎、传染性喉气管炎、包含体肝炎、单核细胞增多症、产蛋下降综合征、淋巴细胞性白血病、鸡白痢、大肠杆菌病、传染性盲肠肝炎等疾病，均可引起家禽肾的损害，故常引起家禽的痛风。

此外，日粮配合不当、缺水、长途运输、运动不足、严寒等饲养管理方面的因素和遗传因素在痛风的发生上也起一定的作用。

2. 病理变化 根据尿酸盐沉着的部位，可分为内脏型和关节型，有时两型可同时发生。

（1）内脏型。鸡最常见。剖检时，在胸、腹腔和心脏的浆膜面上有白色、粉末状尿酸盐沉着，病变严重时，心、肝、脾、肾和肠系膜表面可完全被白色尿酸盐所覆盖。肾肿大，色淡，切面上可见白色尿酸盐小点和小条。输尿管扩张，管腔内含有石灰样沉淀物。尿酸盐易溶于水，所以福尔马林固定的HE切片中，尿酸盐结晶的形态不能显示，但沉着部位的组织坏死、结缔组织增生、巨细胞和其他炎症细胞等变化均可很好着染。如欲观察尿酸盐针状或菱形结晶，组织块应以纯酒精固定，尿酸盐染色法染色。

（2）关节型。尿酸盐沉着于关节及其附近组织。其临诊病理特征是趾及腿部关节因尿酸盐沉着和炎症而肿胀，关节软骨、关节间隙、关节周围结缔组织、滑膜、腱鞘、韧带及骨骺等部位，都可见尿酸盐沉着。沉着部位的组织发生变性、坏死，周围发生炎性水肿和白细胞浸润，故初期表现局部肿胀。随炎症发展，尿酸盐沉着部位周围的结缔组织增生，形成致密、坚硬的结节（痛风结节）。关节中沉积尿酸盐时，可使关节变形并形成尿酸盐结石。

（三）病理性色素沉着

细胞和组织内有色物质过量蓄积称为病理性色素沉着。常见的有以下几种：

1. 含铁血黄素 是指巨噬细胞吞噬、降解红细胞血红蛋白所产生的含铁蛋白微粒积聚形成的金黄色或褐色颗粒。巨噬细胞破裂后，此色素亦可见于细胞外。生理情况下，肝、脾内可有少量含铁血黄素形成；病理情况下，如陈旧性出血和溶血性疾病时，肝、脾、淋巴结和骨髓等组织可见含铁血黄素蓄积。含铁血黄素的存在，体现了红细胞的破坏和全身或局限性含铁物质的剩余。

2. 脂褐素 是细胞自噬溶酶体内未被消化的细胞器碎片残体，其成分是脂质和蛋白质的混合体。正常时，附睾管上皮细胞、睾丸间质细胞和神经节细胞胞质内可含有少量脂褐素。在老龄病畜和营养耗竭性病畜，萎缩的心肌细胞和肝细胞核周围出现大量黄褐色、微细颗粒状脂褐素。

3. 黑色素 是由黑色素细胞胞质中酪氨酸氧化聚合而产生的黑褐色细微粒，存在于正常动物的皮肤、毛发、虹膜、眼部脉络膜中。肾上腺皮质功能低下时，肾上腺皮质激素分泌减少，促肾上腺皮质激素（ACTH）分泌增多，黑色素细胞会产生更多的黑色素，导致全身皮肤黑色素增多。

第三节 损伤的修复

局部组织和细胞损伤后，机体对所形成的缺损进行修补恢复的过程称修复。修复是机体的一种防御机能，是在各种外界因素作用下能够生存所必不可少的一种功能。组织修复是通过组织的再生来完成的。

一、再 生

再生是体内细胞或组织损伤后，由邻近健康细胞分裂增殖来修补的过程。

（一）再生的类型

再生可分为生理性再生和病理性再生两种类型。

1. 生理性再生 指在正常生理过程中，机体的某些细胞、组织不断衰老死亡，由新生的同种细胞补充，以保持细胞、组织原有的结构与功能。如皮肤表层细胞脱落后，由表皮的基底细胞不断地增生、分化，予以补充；外周血液中血细胞衰老死亡后，又不断由造血器官新生细胞来补充等。

2. 病理性再生 病理情况下，细胞组织缺损后发生的再生称为病理性再生。病理性再生根据修复的状态又分为完全再生和不完全再生。如果组织损伤后，由同种细胞来修复，并完全恢复原组织的结构和功能，称为完全再生；如果组织损伤后，不能由结构和功能完全相同的组织来修复，而由纤维结缔组织来取代，最后形成瘢痕，则称为不完全再生，也称纤维性修复或瘢痕修复。

（二）各种组织的再生能力

机体的各种组织细胞的再生能力差异很大。根据一般的规律，低等动物较高等动物再生能力强，分化程度低的组织较分化程度高的组织再生能力强，易受损伤或经常更新的组织再生能力强。根据再生能力的强弱，可将动物机体的组织细胞分为以下三类：

1. 不稳定细胞 再生能力相当强。这类细胞总在不断地增殖，以代替衰老或破坏的细胞，如表皮细胞、消化道和呼吸道黏膜的被覆上皮细胞、淋巴细胞及造血细胞、间皮细胞等。

2. 稳定细胞 又称静止细胞。在生理情况下，这类细胞增殖现象不明显，只有在遭受损伤或某种刺激时才表现出较强的再生能力。这类细胞包括各种腺体或腺样器官的实质细胞，如肝、胰、内分泌腺、汗腺、皮脂腺和肾小管上皮细胞等；还有原始间叶细胞及其分化出来的各种细胞，如成纤维细胞、血管内皮细胞、软骨细胞及骨细胞等。间叶细胞不仅有较强的再生能力，而且还有很强的分化能力，常作为参与修复过程的主要细胞。平滑肌细胞也属于稳定细胞，但再生能力较弱。

3. 永久性细胞 即再生能力非常微弱或无再生能力的细胞。如骨骼肌和心肌细胞仅有微弱的再生能力，损伤后通常由纤维组织增生加以修复；神经细胞完全无再生能力，一旦破坏则成永久性缺失，由神经胶质细胞增生修复形成胶质瘢痕。但神经纤维在神经细胞存活的前提下仍有活跃的再生能力。

（三）各种组织的再生过程

1. 上皮组织的再生

（1）被覆上皮再生。皮肤被覆的复层鳞状上皮缺损时，由创缘或底部的基底层细胞分裂增生，向中心迁移，先形成单层上皮，以后增生分化为复层鳞状上皮；黏膜如胃肠黏膜的柱状上皮细胞缺损后，同样也由邻近的上皮细胞分裂增生，初为立方形上皮，以后逐渐分化为柱状上皮。

（2）腺上皮再生。腺上皮的再生能力较强，如果有腺上皮的缺损而腺体的基底膜未被破坏，可由残存细胞分裂补充，完全恢复原来的腺体结构；如果腺体构造（包括基底膜）完全被破坏，则难以通过再生完全恢复，仅能由纤维结缔组织取代。

2. 纤维结缔组织的再生 指在损伤的刺激下，受损伤处的成纤维细胞进行分裂增生。成纤维细胞可由静止状态的纤维细胞转变而来或由未分化的间叶细胞分化而来。幼稚的成纤维细胞胞体大，呈椭圆形、梭形或星芒状，两端常有突起，细胞质略显嗜碱性，胞核体积大、染色淡，有1~2个核仁。当成纤维细胞停止分裂后，开始合成并分泌胶原蛋白，在细胞周围形成胶原纤维。成纤维细胞逐渐成熟，变成长梭形，细胞质越来越少，核也变成长梭形、染色深，成为纤维细胞（图2-2）。

3. 血管的再生

（1）毛细血管的再生。毛细血管多以芽生的方式再生。即由毛细血管的内皮细胞肥大、分裂增生，形成突起的幼芽，幼芽增长而形成实心的内皮细胞条索，在血流的冲击下，细胞条索中出现管腔，形

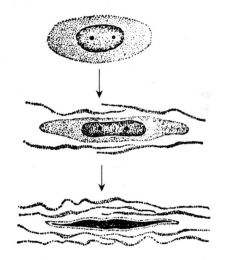

图2-2 成纤维细胞产生胶原纤维并转化为纤维细胞模式

成新的毛细血管，新生毛细血管彼此吻合形成毛细血管网（图2-3）。根据需要，新生毛细血管可进一步分化，形成小动脉或小静脉。

（2）大血管的修复。大血管离断后，需要手术吻合。吻合处两端的内皮细胞分裂、增生，互相连接，恢复原来的内膜结构。而离断的肌层则由结缔组织增生连接，形成瘢痕修复。

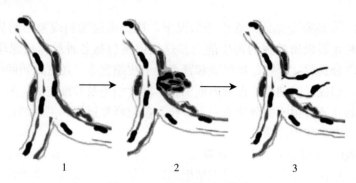

图 2-3 毛细血管再生模式
1. 正常毛细血管 2. 内皮细胞分裂增生形成突起的幼芽
3. 幼芽中心出现管腔，形成新生的毛细血管

4. 神经组织的再生　神经细胞没有再生能力，其损伤由神经胶质细胞再生来修复，形成胶质细胞瘢痕。外周神经纤维具有较强的再生能力，其损伤断裂后，只要神经细胞还活着，就能完全再生修复（图 2-4）。

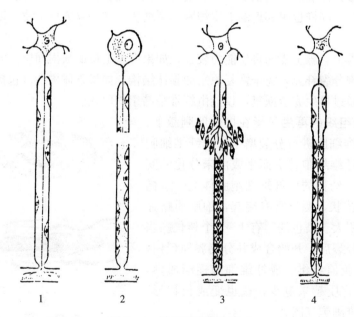

图 2-4　神经纤维再生模式
1. 正常神经纤维 2. 神经纤维断裂，远端及近端的一部分髓鞘及轴突崩解
3. 神经膜细胞增生，轴突生长 4. 神经轴突达末梢，多余部分消失

二、纤维性修复

组织结构的破坏，常包括实质细胞与间质细胞的损伤。此时，即使损伤的实质细胞具有再生能力，其修复也不能单独由实质细胞的再生来完成。这种修复往往首先通过肉芽组织增生，溶解、吸收损伤局部的坏死组织及其他异物，并填补组织缺损，以后肉芽组织转化为以胶原纤维为主的瘢痕组织，这一修复过程称纤维性修复。

（一）肉芽组织

肉芽组织是由新生的毛细血管、成纤维细胞构成并伴有炎性细胞浸润的幼稚结缔组织。

肉眼观察，肉芽组织表面常呈鲜红色，颗粒状，柔软湿润，似鲜嫩肉芽，故名肉芽组织。由于其中富有毛细血管，无神经，故触之易出血，但无痛觉。如创面伴有感染、局部血液循环障碍或有异物存在时，可使肉芽组织生长不良，表现为苍白色或淡红色，水肿明显，松弛无弹性，颗粒不明显，表面覆盖脓性渗出物，触之不易出血。这种肉芽组织生长缓慢，必须清除，使之重新长出肉芽组织才能迅速愈合。有时，肉芽组织生长过度，高出皮肤表面，亦妨碍愈合，须将多余的肉芽组织切除，以利于表皮的再生覆盖。

光镜下，可见大量新生毛细血管向着创面垂直生长，并以小动脉为轴心，在表面相互吻合形成弓形的毛细血管网，此种毛细血管周围常有许多成纤维细胞，还有大量渗出液和炎细胞。炎细胞常以巨噬细胞为主，也有多少不等的中性粒细胞和淋巴细胞。肉芽组织中有一些成纤维细胞的胞质内含有肌丝，这种细胞除具有成纤维细胞的作用外，还具有平滑肌的收缩功能，因此称为肌成纤维细胞。

肉芽组织在组织损伤修复中有以下重要作用：①抗感染保护创面；②填补创口及其他组织缺损；③机化或包裹坏死组织、血凝块、炎性渗出物及其他异物。

肉芽组织在组织损伤后 2~3d 即可出现，自下向上（如体表创口）或自周围向中心（如组织内坏死）生长、推进，填补创口或机化异物；随着时间的推移（如一周），肉芽组织按其生长的先后顺序，逐渐成熟。其主要形态标志为：间质的水分越来越少；炎细胞减少并逐渐消失；部分毛细血管管腔闭塞、数目减少，按正常功能的需要少数毛细血管管壁增厚，改建为小动脉和小静脉；成纤维细胞产生越来越多的胶原纤维，最后变为纤维细胞。时间再长，胶原纤维量更多，而且发生玻璃样变性，细胞和毛细血管成分更少。至此，肉芽组织成熟为纤维结缔组织，并逐渐转化为老化阶段的瘢痕组织。

（二）瘢痕组织

瘢痕组织是指肉芽组织经改建成熟形成的纤维结缔组织。光镜下，瘢痕组织由大量平行或交错分布的胶原纤维束组成，纤维束常呈均质、红染的玻璃样变；纤维细胞很稀少，核细长而深染，组织内血管减少。肉眼观察，瘢痕组织呈收缩状态，颜色苍白或灰白，半透明，质硬韧，缺乏弹性。瘢痕组织对机体的影响可概括为两个方面：

1. 瘢痕组织的形成对机体有利的影响 ①它能把损伤的创口或其他缺损长期地填补并连接起来，保持组织器官的完整性；②大量的胶原纤维使瘢痕组织比肉芽组织更具抗拉性，因而可保持组织器官的坚固性。

2. 瘢痕组织的形成对机体不利的影响 ①瘢痕收缩：发生在关节附近和重要器官的瘢痕，常引起关节挛缩或活动受限，在腔性器官则可引起管腔狭窄；②瘢痕性粘连：多见于器官之间或器官与体壁之间发生的纤维性粘连，常不同程度影响其功能；③器官内广泛纤维化及玻璃样变，可导致器官硬化；④瘢痕组织增生过度，形成肥大性瘢痕，可突出于皮肤表面，形成瘢痕疙瘩（如蟹足肿）。

三、创伤愈合

创伤愈合是指机体对创伤造成的组织缺损进行修复的过程。创伤愈合包括了各种组织的再生和肉芽组织增生、瘢痕形成等复杂过程。

(一) 皮肤的创伤愈合

1. 创伤愈合的基本过程 最轻度的创伤仅限于皮肤表皮层，可通过上皮再生愈合；稍重者有皮肤和皮下组织断裂，并出现伤口；严重的创伤可有肌肉、肌腱、神经的断裂及骨折。现以皮肤伤口为例叙述创伤愈合的基本过程。

(1) 伤口早期的炎症反应。在伤口局部有不同程度的组织坏死和出血，数小时内出现炎症反应，表现为充血、液体渗出和白细胞游出，故局部出现红肿。伤口中的血液及渗出液中的纤维蛋白原很快凝固形成凝块，有的凝块表面干燥形成痂皮，凝块和痂皮起着保护伤口的作用。

(2) 伤口收缩。2～3d后，创口边缘的皮肤及皮下组织向中心移动，伤口迅速缩小。伤口收缩是伤口边缘新生的肌纤维母细胞的牵拉作用引起的，其意义在于缩小创面，促进愈合。

(3) 肉芽组织的增生和瘢痕形成。大约从第3天开始，伤口底部及边缘长出肉芽组织并逐渐填平创口。毛细血管以每日延长0.1～0.6mm的速度生长，其方向大都垂直于创面，并呈袢状弯曲。第5～6天起成纤维细胞产生胶原纤维，其后一周胶原纤维形成比较活跃，以后逐渐缓慢下来。在伤后1个月左右，瘢痕可完全形成。

(4) 表皮及其他组织再生。创伤发生24h内，伤口边缘的基底细胞开始增生，形成单层上皮，向伤口中心迁移，逐渐覆盖于肉芽组织的表面，然后增生分化成鳞状上皮。若伤口过大（一般认为直径超过20cm时），则再生上皮很难将伤口覆盖，往往因表皮增殖不全而使瘢痕裸露或通过植皮完成表皮覆盖。

皮肤附属器（毛囊、汗腺及皮脂腺等）如遭到完全破坏，则不能完全再生而出现瘢痕修复。肌腱断裂后，初期也是瘢痕修复，但随着功能锻炼，胶原纤维可不断改建并按原肌腱纤维的方向排列，达到完全再生。

2. 创伤愈合的类型 根据损伤程度和有无感染，创伤愈合可分为三种类型：

(1) 一期愈合。见于组织缺损少、创缘整齐、无感染、经粘合或缝合后创面对合严密的伤口。这种伤口只有少量的血凝块，炎症反应轻微。表皮再生在24～48h内便可将伤口覆盖，肉芽组织在第3天就可从伤口边缘长出并很快将伤口填满，5～7d伤口两侧出现胶原纤维连接（此时可以拆线）。愈合时间短，形成的瘢痕小，往往仅留下一线状瘢痕。

(2) 二期愈合。见于组织缺损较大、创缘不整齐、哆开、无法整齐对合，或伴有感染的创伤。这种创口由于坏死组织多，并有不同程度的感染，创口周围常有明显的炎症反应，只有感染被控制、坏死组织被清除后，组织再生才能开始。由于组织缺损大，需要多量肉芽组织才能将伤口填平，故二期愈合时间较长，形成的瘢痕大。

(3) 痂下愈合。多见于皮肤擦伤，创口表面的血液、渗出液及坏死组织凝固，干燥后形成硬痂，在痂下进行一期或二期愈合。在表皮再生完成后，痂皮可自行脱落。痂皮对伤口有一定保护作用，但若痂下渗出物较多或伴有感染，则不利于伤口愈合，因此，痂下愈合的时间通常较长。

(二) 骨折愈合

骨折愈合是指骨折后局部所发生的一系列修复过程。轻度的骨折经过良好的复位，固定后可以完全恢复正常的结构和功能。骨折愈合的基础是骨膜的成骨细胞再生，其愈合过程可分为以下几个阶段（图2-5）：

1. 血肿形成 骨折发生后可造成局部血管破裂出血形成血肿，数小时后血肿的血液凝固，将两端初步连接，与此同时常出现轻度的炎症反应，故外观局部出现红肿。

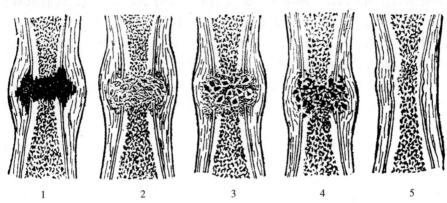

图 2-5 骨折愈合模式
1. 骨折，血肿形成 2. 纤维性骨痂形成 3. 转化为类骨细胞
4. 骨性骨痂形成 5. 骨痂改建

2. 纤维性骨痂形成 自骨折第 2 天开始，骨折断端的骨膜处有肉芽组织逐渐向血肿中长入，使血肿逐步机化，继而发生纤维化形成纤维性骨痂，或称暂时性骨痂。1 周左右，纤维性骨痂的肉芽组织及纤维组织可进一步分化形成透明软骨。纤维性骨痂使骨折两断端紧密连接起来，但无负重能力。

3. 骨性骨痂形成 纤维性骨痂可逐渐分化出骨母细胞，骨母细胞分泌大量骨基质，沉积于细胞间，形成类骨组织，以后出现钙盐沉积，使类骨组织变为编织骨，形成骨性骨痂。骨性骨痂使断骨牢固地结合在一起，并具有一定的支持负重功能，此时在骨折后 2～3 个月。

4. 骨痂改建或再塑 编织骨由于结构不很致密，骨小梁排列比较紊乱，仍达不到正常功能的需要。为适应骨活动时所受应力，编织骨经过进一步改建为成熟的板层骨。在改建过程中，破骨细胞可将不需要的骨组织吸收、清除，而成骨细胞则可产生新的骨组织，逐渐加强负荷重的部位，使骨小梁排列逐渐适应力学排列方向。此时，骨髓腔再通，骨髓再生，骨折完全修复。骨的改建一般需 6～12 个月。

骨折后虽然可完全再生，但如发生粉碎性骨折，尤其是骨膜破坏较多或断端对位不好、断端有软组织嵌塞时，均可影响骨折愈合。因此，保护骨膜、正确复位与固定，对促进骨折愈合是十分必要的。

（三）影响创伤愈合的因素

创伤愈合是否完全及时间的长短，除与组织的损伤范围大小及组织的再生能力强弱有关外，还受动物机体的全身性和局部性因素两方面的影响。

1. 全身因素

（1）年龄因素。幼龄和成年动物的组织再生能力强，创伤愈合快；老龄动物则相反，组织再生能力差，创伤愈合慢。老龄动物血管硬化，导致血液供应减少，也是妨碍愈合的原因。

（2）营养因素。严重的蛋白质缺乏，尤其是含硫氨基酸缺乏时，肉芽组织及胶原纤维形成不足，伤口愈合延缓。维生素中以维生素C对愈合最重要。这是由于α-多肽链中的两个主要氨基酸——脯氨酸及赖氨酸，必须经羟化酶羟化，才能形成前胶原分子，而维生素C具有催化羟化酶的作用。因此，维生素C缺乏时前胶原分子难以形成，从而影响了胶原纤维的形成。在微量元素中锌对创伤愈合有重要作用，手术后伤口愈合迟缓的病畜，皮肤中锌的含量大多比愈合良好的病畜低。因此，给大手术后的动物补充维生素C和微量元素锌，有利于伤口愈合。此外，钙和磷在骨折愈合中尤为重要。

（3）药物因素。大量使用肾上腺皮质激素或促肾上腺皮质激素可抑制炎症反应，抑制肉芽组织的生长和胶原合成，加速胶原分解，对伤口愈合不利；抗癌类药物的细胞毒性作用也可延缓创伤愈合。

（4）某些疾病的影响。糖尿病、尿毒症、肝硬化及某些免疫缺陷病等均对创伤愈合产生不利影响。

2. 局部因素

（1）感染与异物。感染对再生修复的妨碍甚大，细菌毒素妨碍细胞的代谢过程，加重局部损伤。感染可导致渗出物增多，伤口张力增大可致伤口裂开；异物（如缝线、纱布、弹片等）和坏死组织均对局部组织产生刺激作用，妨碍修复。因此，对有感染或存在异物的伤口，必须进行外科清创并控制感染，在确保没有感染的情况下缝合创口，以缩短伤口的愈合时间。

（2）局部血液循环。局部血液循环一方面能保证组织再生所需的氧和营养，另一方面对坏死物质的吸收及控制局部感染也起重要作用。因此，局部血流供应良好时，则再生修复好。反之则影响愈合，如四肢血管有动脉粥样硬化或静脉曲张等病变的动物，局部血液循环不良，伤口愈合迟缓。临床用某些药物湿敷、热敷以及贴敷中药和服用活血化瘀中药等，都有改善局部血液循环的作用。

（3）神经支配。完整的神经支配对组织的再生有一定的作用。神经损伤时引起的局部神经性营养不良可影响组织的再生。植物神经的损伤，使局部血液供应发生变化，对再生的影响更为明显。因此，临床上对神经损伤的伤口要及时缝合，清创术中也要避免伤及神经。

（4）电离辐射。电离辐射能破坏细胞、损伤小血管、抑制组织再生，因此影响创伤愈合。

骨折愈合时，上述影响创伤愈合的全身及局部因素对骨折愈合都起作用。骨折断端间有异物或有其他组织嵌塞，断端活动、对位不良等，也会影响骨折的愈合。

复习思考题

1. 解释下列病理名词：萎缩、肥大、化生、变性、细胞水肿、脂肪变性、坏死、坏疽、糜烂、溃疡、机化、包囊形成、再生、肉芽组织、创伤愈合。
2. 病理性萎缩有哪些类型？试举例说明。
3. 常见的变性有几种？常发生于哪些部位？试述其各自的主要原因、病变特点及其影响。
4. 试述脂肪变性的原因与发生机理。

5. 坏死的原因有哪些？三种坏死有何区别？坏死的结局有几种？组织、细胞坏死（镜下及肉眼）的特征有哪些？

6. 简述肉芽组织的特点及主要功能。

7. 说明一、二期愈合的主要区别。

8. 骨折愈合的过程分哪几个阶段？试说明各阶段的病理改变。

第三章 局部血液循环障碍

【学习目标】
1. 掌握：充血、淤血、出血、血栓形成、血栓、栓塞、梗死的概念。
2. 熟悉：淤血的后果；出血的类型和后果。
3. 了解：血栓形成的条件、栓子的运行途径、栓塞的种类和对机体的影响；
4. 能识别充血、淤血、肝淤血、肺淤血、出血、局部贫血、血栓、梗死；会识别血栓与死后凝血；会分析充血、淤血、出血、局部贫血发生发展规律。

血液循环是维持动物机体生命活动的重要保证。机体通过血液循环向各组织器官输送氧气和各种营养物质，同时不断从组织中运走二氧化碳和各种代谢产物，从而保证了机体组织器官的功能和代谢的正常进行。一旦血液循环发生障碍，必将导致相应组织器官出现代谢紊乱、功能失调和形态改变，严重者可引起机体死亡。

血液循环障碍有全身性和局部性两种类型。全身血液循环障碍常见于心力衰竭。局部血液循环障碍由多种因素引起，主要表现为：局部组织器官血管内含血量的异常（如充血、贫血）、血液内出现异常物质（如血栓形成、栓塞）和血管壁通透性或完整性的异常（如出血）等。本章主要叙述局部血液循环障碍。

第一节 充　血

局部组织器官的血管内含血量增多的现象称为充血。充血又分为动脉性充血和静脉性充血两种（图3-1）。

动脉性充血

正常供血

静脉性充血

图3-1　正常供血与动脉性充血、静脉性充血

一、动脉性充血

局部组织器官的小动脉和毛细血管扩张，动脉血输入量增加的现象称为动脉性充血，又称主动性充血，简称充血。

(一)原因及类型

任何能引起细小动脉扩张的因素都可引起局部器官和组织充血,包括机械、物理、化学和生物性因素等。细小动脉扩张是由于神经、体液因素作用于血管,使血管舒张神经兴奋性增高或血管收缩神经兴奋性降低的结果。常见的类型有:

1. 生理性充血 为适应局部器官和组织的生理需要和代谢增强而发生的充血,如进食后的胃肠道充血、肢体运动时的骨骼肌充血和妊娠时的子宫充血等。

2. 病理性充血 在致病因素作用下导致的局部器官、组织的细小动脉血液含量增加,称病理性充血。主要有以下三种:

(1)炎性充血。多发生在炎症早期或炎症灶边缘,由于致炎因子的刺激引起的轴突反射和炎性介质(如组胺、5-羟色胺、激肽、腺苷等)的作用,使局部小动脉和毛细血管扩张所致。

(2)减压后充血(贫血后充血)。局部组织器官长期受压迫,当压力突然解除后,该组织器官内的小动脉可发生反射性扩张充血,称之为减压后充血。如牛瘤胃臌气或腹水时,瘤胃胀满的气体或腹腔的大量积水,压迫腹腔内脏器官造成缺血;当实施瘤胃放气和腹腔穿刺放水进行治疗时,如放气、放水过速,腹腔内压力迅速降低,腹腔内脏器官发生减压后充血,大量血液积聚于腹腔内脏血管内,造成腹腔以外器官的有效循环血量急剧减少,血压下降,严重时可引起急性脑贫血,甚至导致动物死亡。当对患畜实施瘤胃穿刺放气或腹腔穿刺放水进行治疗时,应特别注意防止放气、放水过速。

(3)侧支性充血。某一动脉由于血栓形成、栓塞或肿瘤压迫等原因而导致管腔狭窄或阻塞时,其周围的吻合支(侧支)可发生反射性扩张充血,建立侧支循环,使缺血组织得到血液供应,称为侧支性充血(图3-2)。

(二)病理变化

眼观,充血的组织器官局部的细小动脉和毛细血管扩张,动脉血流入量增多,体积略增大。由于动脉血氧气和营养物质含量丰富,故呈鲜红色,组织代谢旺盛,局部温度升高,机能增强(如黏膜腺体分泌增多等)。

镜检,充血组织中的小动脉和毛细血管扩张,充满红细胞,毛细血管数增多(闭锁的毛细血管扩张引起)。由于充血多见于急性炎症,故常见于炎症性渗出、出血、实质细胞变性或坏死等病变。

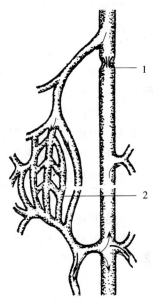

图3-2 侧支循环模式
1. 阻塞处 2. 侧支血管网

值得注意的是,动物死亡后常受以下两个方面因素的影响,使充血现象表现很不明显:一是动物死亡时动脉发生痉挛性收缩,使原来扩张充血的小动脉变为空虚状态;二是动物死亡时的心力衰竭导致的全身瘀血及死后的沉积性瘀血,掩盖了生前的充血现象。

(三)结局

充血是机体防御、适应性反应之一。充血时由于血流量增加和血流速度加快,给局部组织带来大量氧气、营养物质、白细胞和抗体等,使充血组织的机能、代谢和抗损伤能力都得到增强;同时,又可以加速病理产物和致病因子的排除,对消除病因和修复组织损伤均有积极作用。兽医临床上常根据这一原理,采用红外线照射、热敷和涂擦刺激性药剂等人为造成充血的方法来治疗某些疾病。

充血一般是暂时的，病因消除后即可恢复。若病因作用较强或持续时间较长而引起持续性充血时，可造成血管壁的紧张度下降或丧失，血流逐渐缓慢，进而发生瘀血、水肿和出血等变化。充血有时也会造成严重后果，如动物日射病时，脑部严重充血，甚至因脑出血而致死。

二、静脉性充血

由于静脉回流受阻，血液淤积于小静脉和毛细血管内，使局部组织器官的静脉血含量增加，称为静脉性充血，又称被动性充血，简称瘀血。

（一）病因

1. 静脉受压　静脉受压迫可引起管腔狭窄或闭塞，血液回流受阻，导致相应部位的组织器官瘀血。如绷带包扎过紧引起的肢体瘀血；妊娠后期子宫压迫髂静脉引起的后肢瘀血、水肿；肿瘤、炎症包块和瘢痕组织压迫局部静脉而引起的相应部位瘀血；肠扭转、肠套叠时肠系膜静脉受压迫引起的肠瘀血等。

2. 静脉腔阻塞　如静脉内膜炎性肥厚、静脉内血栓形成及肿瘤细胞栓子等阻塞所引起的相应器官或组织的瘀血。

3. 心力衰竭　如心力衰竭时，心脏不能排出正常容量的血液进入动脉，心腔内血液滞留，压力增高，阻碍了静脉的回流，引起瘀血。如二尖瓣狭窄或左心衰竭，导致肺瘀血；肺动脉狭窄或肺源性心脏病所致的右心衰竭，导致体循环脏器瘀血等。

（二）病理变化

眼观，瘀血的组织、器官，由于静脉压升高和氧化不全代谢产物蓄积引起的毛细血管壁通透性增大，导致血浆外渗形成瘀血性水肿，使瘀血的组织、器官体积肿大；瘀血组织由于血液内还原血红蛋白增多，故呈暗红或蓝紫色（如皮肤、黏膜瘀血呈蓝紫色，称发绀）；瘀血组织血流变慢，氧和营养物质供应不足，代谢功能减弱，产热减少，同时由于散热增加，故体表瘀血时皮温降低。

镜检，瘀血组织的小静脉及毛细血管扩张充满红细胞，小血管周围的间隙及结缔组织内积聚水肿液，有时伴有出血。如果瘀血持续时间较长，瘀血组织、器官的实质细胞可发生萎缩、变性、坏死，而间质结缔组织往往出现增生。

临床上常见的器官瘀血为肺瘀血和肝瘀血，现分述如下：

1. 肺瘀血　主要由于左心衰竭引起，血液淤积在左心房，阻碍肺静脉血液流入左心房，从而引起肺瘀血。

肺瘀血时，肺体积增大，质量增加，呈暗红色，质地较实，切面流出混有泡沫的红色血性液体。镜检，急性肺瘀血特征是肺泡壁毛细血管扩张充满红细胞，肺泡壁变厚，可伴肺间隔水肿，部分肺泡腔内充满水肿液及红细胞；慢性肺瘀血，除见肺泡壁毛细血管扩张充满红细胞更为明显外，还可见肺泡壁变厚和纤维化，肺泡腔内除有水肿液及红细胞外，还可见大量吞噬有含铁血黄素颗粒的巨噬细胞，称为心力衰竭细胞，此时肺质地变硬，肉眼呈棕褐色，称为肺的"褐色硬化"。

2. 肝瘀血　肝瘀血多见于右心衰竭，由于肝静脉回流受阻而引起。

急性肝瘀血，肝体积稍肿大，重量增加，被膜紧张，边缘钝圆，表面呈暗紫红色，质地较实；切开时，切面流出多量暗红色血液。镜检，肝小叶中央静脉和肝窦扩张，充满红细胞。病程稍久，肝小叶中心部肝细胞因受压迫而萎缩或消失，肝小叶周边肝细胞因缺氧而发生脂肪变性（彩图4、彩图5、彩图6）。这时，肝切面上暗红色瘀血区和土黄色脂变区相互交替，形成槟榔切面的色彩，故有槟榔肝之称。如果肝瘀血较久，肝细胞萎缩消失后，发间质结缔组织增生，网状纤维变为胶原纤维（胶原化），此时眼观体积缩小，变硬，称为瘀血性肝硬化。

（三）后果

瘀血的后果，取决于瘀血的范围、程度、部位、持续时间长短及侧支循环建立的状况。长期瘀血可引起以下后果：

1. 瘀血性水肿 瘀血时小静脉和毛细血管流体静压升高，同时瘀血组织由于缺氧、营养物质供应不足和中间代谢产物堆积，损害毛细血管壁使其通透性增高，导致局部组织出现瘀血性水肿。

2. 瘀血性出血 瘀血严重时，毛细血管内皮细胞损伤加重，血管通透性增加，红细胞可从血管壁漏出，形成瘀血性出血。

3. 实质细胞萎缩、变性或坏死 瘀血时，由于组织缺氧、代谢障碍，产物氧化不全蓄积，引起实质细胞萎缩、变性或坏死。

4. 瘀血性硬化 长期瘀血，实质细胞萎缩消失，间质纤维组织增生，并出现网状纤维胶原化（网状纤维相互融合变成胶原纤维），使瘀血的组织器官变硬，称为瘀血性硬化。

第二节 局部贫血

局部组织和器官动脉血输入减少称为局部贫血或缺血。

（一）原因

1. 动脉受压 其管腔变狭窄或闭塞，使该动脉所供血的组织发生局部贫血。如肿瘤、异物或积液的压迫，绷带过紧等均可引起的压迫性贫血。临床上大动物长期躺卧形成的褥疮，是由于倒卧侧血管长期受到压迫造成局部缺血所致。

2. 动脉管腔狭窄或阻塞 如动脉管腔内血栓形成、栓塞或动脉壁炎症等所引起的内膜粗糙变厚，造成局部组织血液流入减少而发生局部贫血。

3. 动脉痉挛 寒冷、创伤、精神刺激及某些化学物质（如麦角碱、肾上腺素等）等可引起缩血管神经兴奋，反射性地引起动脉痉挛性收缩而造成局部贫血。

（二）病理变化

局部贫血的组织因含血量减少而颜色变淡，多呈现该组织的固有色彩，如皮肤与黏膜呈苍白色，肺呈灰白色，肝呈褐色等。贫血组织体积缩小，质地松弛而软，被膜可形成皱褶。由于动脉供血不足，氧气和营养物质缺乏，组织功能减退，代谢减弱，产热减少，若发生于体表则局部温度下降。长期贫血，常引起实质细胞发生萎缩、变性或坏死。

（三）结局和对机体的影响

局部贫血的后果取决于缺血的程度、组织对缺血的耐受性、缺血时间的长短及有无侧支循环建立等因素。如缺血程度较轻，或组织对缺血的耐受性较强（如皮肤、结缔组织等），且缺血时间较短者，则病因消除后可以恢复；若病因未及时消除，又无足够的侧支循环建立，或组织对缺血的耐受性较差时，则因氧气和营养物质的缺乏，代谢产物的蓄积等，可导致组织细胞萎缩、变性，甚至发生坏死。缺血若发生在重要脏器（脑、心脏），常可危及动物生命；如发生在侧支循环较发达的器官（胃肠道），缺血发展比较缓慢，一般影响不大，常可代偿恢复。

第三节 出 血

血液（主要指红细胞）流出或渗出到心脏、血管之外，称为出血。血液流出体外，称为外出血；血液流入体腔或组织间隙内，称为内出血。

（一）原因和类型

根据出血的原因，可分为破裂性出血和渗出性出血两种类型。

1. 破裂性出血 由于心脏、血管破裂而引起的出血。可发生于心脏、动脉、静脉和毛细血管的任何部分。引起心、血管破裂性出血的原因主要有：

（1）心血管的机械性损伤。如咬伤、刺伤、枪伤、挫伤等。

（2）破坏性病变侵蚀血管壁。如肺结核、胃和十二指肠溃疡、恶性肿瘤对病变部位血管壁的侵蚀等。

（3）心血管壁本身的病变。如心肌梗死、动脉硬化、动脉瘤、静脉曲张等，当血压突然升高时，因心血管壁脆弱不能承受血流的压力而发生破裂出血。

2. 渗出性出血 由于小血管壁（包括毛细血管前动脉、毛细血管和毛细血管后静脉）的通透性升高，血液通过扩大的内皮细胞间隙和损伤的血管基底膜而渗出到血管外。渗出性出血的主要原因有：

（1）血管壁的损伤。这是最常见的引起渗出性出血的原因。如发生某些急性传染病（如炭疽、猪瘟、猪丹毒、猪败血型链球菌病、鸡新城疫、禽霍乱、兔瘟等）、某些寄生虫病（如球虫病等）、某些中毒病（如霉菌毒素中毒等）、严重的瘀血和缺氧、过敏、维生素C缺乏等均能引起毛细血管壁通透性增高而发生渗出性出血。

（2）血小板减少和功能障碍。再生障碍性贫血、白血病等使血小板生成不足；弥散性血管内凝血等使血小板破坏或消耗过多；尿毒症、某些药物如阿司匹林等可使血小板黏附与凝集功能降低；一些细菌的内毒素和外毒素也有破坏血小板的作用。当血小板减少到一定数量时，可导致渗出性出血。

（3）凝血因子缺乏。肝实质性疾病如肝炎、肝硬化、肝癌时，凝血因子合成减少；弥散性血管内凝血时，凝血因子消耗过多，均能导致凝血障碍而发生渗出性出血。

（二）病理变化

出血的病理变化因出血的原因、血管种类、局部组织的性质、出血的速度及部位的不同而有差异。

1. 内出血

（1）血肿。破裂性出血时，流出的血液蓄积在组织间隙或器官的被膜下，压挤周围组织并形成肿块，称血肿（如脑硬膜下血肿、皮下血肿、脾或肝的被膜下血肿等）。血肿多为分界清楚的血凝块，或还有未凝固的血液，暗红或黑红色，时间稍久者外围常有结缔组织包膜。

（2）积血。血液积聚于体腔内称为积血（如胸腔、腹腔、心包、颅腔的积血等）。

(3) 瘀点或瘀斑。皮肤、黏膜、浆膜和实质器官的点状出血称为瘀点，多呈粟粒大至高粱米粒大，弥漫性分布；斑块状出血，称为瘀斑，多形成绿豆粒、黄豆大或更大的密集血斑。瘀点或瘀斑主要见于渗出性出血。皮肤、黏膜上的瘀斑呈现紫红色者称为紫癜。

(4) 溢血。流出的血液进入组织内称为溢血，如脑溢血。

(5) 出血性浸润。血液弥漫浸透于组织间隙，使出血的局部组织呈大片暗红色。

(6) 出血性素质。指机体有全身性渗出性出血倾向，表现为全身皮肤、黏膜、浆膜和各内脏器官等都可见出血点。出血性素质多见于急性传染病（如猪瘟）、中毒病及原虫病（如弓形虫病）等。

此外，出血区的颜色随出血发生时间的长短而有差异，新鲜的出血灶呈红色，陈旧的出血灶呈暗红色，以后随红细胞降解形成含铁血黄素而带棕黄色。

2. 外出血 外出血的主要特征是血液流出体外，容易看见，如外伤时在伤口处可见血液外流或形成凝血块。此外，肺及气管出血，血液被咳出体外，称为咳血或咯血；消化道出血时，血液经口排出体外，称为吐血或呕血；胃肠道出血时，血液随粪便排出体外，称为便血；有时肠道出血在肠道菌的作用下，使粪便变成黑色，称为黑粪症或柏油样便；泌尿道出血时，血液随尿排出，称为尿血。

镜检时，出血的特征为组织的血管外有散在或聚集的红细胞，有时可见吞噬红细胞或含有铁血黄素的巨噬细胞。

(三) 对机体的影响

出血的后果因出血部位、出血量、出血速度和持续时间而异。一般体表缓慢而少量的出血，由于受损处血管发生反射性收缩，局部血栓形成和流出的血液凝固而自行止血，故对机体影响不大。如果出血发生在脑部或心脏，即使少量出血，也会造成严重后果，甚至危及生命。局部组织和器官的出血，可导致相应的功能障碍，如视网膜出血可引起视力减退或失明。长期持续的少量出血，可使病畜发生全身性贫血。急性大失血时，如果在短时间内丧失循环血量的20%~25%时，可发生失血性休克。

当流入组织内的血液量少时，红细胞可被巨噬细胞吞噬后运走，出血灶可完全被吸收而不留痕迹。若出血量较多，则红细胞被巨噬细胞吞噬，血红蛋白呈紫红色，随后转化为胆红素呈蓝绿色，最后成为棕黄色的含铁血黄素，因此，皮肤、黏膜出血局部颜色变化常呈现典型的程序性变化：紫红色—蓝绿色—棕黄色。大的血肿因吸收困难，常在血肿周围形成结缔组织包囊，随后由结缔组织取代发生机化。

第四节 血栓形成

在活体的心脏或血管腔内，血液成分形成固体质块的过程，称为血栓形成。所形成的固体质块，称为血栓。

一、血栓形成的条件和发生机理

正常情况下，血液在心血管内循环流动而保持液体状态，有赖于血液内相互颉颃的凝血系统与抗凝血系统保持动态平衡。血液中的凝血因子不断地、有限地被激活，形成微量纤维蛋白，沉积在血管内膜上，随即又被激活的纤维蛋白溶解酶溶解。同时，被激活的凝血因子也不断地被单核巨噬细胞系统所吞噬而清除。正常时，凝血与抗凝血二者保持着动态平衡，一旦这种平衡破坏，就可引起血栓形成。血栓形成通常具备以下三个基本条件：

1. 心、血管内膜的损伤　正常心、血管内膜是完整而光滑的，完整的内皮细胞有抑制血小板黏集和抗凝血作用。而心、血管内膜的损伤，能从多方面激活凝血系统。首先，内膜的组织损伤可释放出组织凝血因子，激活外源性凝血系统。其次，内膜损伤时，内皮细胞发生变性、坏死、脱落，内皮下的胶原纤维裸露，从而激活内源性凝血系统的凝血因子Ⅻ，内源性凝血系统被启动。加上内膜损伤后，表面粗糙不平，则有利于血小板沉积和黏附，黏集成堆的血小板和损伤的内皮细胞，均可释放血小板因子，这样整个凝血系统被激活，遂引起血液凝固而形成血栓。心血管内膜损伤导致血栓形成，多见于亚急性感染性心内膜炎病变的瓣膜上、梗死区的心内膜、动脉粥样硬化斑块溃疡及静脉内膜炎等。临床上，应注意不要在同一部位反复静脉穿刺，以免引起静脉内膜炎，导致血栓形成。

2. 血流状态的改变　主要指血流缓慢、停滞或形成涡流等。正常情况下，血液中的有形成分（红细胞、白细胞、血小板）在血流的中轴流动（轴流），血浆在周边部流动（边流），血小板等有形成分不易与血管内膜接触。当血流缓慢或出现涡流时，血小板便离开轴流而进入边流，易与损伤的血管内膜接触而沉积，且血流变慢不宜把被激活的凝血因子和已凝集的血小板稀释冲走，从而有利于血栓形成。因此，帮助长期躺卧和手术后的病畜及时做些适当的活动，对防止血栓形成有重要意义。

3. 血液性质改变　主要是指血液凝固性增高。如大面积烧伤、失水过多等使血液浓缩，严重创伤、产后或大手术后严重失血的情况下，均可出现代偿性血小板增多，黏性增高；同时血浆中纤维蛋白原、凝血酶原及其他凝血因子等含量也增加，为血栓形成创造了条件。

血栓形成往往是上述因素共同作用的结果，各因素之间相互影响。只是在不同情况下，往往是某一种因素起主要作用。在兽医临床实践中，正确掌握血栓形成的条件，针对实际情况，采取相应措施，有利于防止血栓形成。

二、血栓形成的过程和类型

（一）血栓形成的过程

血栓形成主要包括血液中血小板的黏附与凝集和血液凝固两个过程（图3-3）。①血小板的黏附与凝集：首先是血小板黏附于内膜损伤处裸露的胶原纤维表面，血小板被胶原激活，随后释放出血小板颗粒，再从颗粒中释放出ADP、血栓素A_2、5-AT及血小板第Ⅳ因子等物质，这些物质具有很强的凝集血小板的作用，使血流中的血小板不断地在局部凝集形成血小板堆，进而形成血小板梁，边缘附着白细胞。这是心脏、动脉、静脉内所有血栓形成的开始。②血液凝固：血小板小梁间的血流逐渐变慢，凝血因子的作用逐渐增加，形成更多的纤维蛋白网，其间网罗大量的红细胞和少量白细胞，血栓逐渐增大引起管腔阻塞，一旦局部血流停止，血液迅速凝固。

（二）血栓的类型

1. 白色血栓　白色血栓主要在血流较快的情况下形成，主要见于心瓣膜、心腔内和动脉内，如慢性猪丹毒心内膜炎时心瓣膜的赘生物。在静脉性血栓中，白色血栓位于血栓的起始部，即构成静脉延续性血栓的头部。肉眼观，呈灰白色小结节状或赘生物状，表面粗糙有波纹，质地坚实，与心血管壁紧密粘连不易脱落。光镜下，白色血栓主要由血小板和少量的纤维蛋白构成。

2. 混合血栓 混合血栓多发生于血流缓慢的静脉，常构成静脉延续性血栓的体部。白色血栓形成以后，突入血管腔内，使血流变慢和产生漩涡，在漩涡处又形成新的血小板堆。如此反复进行，血小板黏附形成分枝状或不规则的珊瑚状突起即血小板梁。小梁间血流逐渐变慢，凝血因子的作用逐渐增加，形成更多的纤维蛋白网，其间网罗大量的红细胞和少量的白细胞。肉眼观，呈红白相间的条纹状。光镜下，可见混合血栓主要由淡红色无结构的珊瑚状血小板小梁和充满于小梁间的纤维蛋白网及红细胞构成，血小板小梁边缘可见中性粒细胞附着。

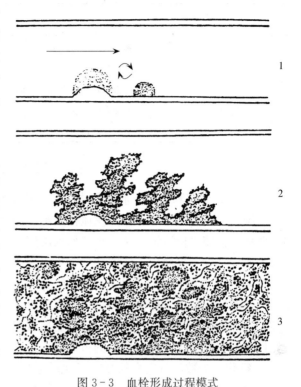

图3-3 血栓形成过程模式
1. 血小板析出沉着在血管壁上
2. 血小板形成小梁，并有白细胞附着
3. 血液凝固，纤维蛋白网形成

3. 红色血栓 红色血栓主要见于静脉，往往构成静脉延续性血栓的尾部。混合血栓进一步增大，并沿血流方向延伸，最后完全阻塞血管腔，使局部血流停止，血管腔内的血液迅速凝固，即形成红色血栓。肉眼观，呈暗红色，均匀一致，表面光滑湿润；时间稍久，水分逐渐吸收变得较干燥，易碎，失去弹性。红色血栓构成血栓尾部，易于脱落，造成栓塞。光镜下，可见纤维蛋白网眼中充满红细胞。

4. 透明血栓 多发生在微循环的毛细血管内，只能在显微镜下观察到，故又称微血栓。透明血栓主要由纤维蛋白构成，镜下呈嗜酸性均质透明状而得名。多见于弥散性血管内凝血（DIC）。

三、血栓与死后凝血块的区别

动物死后的数小时内，血液在心血管内凝固，血凝块内红细胞均匀分布，外观呈一致的暗红色，称为死后血凝块。倘若动物缓慢死亡，血液凝固过程也缓慢，红细胞因相对密度较大，常沉降于凝血块的下方，而相对密度较轻的血小板、白细胞、纤维蛋白及血浆蛋白等，浮在凝血块的上层，呈淡黄色，很像鸡的脂肪，故称为鸡脂样凝血块。血栓与死后凝血块的区别见表3-1。

表 3-1 血栓与死后血凝块的区别

	血栓	死后血凝块
表　　面	干燥、表面粗糙、无光泽	湿润、表面平滑、有光泽
质　　地	较硬、脆	柔软、有弹性
色　　泽	色泽混杂，灰红相间，尾部暗红	暗红色或血凝块上层呈鸡脂样
与血管壁的关系	与心血管壁黏着	易与血管壁分离
组织结构	具有特殊结构	无特殊结构

四、血栓的结局

1. 软化、溶解和吸收 血栓形成后，其中的纤维蛋白吸附大量纤维蛋白溶酶，使血栓中的纤维蛋白变为可溶性多肽，使血栓溶解。同时，由于血栓中的中性粒细胞崩解，释放蛋白分解酶，促使血栓溶解软化。小的血栓溶解液化，可被全部吸收或被血流冲走不留痕迹；较大的血栓部分发生软化，残留部分发生机化或脱落成为栓子，随血流运行，可引起栓塞。

2. 机化与再通 血栓形成后数天内，新生的肉芽组织从血管壁血栓附着处向血栓里面生长，逐渐取代血栓，称为血栓机化。血栓机化时，常在血栓内部或血栓与血管壁之间形成裂隙，裂隙的表面被增生的血管内皮细胞所被覆，最后形成与原血管相通的一个或数个小血管，使血流重新通过，称为血栓的再通。

3. 钙化 少数没有完全软化或机化的血栓，可发生钙盐沉着，称为血栓钙化。血栓钙化后成为坚硬的结石存在于血管内，在静脉内形成静脉石，在动脉内形成动脉石。

五、血栓形成对机体的影响

血栓形成对机体的影响可分为有利和不利两个方面。血栓形成可以对破裂的血管起到止血作用，如肺结核空洞或慢性胃溃疡时，病变区的血管内有血栓形成，可以防止血管被侵蚀而破裂出血；炎症灶的小血管内有血栓形成，则可阻止病原菌及其毒素的蔓延扩散等。这些都是血栓形成对机体的有利影响。

但在多数情况下，血栓形成对机体有不同程度的不利影响，其影响的严重程度与血栓的部位、大小、阻塞管腔的程度以及侧支循环建立等情况有关。

1. 阻塞血管 动脉血栓未完全阻塞血管时，可引起局部器官和组织缺血，导致组织细胞萎缩或变性；如完全阻塞动脉管腔，且未能建立有效的侧支循环，则可引起局部组织坏死（梗死），如脑动脉血栓形成的脑梗死、心冠状动脉血栓形成的心肌梗死等。当血栓阻塞静脉，若未能建立有效的侧支循环，则引起局部组织瘀血、水肿、出血甚至坏死，如肠系膜静脉主干血栓形成可引起肠出血性梗死。

2. 栓塞 血栓可以脱落形成血栓性栓子，随血流运行引起血栓性栓塞。若栓子内含有细菌，可引起栓塞组织的感染或脓肿形成。

3. 心瓣膜变形 心瓣膜上的血栓机化后可引起瓣膜增厚、皱缩、粘连或变硬，造成瓣膜口狭窄或关闭不全，形成心瓣膜病。若栓子内含有细菌，可引起栓塞组织的感染或脓肿形成。

4. 出血 见于 DIC 时，由于微循环内广泛性微血栓形成，消耗大量的凝血因子和血小板，从而造成血液的低凝状态，可引起全身广泛性出血和休克。

第五节 栓 塞

在循环血液中出现不溶解于血液的异常物质，随血流运行堵塞血管的过程，称为栓塞。引起栓塞的异常物质，称为栓子。栓子的种类很多，可以是固体、液体或气体。其中，最常见的栓子为脱落的血栓栓子，其他类型的栓子如脂肪栓子、空气栓子、癌细胞栓子、细菌栓子、寄生虫及虫卵栓子等比较少见。

一、栓子运行的途径

栓子的运行途径一般与血流的方向一致。

1. 左心及体循环动脉系统的栓子 来自左心、肺静脉及体循环动脉系统的栓子，最终栓塞于口径与其相当的动脉分支，如脑、脾、肾、肠系膜动脉等。

2. 右心及体循环静脉系统的栓子 来自右心及体循环静脉系统的栓子，随血流进入肺动脉主干或其分支，可引起肺栓塞。某些体积小而又富有弹性的栓子（如脂肪栓子、空气栓子）可通过肺泡壁毛细血管进入左心，栓塞于体循环的动脉系统。

3. 门静脉系统的栓子 来自肠系膜静脉等门静脉系统的栓子，可引起肝内门静脉分支的栓塞。

4. 交叉性栓塞 少数情况下，来自右心或腔静脉系统的栓子，在右心压力升高的情况下通过先天性房（室）间隔缺损到左心，再进入体循环系统引起栓塞。

5. 逆行性栓塞 极罕见于下腔静脉内血栓，在胸、腹压突然升高（如咳嗽或深呼吸等）时，使血栓一时性逆流至肝、肾、髂静脉分支并引起栓塞。

二、栓塞的类型和对机体的影响

（一）血栓栓塞

由血栓或血栓的一部分脱落引起的栓塞称为血栓栓塞，是栓塞中最常见的一种。由于血栓栓子的来源、栓子的大小和栓塞的部位不同，其对机体的影响也不相同。

1. 肺动脉栓塞 肺动脉血栓栓塞的栓子绝大多数来自后肢深部静脉，可来自盆腔静脉或右心。根据栓子的大小、数量和心、肺功能情况，引起栓塞的后果也有所不同。如栓子较小，常栓塞肺动脉的小分支，多见于肺下叶，一般不会引起严重后果。由于肺具有肺动脉和支气管动脉双重血液供应，当肺动脉小分支阻塞时，相应的肺组织可以通过支气管动脉得到血液供应。但是，如果栓塞前肺已有严重瘀血，因肺循环内压力增高，使支气管动脉供血受阻，可引起肺组织的出血性梗死。如果栓子较大，形成肺动脉主干或大分支栓塞，或栓子小但数量多，可引起大面积栓塞，患畜可突然出现呼吸困难、发绀、休克，甚至发生猝死。

2. 体循环动脉栓塞 体循环动脉栓子大多数来自左心，常见于亚急性细菌性心内膜炎时心瓣膜赘生物、二尖瓣狭窄时左心房附壁血栓、心肌梗死区心内膜上的附壁血栓；少数来自动脉，如动脉粥样硬化溃疡或动脉瘤的附壁血栓。动脉栓塞的后果取决于栓塞的部位及动脉供血状况。例如，慢性猪丹毒伴发心内膜炎时，瓣膜上的赘生物或浮在心壁的血栓都可以脱落，随血流运行到达肾、脾、心脏，引起相应组织缺血和坏死，有时还可导致脑部栓塞，发射性引起脑血管痉挛，导致动物急性死亡。

（二）脂肪栓塞

循环的血流中出现脂肪滴并阻塞血管，称为脂肪栓塞。常见于长骨骨折、严重脂肪组织挫伤或骨手术之后。骨髓或脂肪组织的脂肪细胞破裂，释放出脂肪滴，脂肪滴通过破裂的血管进入血流引起器官组织栓塞。

脂肪栓塞常见于肺、脑等器官。脂滴栓子随静脉进入右心到达肺，直径大于 $20\mu m$ 的脂滴栓子引起肺动脉分支、小动脉或毛细血管的栓塞；直径小于 $20\mu m$ 的脂滴栓子可通过肺泡壁毛细血管经肺静脉至左心达体循环的分支，引起脑及其他器官栓塞。脂肪栓塞的后果，取决于栓塞部位及脂肪滴数量的多少。少量脂肪滴入血可由巨噬细胞吞噬或被血中的脂肪酶分解而清除，对机体无不良影响。如大量脂肪滴短期内进入肺循环，使 75％ 的肺循环面积受阻时，可引起急性右心功能衰竭甚至死亡。因此，在搬运或处理骨折动物时，要保持骨折部分相对固定，预防挫伤血管而发生脂肪栓塞。

（三）气体栓塞

气体栓塞是指由于空气和其他气体由外界进入血液，形成气泡，随血流运行并阻塞血管引起的栓塞。少量气体进入血液可被溶解吸收，通常不会造成严重危害。若大量气体短时间进入血液则可成为栓子引起栓塞。在创伤或手术损伤颈静脉、胸腔大静脉等情况下，空气可在吸气时因静脉腔内负压而经破裂口被吸入静脉；或静脉注射时误将空气带入血流。大量空气入血液之后，随着血流抵达右心，受到血流冲击后形成无数小气泡，使血液变成泡沫状液体。这些气泡具有很大的伸缩性，可随心脏的收缩、舒张而容积缩小和增大，且占据心腔不易排出，从而阻碍静脉血向心脏回流和血液向肺动脉的输送，造成严重的血液循环障碍。患病动物可出现黏膜发绀、呼吸困难，甚至突然死亡。部分气泡可进入肺动脉，引起肺动脉分支栓塞。体积较小的气泡还可以通过肺泡壁毛细血管进入左心和体循环的动脉系统，引起体循环系统一些器官的栓塞。

（四）其他栓塞

其他栓塞包括肿瘤细胞栓塞、寄生虫栓塞和细菌栓塞等。肿瘤细胞栓塞，多由恶性肿瘤细胞侵入血管随血流运行并阻塞血管而致，并可在栓塞部位形成转移瘤。寄生虫栓塞，是由某些寄生虫或虫卵进入血流引起的栓塞，如单蹄兽的圆线虫幼虫、血吸虫虫卵等均可经门静脉血流在肝形成栓塞。细菌栓塞，通常是由感染灶中的病原菌以菌团形式，或与坏死组织、血栓相混杂，进入血流而引起的栓塞；带有细菌的栓子可以导致病原体在全身扩散，并在全身各处引起新的感染病灶，甚至引起败血症和脓毒败血症。

第六节　梗　　死

是指局部组织或器官由于动脉血流供应中断而引起的缺血性坏死，称为梗死。通常主要由于动脉阻塞而又不能建立有效的侧支循环所致。

一、梗死的原因

任何能引起的动脉管腔闭塞，而导致局部组织缺血的原因均可引起梗死。

1. 血栓形成　是引起梗死的最常见原因。如冠状动脉和脑动脉粥样硬化继发血栓形成，可引起心肌梗死和脑梗死（脑软化）等。

2. 动脉栓塞 是梗死的常见原因之一，大多为血栓栓塞，亦见于气体、脂肪栓塞等，常引起脾、肾、肺和脑的梗死。

3. 动脉受压 动脉受机械性压迫（如肿瘤、腹水、肠扭转、肠套叠等）而致管腔闭塞，引起局部组织梗死。

4. 动脉痉挛 单纯动脉痉挛一般不会引起梗死，但在严重的动脉粥样硬化病变的基础上，当动脉壁受到刺激时，可引起反射性痉挛（如冠状动脉、脑动脉粥样硬化时发生的持续痉挛等），可使管腔完全闭塞而引起梗死。

二、梗死的类型及病理变化

根据梗死灶内含血量的多少，可将梗死分为贫血性梗死（白色梗死）和出血性梗死（红色梗死）。

（一）贫血性梗死

常发生于组织结构比较致密，侧支循环不丰富的心、脾、肾等实质器官，有时也发生于脑。当这些器官的动脉被阻塞时，血流中断，其分支及邻近动脉发生反射性痉挛，将梗死区内的血液挤压到周围组织，使局部组织呈缺血状态，梗死灶呈灰白色，故称为白色梗死或贫血性梗死。

贫血性梗死灶病变形状不一，这与器官的血管分布特点有关。大多数器官（如脾、肾等）的动脉血管分支呈锥体形，故其梗死灶也呈锥体形，切面呈楔形，尖端朝向器官门部（即血管阻塞处），锥底位于器官的表面（图3-4）。心冠状动脉分支不规则，故心肌梗死灶常呈不规则的地图状。梗死灶与正常组织界限清楚，分界处可见暗红色充血和出血带。新鲜梗死灶因吸收水分而稍肿胀，表面略隆起；晚期病灶表面下陷，质地坚实，出血带消失，梗死灶发生机化，最后形成瘢痕。

光镜下，梗死灶多呈凝固性坏死。早期梗死区的组织轮廓尚存，细胞核可见核固缩、核碎裂和核溶解消失等改变，梗死灶周围有明显的炎症反应，可见炎细胞浸润及充血和出血带。陈旧的梗死灶，梗死区组织轮廓消失，呈均匀、红染、颗粒状，充血和出血带消失，周围有肉芽组织生长，并逐渐机化坏死组织，最后形成瘢痕组织。

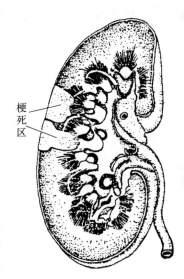

图3-4 肾贫血性梗死
（周铁忠，陆桂平．2006．动物病理）

此外，脑梗死一般为贫血性梗死，由于脑组织含蛋白质少，含水分及脂质成分多，故梗死灶的脑组织坏死、变软和液化，以后形成羹状，或被增生的星状细胞与胶质纤维所取代，最后形成胶质瘢痕。

（二）出血性梗死

常见于肺、脾、肠等组织结构疏松和具有双重血液循环（或血管吻合支丰富）的器官，并往往在伴有严重瘀血的基础下发生。因梗死灶内有大量的出血，故称为出血性梗死。因梗死灶呈暗红色，所以又称为红色梗死。

1. 发生条件 出血性梗死的形成，除动脉阻塞外，还必须具备以下条件：

（1）高度瘀血。是出血性梗死的重要先决条件。由于器官内严重瘀血，静脉流体静压升高，阻碍了侧支循环的建立，故局部组织发生梗死。组织梗死后，淤积在血管内的血液，可经坏死的血管漏入梗死区，造成弥漫性出血。

（2）器官有双重血液循环供应或吻合支丰富。肺具有肺动脉和支气管动脉双重血液供应，两者之间有丰富的吻合支；肠虽无双重循环，但吻合支特别丰富，这些器官一般不易发生梗死。但在严重瘀血的基础上，当一支动脉被阻塞，而另一只动脉由于不能克服静脉瘀血的阻力，有效侧支循环难以建立，以致血流停止而发生梗死。同时，梗死区血管破坏可导致弥漫性出血，继而局部压力下降，侧支的血液可进入梗死区，加重梗死灶的出血。

（3）组织结构疏松。肺、肠等器官的组织结构疏松，梗死初期疏松的组织间隙内可容纳多量漏出的血液，当局部血管发生反射性痉挛和组织坏死吸收水分而膨胀时，也不能把漏出的血液挤压出梗死灶外，因而梗死灶为出血性。

2. 病理变化 眼观，出血性梗死的病灶呈紫红色，体积稍增大，质地硬实，其形状变化与贫血性梗死基本相似，与血管分布一致。肺出血性梗死多发生于肺下叶，呈锥体形，尖端朝向肺门，底部位于肺膜，暗红色。光镜下，可见梗死灶内组织坏死，肺组织出血充满大量红细胞，肺泡结构不清。肠出血性梗死呈节段状（因肠系膜动脉呈辐射状供血），暗红色或紫红色，肠腔内充满暗红色血性液体，肠壁坏死可并发穿孔，造成弥漫性腹膜炎，后果严重。

三、梗死对机体的影响和结局

梗死对机体的影响取决于梗死发生部位、范围及有无细菌感染等因素。梗死发生在重要器官，如心肌梗死可影响心脏功能，严重者可导致心力衰竭甚至猝死；脑梗死可出现其相应部位的功能障碍，梗死灶大者可致死。梗死若发生在脾、肾，一般对机体影响不大，仅引起局部症状。如肾梗死通常出现腰痛和血尿，不影响肾功能；肺梗死有胸痛和咯血；肠梗死常出现剧烈腹痛、血便和腹膜炎的症状；四肢梗死若继发腐败菌感染可发生干性坏疽；肺、肠梗死若继发腐败菌感染可发生湿性坏疽，后果严重。

梗死形成时，引起病灶周围的炎症反应，此时血管扩张充血，并有中性粒细胞和巨噬细胞渗出，继而形成肉芽组织。小的梗死灶可被肉芽组织完全取代机化，日久后变为纤维瘢痕。大的梗死灶不能完全机化时，则由肉芽组织和日后转变成的瘢痕组织加以包裹，病灶内坏死组织可钙化。脑梗死则可液化成囊腔，周围由增生的胶质瘢痕包裹。

复习思考题

1. 怎样理解充血、瘀血、出血、血栓形成、栓塞和梗死的概念？
2. 充血和瘀血的主要病变特点是什么？其对机体分别会造成哪些影响？
3. 出血分哪几种类型？试述其病变特点。
4. 兽医临床上怎样鉴别充血与出血的病变？
5. 血栓形成的条件有哪些？血栓可分为哪几种？其主要成分是什么？

6. 血栓的结局有几种？血栓对机体有何影响？
7. 栓子的种类及其运行方向如何？
8. 静脉注射时，为何要排除注射器中的空气？
9. 梗死分几类？常发生于哪些脏器？其病理变化特点各是什么？

思政园地

基础理论是临床诊疗的基石

第四章 水、电解质代谢及酸碱平衡紊乱

【学习目标】
1. 掌握：水肿、积水、浮肿、脱水、高渗性脱水、低渗性脱水、等渗性脱水、酸中毒、代谢性酸中毒、呼吸性酸中毒的概念。
2. 熟悉：水肿的类型及其发生机制。
3. 了解：脱水、酸中毒的原因、类型及对机体的影响。
4. 能识别皮肤、肺脏、浆膜、黏膜水肿病理变化并能分析病因；会识别脱水并正确为脱水动物进行补液；能正确判定动物酸、碱中毒并纠正酸碱平衡紊乱。

体液是由水和溶解于其中的电解质、低分子有机化合物以及蛋白质等组成，广泛分布于组织细胞内外，构成了动物机体的内环境。体液可分为细胞内液和细胞外液两部分，细胞内液是大多数生物化学反应进行的场所，而细胞外液则是组织细胞赖以生存的体内环境。组织细胞从细胞外液中获取氧和营养物质，并接受其中活性物质的影响；而其代谢产物或分泌的活性物质，又通过细胞外液来运送和排出。机体通过神经内分泌系统及组织器官的调节功能，使体内水和电解质代谢保持动态平衡，体液的容量、分布、组成及理化特性如电解质浓度、渗透压和 pH 等维持在一定范围内，这对动物机体维持正常生命活动具有重要的意义。许多疾病和外界环境的剧烈变化会引起水、电解质代谢及酸碱平衡紊乱，这些紊乱如得不到及时纠正，常会引起严重后果，甚至危及生命。因此，熟悉水、电解质代谢及酸碱平衡紊乱的发生机制及其演变过程，掌握纠正水、电解质代谢及酸碱平衡紊乱的方法，对畜牧兽医工作者是十分重要的。

第一节 水　　肿

过多的液体在组织间隙或体腔中积聚称为水肿。细胞内液增多称为"细胞水肿"，但水肿通常是指组织间液过量。水肿发生部位不同，表现的病理变化也不一样，因此有不同的名称。大量液体积聚于体腔内，一般称为积水，如心包积水、胸腔积水（胸水）和腹腔积水（腹水）等；皮下水肿称为浮肿。

水肿不是一种单独的疾病，而是多种疾病过程中都可能出现的一种共同的病理过程，如心力衰竭时会出现全身水肿，局部炎症常见局部水肿等。

水肿有多种分类方法。按发生于何种疾病（原因），可分为心性水肿、肾性水肿、肝性水肿、炎性水肿、过敏性水肿、中毒性水肿、内分泌性水肿等；按发生的部位可分为皮下水肿、肺水肿、脑水肿、喉头水肿、视乳头水肿等；按水肿发生的范围，可分为局部性水肿

(水肿局限于某种组织或某个器官)和全身性水肿(机体多处同时或先后发生水肿)等;按水肿发病的主要环节,可分为血管源性水肿、脑源性水肿、血管神经源性水肿、静脉阻塞性水肿、通透性增高性水肿、淋巴阻塞性水肿等。

一、水肿发生的机理

不同类型水肿发生的原因和机理不尽相同,但归纳起来主要是血管内外液体交换失平衡引起组织液生成过多及球-管失平衡导致钠、水在体内潴留两方面的因素。

(一)血管内外液体交换失平衡引起组织液生成过多

生理状态下,在毛细血管动脉端,血液中的液体成分通过血管壁进入组织间隙,而在静脉端又从组织间隙通过血管壁和淋巴管回流进入血液,通过这种循环,组织液和血液中的液体成分不断地进行着交换,但组织液的生成和回流始终处于动态平衡,维持这种平衡的力主要有血管壁内外的流体静压(毛细血管血压和组织液压)、胶体渗透压(血浆胶体渗透压和组织胶体渗透压),其中毛细血管血压和组织胶体渗透压是促使组织液生成的力,而血浆胶体渗透压和组织液压可使组织液回流到血管内。另外还有一定量的组织液必须经组织间的淋巴管来回收,从而维持了组织液生成和回流之间的动态平衡(图4-1)。

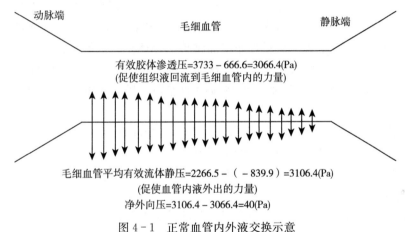

图4-1 正常血管内外液交换示意

在病理条件下,组织液生成和回流之间的动态平衡遭到破坏,使组织液生成过多,组织液在组织间隙过多积聚,则发生水肿。引起组织液生成过多的因素有:

1. 毛细血管内流体静压升高 毛细血管内流体静压增高导致有效液体静压升高,平均有效滤过压增大,有利于毛细血管内血浆滤出而不利于回流,可使组织液生成过多,如果超过淋巴回流的代偿限度时则发生水肿。动脉充血(如炎症初期时)和静脉压增高(如血栓、肿瘤压迫、心力衰竭和肝硬化等)都可引起毛细血管流体静压增高。

2. 血浆胶体渗透压降低 血浆胶体渗透压的维持主要取决于血浆蛋白尤其是血浆白蛋白的浓度,当血浆的白蛋白减少时,血浆胶体渗透压下降,而平均实际滤过压增高,组织液生成增多,一旦超过淋巴回流的代偿能力就会发生水肿。引起血浆蛋白减少的原因有:①蛋白摄入不足,见于饲料中蛋白质供应不足或胃肠道消化吸收功能障碍等。②蛋白质丢失或消耗过多,如肾病综合征时大量蛋白质从尿中丢失;慢性消耗性疾病、恶性肿瘤等,蛋白质分解代谢增强,消耗过多。③蛋白质合成障碍,见于严重营养不良和严重肝病(如肝硬化)

等。④稀释性低蛋白血症，大量水、钠潴留或输入大量非胶体性溶液时可使血浆蛋白稀释。

3. 微血管壁通透性增高 正常情况下毛细血管壁只允许微量蛋白质滤出，在血管内外形成较大的胶体渗透压梯度。在各种炎症性疾病，包括感染、烧伤、冻伤、化学伤、过敏性疾病及昆虫叮咬时，这些因素可直接通过血管壁或通过组胺、激肽等炎症介质的作用使血管壁的通透性升高，此时血浆蛋白从毛细血管和微静脉壁滤出，使毛细血管静脉端和微静脉内的胶体渗透压降低，组织的胶体渗透压升高，使液体在组织间隙积聚而形成水肿。

4. 淋巴回流受阻 正常情况下，淋巴回流不仅能把部分组织液及其所含蛋白、细胞代谢产生的大分子物质回收到血液循环，而且在组织液生成增多时，多发挥强大的代偿回流作用，具有重要的抗水肿能力。在一些病理情况下，淋巴回流受阻，不但使一些组织液不能经淋巴液返回血液，而且从微血管滤出的蛋白质也积存于组织间隙，增加了组织液的胶体渗透压，更促进了液体在组织间隙的积聚，从而引起水肿。淋巴回流受阻常见于淋巴管炎、淋巴管被阻塞（如恶性肿瘤细胞侵入淋巴管并引起阻塞、寄生虫等阻塞淋巴管）以及淋巴管受压迫时（如肿瘤、疤痕等）。

（二）机体内外液体交换平衡失调——钠、水潴留

正常动物机体每天水、钠的摄入与排出处于动态平衡状态，可保持体液量的相对恒定。这种动态平衡的维持是通过神经体液的调节得以实现的，其中肾对钠、水排泄的调节最为重要。正常时肾小球滤过的钠水总量只有 0.5%～1% 排出体外，99% 以上被肾小管重吸收。肾通过肾小球的滤过和肾小管的重吸收作用而维持动物体钠、水的平衡（称肾小球-肾小管平衡或球-管平衡）。当肾发生疾病时，肾小球滤过减少或肾小管对钠、水的重吸收增强（肾小球-肾小管失平衡），则可导致钠、水在体内的潴留。钠、水潴留成为水肿发生的重要原因。

1. 肾小球滤过率降低 肾小球滤过率取决于有效滤过面积、滤过压和肾血流量及肾小球滤过膜通透性等。肾小球滤过率降低的主要原因有：

（1）广泛的肾小球病变。如急性和慢性肾小球肾炎时，肾小球的有效滤过面积减少，肾小球滤过率降低，原尿生成减少。

（2）肾血流量减少。如充血性心力衰竭、肝硬化腹水形成、肾病综合征等，有效循环血量减少，肾血流量减少而导致肾小球滤过率降低。同时，有效循环血量下降还可激活交感-肾上腺髓质系统、肾素-血管紧张素系统，使入球小动脉收缩，导致肾血流量进一步减少。肾小球滤过率降低，导致钠、水潴留。

2. 肾小管重吸收增多 肾小管重吸收增多是决定体内钠、水潴留的主要方面。引起肾小管重吸收钠、水增多的因素有如下几方面：

（1）醛固酮和加压素增多。醛固酮和加压素增多，使肾小管对钠、水重吸收增加，导致钠、水潴留。这常常继发于有效血液循环总量减少（如充血性心力衰竭、肝硬化腹水形成、肾病综合征等），使其分泌增多；另外，肝功能严重损伤时对加压素和醛固酮的灭活功能降低。

（2）肾血流的重新分布。动物的肾单位有皮质肾单位和髓袢肾单位两种。皮质肾单位髓袢较短，重吸收钠、水的作用较弱；髓袢肾单位的髓袢长，重吸收钠、水的作用较强。正常时，肾血流的大部分（约90%）通过皮质肾单位，只有小部分通过髓袢肾单位。但在某些病理情况下（如心力衰竭、休克等），可出现肾血流的重新分配，此时肾血流的大部分分配

到髓袢肾单位，使较多的钠、水被重吸收，导致钠、水潴留。

以上是导致水肿发生的基本因素。临床上，由单一因素引起的水肿并不多见，通常是多种因素先后或同时发挥作用的结果。因此，在治疗实践中，必须对不同的病畜进行具体地分析和判断，选择适宜的治疗方案。

二、水肿的类型

1. 心性水肿 指心功能不全（心力衰竭）可引起水肿。左心功能不全主要引起肺水肿，也称为心源性肺水肿；右心功能不全（充血性心力衰竭）可引起全身性水肿，习惯上称为心性水肿。心性水肿一般出现于身体的下垂部，如患病动物的前胸、腹下和四肢部位比较明显。心性水肿发生机制如下：

（1）钠、水潴留。右心衰竭时心排血量减少，肾血流量减少，使肾小球滤过率降低，肾小管重吸收钠、水增强，导致钠、水潴留。加之右心衰竭导致肝瘀血，使醛固酮和加压素（ADH）灭活不足，也可引起钠、水潴留。

（2）毛细血管流体静压增高。右心衰竭，导致体静脉回流受阻、静脉瘀血，使体静脉压和毛细血管流体静压增高，因而组织液生成过多。

（3）血浆胶体渗透压降低。①钠、水潴留使血液稀释；②长期肝瘀血导致蛋白质合成障碍；③胃肠道瘀血使蛋白质的摄入和吸收出现障碍。

（4）淋巴回流受阻。心力衰竭时静脉内压力增高，使淋巴液回流入静脉时受到的阻力加大，从而促进水肿的发生。

2. 肾性水肿 指肾原发性疾病过程中发生的水肿，常见于肾病综合征和肾小球肾炎。轻者仅在面部、眼睑等组织疏松的部位出现水肿，重者可致全身水肿。其发生机制如下：

肾病综合征时，大量蛋白质从尿中丢失，使血浆胶体渗透压下降，导致组织间液生成增多。其结果又使血容量减少，有效循环血量下降，激活肾素-血管紧张素-醛固酮系统，醛固酮和加压素分泌增多，导致钠、水潴留。

急性肾小球肾炎时，肾小球毛细血管内皮细胞及间质细胞肿胀、增生，加之炎性渗出物的挤压，使肾小球毛细血管管腔狭窄，导致肾小球血流量减少，以致肾小球有效滤过面积减少和有效滤过压降低，肾小球滤过率明显降低，导致钠、水潴留；慢性肾小球肾炎时，当肾小球发生严重纤维化，大量肾单位遭到破坏、滤过面积显著减少时，也可引起钠、水潴留。

3. 肝性水肿 指肝功能不全引起的水肿。多突出表现为腹水，最常见的原因为肝硬化。其发生机制如下：

（1）肝静脉回流受阻。肝硬化时，使肝静脉回流受阻，肝窦内压增高，大量液体从血管滤出到肝组织间隙，肝淋巴液生成增多，当超过淋巴回流的代偿能力时，则液体经肝表面或肝门部流入腹腔，形成腹水。

（2）门静脉高压。门静脉高压可由肝硬化、门静脉分支阻塞（寄生虫卵、血栓等）等原因引起。门静脉高压时，肠系膜静脉回流障碍，肠系膜区毛细血管流体静压升高，液体滤出增多，漏入腹腔后形成腹水。

（3）钠、水潴留。肝功能不全时，对醛固酮和加压素的灭活功能降低，使肾小管对钠、水重吸收增多。腹水形成，则血容量降低，又可引起醛固酮和加压素分泌增多，进一步导致钠、水潴留，加剧肝性水肿。

4. 肺水肿 过多的液体在肺组织间隙或肺泡腔内积聚的现象，称为肺水肿。一般情况下，水肿液先在组织间隙积聚，称为间质性水肿，然后发展为肺泡水肿。其发生机理主要有：

（1）肺毛细血管流体静压增高。任何使肺静脉回流受阻的因素，都可导肺毛细血管流体静压升高，当组织液生成大于回流、并超过淋巴回流的代偿能力时便发生肺水肿。常见于左心衰竭等。

（2）肺毛细血管壁通透性增高。各种理化和生物性因素均可损伤肺毛细血管内皮细胞，导致肺泡毛细血管壁通透性增加，组织液生成增多，如炎症、缺氧、中毒等。

（3）血浆胶体渗透压降低。见于大量输入生理盐水等晶体溶液，造成血液稀释，使血浆胶体渗透压降低，引起水肿。

5. 脑水肿 脑组织内液体量增多而引起的脑体积增大，称为脑水肿。根据原因和发生机制的不同，脑水肿可分为以下三种类型：

（1）血管源性脑水肿。这是脑水肿最常见的一种类型。常见于脑外伤、脑肿瘤、脑血管栓塞、脑出血等。主要发病机制是脑内毛细血管壁通透性增高，大量富含蛋白的液体进入脑组织间隙而引起。发生部位主要在大脑白质区内。

（2）细胞中毒性脑水肿。主要原因有脑严重缺氧、中毒、感染、急性低钠血症（水中毒）等。主要发生机制是因上述病因使脑细胞内ATP合成不足，细胞膜钠泵功能障碍，钠离子迅速在细胞内堆积；同时水分亦很快进入细胞内，出现脑细胞内钠、水潴留。此类水肿可波及脑灰质和白质。

（3）间质性脑水肿。多因肿瘤压迫和炎性增生所致。主要发病机制是脑脊液生成和回流的通路受阻，脑脊液在脑室中积聚引起脑积水，脑积水导致脑内压升高，使脑脊液从脑室溢入周围白质中，发生间质性脑水肿。这类水肿的特点是脑室积水和相应的脑室周围白质的间质性水肿。

三、水肿的病理变化

一般来说，发生水肿的组织器官体积增大，被膜紧张，颜色变淡，切面有不同量的液体流出。但不同组织发生水肿时其形态学变化又有所不同。

1. 皮下水肿 皮下水肿的初期或水肿程度轻微时，水肿液与皮下疏松结缔组织中的凝胶网状物（胶原纤维和由透明质酸构成的凝胶基质等）结合而呈隐性水肿；随病情的发展，可产生自由液体，扩散于组织细胞间，指压遗留压痕，称为凹陷性水肿。眼观，皮肤肿胀，颜色苍白或灰白，弹性降低，触之质如生面团，指压留痕；切开皮肤有大量浅黄色液体流出，皮下组织呈淡黄色胶冻状。

镜检，可见皮下组织间隙增宽，其中有多量液体，间质中胶原纤维肿胀，甚至崩解。结缔组织细胞、肌纤维、腺上皮细胞肿大，细胞质内出现水泡，甚至发生坏死。腺上皮细胞往往与基底膜分离，淋巴管扩张。HE染色标本中，水肿液可因蛋白质含量多少而呈深红色、淡红色或不着染（仅见于组织疏松或出现空隙）。

2. 肺水肿 眼观，肺体积增大，重量增加，质地变实，肺胸膜紧张而有光泽，肺表面因高度瘀血而呈暗红色，肺间质增宽。肺切面呈紫红色，从支气管和细支气管内流出大量白色泡沫状液体。

镜检，可见肺泡壁毛细血管高度扩张，肺泡腔内出现多量红染的浆液，其中混有少量脱落的肺泡上皮细胞，间质因水肿液蓄积而增宽，结缔组织疏松呈网状，淋巴管扩张。炎性水肿时，还可见肺泡壁结缔组织增生，有时病变肺组织发生纤维化。

3. 脑水肿 眼观，可见软脑膜充血，脑回变宽而扁平，脑沟变浅。脉络丛血管常瘀血，脑室扩张，脑脊液增多。

镜检，可见软脑膜和脑实质内毛细血管充血，血管周围淋巴间隙扩张，充满水肿液。神经细胞肿胀，体积变大，细胞质内出现大小不等的水泡，核偏位，严重时可见核浓缩甚至消失。神经细胞内尼氏小体数量明显减少。细胞周围因水肿液积聚而出现空隙。

4. 实质器官水肿 肝、心脏、肾等实质性器官发生水肿时，器官的肿胀比较轻微，眼观变化不明显，只有镜检才能发现明显的病理变化。肝水肿时，水肿液主要蓄积于狄氏间隙内，使肝细胞索与窦状隙发生分离；心脏水肿时，心肌纤维之间出现水肿液，心肌纤维彼此分离，心肌纤维因受挤压发生萎缩或变性；肾水肿时，水肿液蓄积在肾小管之间，使间质增宽，也可导致肾小管上皮细胞变性并与基底膜分离。

5. 浆膜腔积水 浆膜腔积水时，水肿液一般为淡黄色透明的液体。浆膜小血管和毛细血管扩张充血，浆膜面湿润有光泽。如果伴有炎症，则水肿液内含较多蛋白质，并混有渗出的炎性细胞、纤维蛋白和脱落的间皮细胞，水肿液混浊黏稠，呈黄白色或黄红色。浆膜肿胀、充血或出血，表面常被覆灰白色的网状纤维蛋白。

四、水肿的结局及对机体的影响

水肿对机体的影响程度取决于水肿的原因、发生部位、严重程度和持续时间。轻度水肿和持续时间短的水肿，当病因去除后，随着心血管功能的改善，水肿液可被吸收，水肿组织的形态结构和机能也可恢复正常，对机体影响不大；如果水肿长期不消失，组织细胞与毛细血管间距离增大，毛细血管受压，实质细胞可因缺氧、缺营养物质而发生变性，结缔组织增生而硬化，这时即使病因去除，组织器官的结构和功能也难以恢复。机体重要器官发生水肿时，可造成严重的后果，甚至危及生命。如脑水肿，脑室内积聚大量的液体，颅内压升高，压迫脑组织，病畜出现神经机能障碍，严重时引起死亡。水肿对机体的影响主要表现在以下几方面：

1. 管腔不通或通路阻塞 如支气管黏膜水肿可妨碍肺通气。

2. 器官功能障碍 如肺水肿会影响气体交换，胃肠黏膜水肿可影响消化吸收功能，心包积水妨碍心脏的泵血功能，脑水肿影响中枢神经系统的正常活动等。

3. 组织营养供应障碍 水肿可引起组织内压增高，特别是有限制性的器官如脑（颅腔）和肾（包膜）等，使血液供应减少。此外，因水肿液的存在，增加了毛细血管和细胞间的距离、增加了物质交换的困难，组织营养不良，使抗感染力和再生能力减弱，伤口易发生感染不易愈合。

水肿除对机体产生不利影响外，有时水肿也有一定的作用，如炎性水肿时，水肿液对毒素或其他有害物质有一定的稀释作用；可输送抗体到炎症部位；渗出的蛋白质能吸附有害物质，阻止其被吸收入血；纤维蛋白凝固可限制微生物在局部的扩散等。心力衰竭时，水肿液的形成起着降低静脉压、减轻血液循环负担，改善心肌收缩功能的作用。

第二节 脱 水

动物机体在某些情况下，由于水的摄入不足或丢失过多，以致体液总量明显减少的现象，称为脱水。机体在丢失水分的同时，电解质特别是钠离子也发生不同程度的丧失，所以脱水实际上包括水分和电解质的共同丢失。通常按照细胞外液渗透压的不同将脱水分为三型：高渗性脱水、低渗性脱水和等渗性脱水。

一、高渗性脱水

高渗性脱水是指以水分丧失为主而盐类丧失较少的一种脱水，又称缺水性脱水或单纯性脱水。该型脱水的主要特征是血钠浓度和血浆渗透压均超过正常值，患畜表现为口渴、尿少、尿的相对密度增加、细胞脱水、皮肤皱缩等。

（一）发生原因

1. 饮水不足 多见于在山地或沙漠行军与放牧的动物，因水源缺乏而饮水不足。也可见于咽部发炎、食道阻塞以及破伤风等疾病时，由于饮水障碍而引起饮水不足。

2. 失水过多 失水的途径很多，常见的有：

（1）经胃肠道丢失。如肠炎时，由于在短时间内排出大量的低钠性水样便，故易造成机体丢水多于丢钠。

（2）经皮肤、肺丢失。如过度使役，常使动物大汗淋漓；换气过度，导致大量水分随呼吸运动而丢失。

（3）经肾丢失。这可见于下丘脑因受肿瘤等压迫而使加压素合成、分泌障碍，或由于肾小管上皮细胞代谢障碍而对加压素应激反应性降低，因而经肾排出大量低渗尿；也可见于因服用过量的利尿剂（甘露醇、高渗葡萄糖等），使大量水分随尿排出而造成高渗性脱水。

（二）病理过程

高渗性脱水初期，由于血浆渗透压升高，机体常出现一系列代偿适应性反应，以保水排钠，恢复细胞内外的等渗环境，其表现是：

（1）由于血浆渗透压升高，组织间液中大量水分被吸收入血，以降低血浆渗透压，但却使组织间液的渗透压升高。

（2）血浆渗透压增高，可直接刺激丘脑下部视上核的渗透压感受器，一方面反射性地引起患病动物产生渴感，促使其从外界环境中摄入水分；另一方面又使脑垂体后叶释放加压素，加强肾小管对水分的重吸收，减少水分的排出，故此时患病动物的尿量减少。

（3）血浆钠离子浓度升高，通过渗透压感受器可抑制肾上腺皮质分泌和释放醛固酮，减弱肾小管对钠离子的重吸收，使大量钠盐随尿排出，故尿液相对密度增大；另外，脱水时有效循环血量降低，通过容量感受器促进加压素的分泌，加强远曲小管重吸收水分，故尿量减少。

经上述调节，可使血浆渗透压有所降低，循环血量有所恢复，但如果病因未除，脱水过程持续发展，则进入失代偿期，对机体造成较大的影响：

①脱水热。脱水持续进行，从皮肤和呼吸器官蒸发的水分相应减少，散热发生障碍，因而使体温升高。此种因脱水所致的发热，通常称为脱水热。

②酸中毒与自体中毒。如果组织间液的渗透压继续升高，细胞内水分不断地被吸出，造成细胞内脱水，引起细胞皱缩，细胞内氧化酶的活性降低，造成分解代谢增强，酸性代谢产物堆积，非蛋白氮含量增多，再加之尿液生成减少，故易导致酸中毒和氮质血症。由于大量有毒代谢产物不能迅速排出而滞留体内，可引起自体中毒。

脱水严重时，由于脑细胞脱水可导致中枢神经系统功能障碍，动物出现嗜睡、肌肉抽搐、昏迷等症状，甚至可导致死亡。脑体积因脱水而显著缩小时，颅脑与脑皮质之间血管张力增大，可出现局部脑内出血和蛛网膜下出血。

二、低渗性脱水

低渗性脱水是指以盐的丢失为主而水分丧失较少的脱水，又称缺盐性脱水。该型脱水的特点是血钠及血浆渗透压均降低，血浆容量及组织间液均减少，细胞吸水而肿胀；病畜无口渴感，早期出现多尿、尿相对密度降低，后期易发生低血容量性休克。

（一）发生原因

1. 补液不当 最常见的原因是腹泻、剧痛、中暑和过劳等引起体液大量丧失后只补充水分，忽略了电解质的补充，使血浆和组织间液的钠含量减少，其渗透压降低。

2. 丢钠过多 慢性肾功能不全时，醛固酮分泌减少，抑制肾小管对钠的重吸收。此外，治疗水肿时，使用排钠利尿的药物亦可引起低渗性脱水。例如，长期连续给予氯噻嗪类等抑制肾小管对钠重吸收作用的利尿剂，导致钠离子大量丢失，同时还限制钠盐的摄入时，常可引起明显的低渗性脱水。

（二）病理过程

由于本型脱水主要表现为盐类的丢失多于水的丧失，血浆中钠离子浓度减小，故使血浆渗透压降低。血浆渗透压降低是导致本型脱水所出现一系病理变化的关键环节。由于血浆渗透压降低，机体常出现一系列代偿适应性反应，以保存钠离子，恢复和维持血浆渗透压。

（1）血浆渗透压降低，细胞间液的钠离子可通过毛细血管进入血液内，使血浆渗透压得以调节，但同时又导致细胞间液的渗透压下降。

（2）血浆中钠离子浓度降低，导致醛固酮分泌增多，可促进肾小管上皮细胞对钠离子的重吸收，以升高血浆和细胞间液的晶体渗透压。此时，因尿中含钠减少，故尿呈低渗状态。

（3）血浆渗透压降低，可抑制 ADH（加压素）分泌，使肾小管对水的重吸收减少，故尿量增多。

机体通过上述保钠、排水的调节，常可使血浆渗透压有所恢复，可使轻度的脱水得到缓解而不致对机体造成严重的危害。如病因未除，丢钠持续进行，则可引起严重的后果：

①细胞水肿。盐类继续丢失，则可使组织间液中钠盐也随之丢失，组织间液渗透压降低，组织液中的水分可通过细胞膜进入渗透压相对较高的细胞内，引起细胞水肿，神经细胞水肿可引起颅内压升高，而出现神经症状。组织间液因而显著减少。

②低血容量性休克。由于组织间液减少，水分又不断地由肾排出，从而使血浆的容量愈来愈少，进一步导致循环血量明显不足，血液浓稠，黏度增大，流速减慢，血压下降，甚至出现低血容量性休克。

③自体中毒。严重的低渗性脱水，随着有效循环血量的下降，肾血液灌流量不足，致使肾小球滤过率降低，尿量骤减，加之细胞水肿，物质代谢障碍引起各种有毒代谢产物在体内蓄积，病畜可发生自体中毒而死亡。

三、等渗性脱水

等渗性脱水是指体内水分和盐类都大量丧失的一类脱水，又称混合性脱水。其病理特点是：血浆渗透压保持不变，水的丧失比钠盐稍多一些。

（一）发生原因

等渗性脱水是一些疾病过程中水分和钠盐同时丧失而引起的，多见于急性肠炎、剧烈而持续性腹痛及大面积烧伤等疾病。如急性肠炎时，由于肠液分泌增多，吸收障碍和严重的腹泻；剧烈而持续性腹痛（肠变位、肠扭转等）时，因大量出汗，肠液分泌增多和大量血浆漏入腹腔；大面积烧伤时，体表失去皮肤遮盖，使大量浆液从创面流出等。上述这些病变，均可使机体内的水和盐同时大量丧失而引起等渗性脱水。

（二）病理过程

病初，由于体内的水分和钠盐同时等比例丧失，所以血浆渗透压一般保持不变。但是，随着病情的发展，水分不断地通过呼吸道和皮肤蒸发而丢失，因此丧失的水分略多于盐，血浆渗透压则相对升高。血浆渗透压升高，一方面使丘脑下部视上核的渗透压感受器兴奋，引起患病动物饮欲增加；另一方面可抑制肾上腺皮质分泌醛固酮，使钠排出增多；还可使细胞内、外液渗入血液而使血容量有所增多。上述这些变化，对于维持血浆渗透压的正常，起着重要的调节作用。但此时又常因血液中的盐类也从肾丢失，所以从组织间液和细胞内吸收而来的水分以及外界摄入的水分仍不能保持而被排出体外，故最终导致血液浓缩，血流变慢乃至发生低血容量性休克。

由此可见，等渗性脱水与高渗性脱水不同之处，在于前者缺盐程度较重，若单纯补水，则缺盐症状就会急速表现出来；它与低渗性脱水的不同之处是，其水分的损失较低渗性脱水为多，故细胞外液处高渗状态，细胞内液也因之丧失。因此，等渗性脱水具有高渗性与低渗性脱水的综合特征。

四、脱水的补液原则

脱水是一种常见的病理过程，在控制原发性疾病的基础上，可通过补液来纠正、治疗。补液的基本原则是缺什么补什么，缺多少补多少。

高渗性脱水时，血钠浓度虽高，但仍有钠的丢失，故除须补充足量的水分（等渗葡萄糖溶液及适量碳酸氢钠）外，还要补充一定量的钠溶液，以防因补充大量水分而使机体的细胞外液处于低渗状态。临床上常用2份5%葡萄糖溶液加1份生理盐水治疗。

低渗性脱水时，一般给予足量的等渗性电解质溶液就可治愈。仅补充葡萄糖溶液，而不补钠，则会加重病情，使之恶化，甚至导致严重的水中毒。对缺钠明显者应首先补充高渗盐水，以迅速提高细胞外液的渗透压，以后再补充一定量的等渗电解质溶液，使机体完全恢复水、钠平衡。

等渗性脱水时，因其缺水较缺钠更甚，所以补液时应输入低渗的溶液，临床上常用1份5%葡萄糖溶液加1份生理盐水来治疗。

第三节 酸碱平衡紊乱

动物机体的正常代谢过程和生理活动必须在适宜酸碱度的体液内环境中进行。体液酸碱度的相对稳定，是机体内环境稳定的重要组成部分。机体内环境的酸碱度通常用动脉血 pH 来表示，正常值为 7.35～7.45，是变动范围很窄的弱碱性环境。虽然机体在代谢过程中不断产生酸性或碱性物质，亦可从体外摄入一定量的酸性或碱性物质，但机体可通过体液的缓冲系统、肺和肾以及组织细胞的调节作用，使血浆的 pH 稳定在正常范围内。这种维持体液酸碱度相对稳定的过程称为酸碱平衡。

尽管机体对酸碱负荷有强大的缓冲能力和有效的调节功能，但仍有许多因素可引起体内酸碱负荷过度或调节机制障碍，导致体液酸碱度稳定性受到破坏，即引起酸碱平衡紊乱。临床上酸碱平衡紊乱并不少见，正确掌握酸碱平衡紊乱的发生、发展规律对疾病的防治有重要意义。

一、机体对酸碱平衡的调节

机体对酸碱平衡的调节主要通过血液的缓冲作用、呼吸系统和肾的调节来维持。

（一）血液中缓冲系统的调节

血液的缓冲系统是由弱酸及共轭的碱构成的多个缓冲对构成。弱酸盐组成的缓冲对分布于血浆和红细胞内，这些缓冲对共同构成血液的缓冲系统。血液中的缓冲对共有四对：

1. 碳酸氢盐-碳酸缓冲系统 在细胞内是 $KHCO_3 - H_2CO_3$，在细胞外液中为 $NaHCO_3 - H_2CO_3$，是体内最强大的缓冲系统。

2. 磷酸盐缓冲系统 由 $Na_2HPO_4 - NaH_2PO_4$ 构成，是红细胞和其他细胞内的主要缓冲系统。

3. 血浆蛋白缓冲系统 由 $NaPr - HPr$ 构成，主要存在于血浆和细胞中。

4. 血红蛋白缓冲系统 由 $KHb - HHb$ 和 $KHbO_2 - HHbO_2$ 构成，主要存在于红细胞内。

以上四对缓冲系统，以碳酸氢盐—碳酸缓冲系统的量最大，作用最强，故临床上常用血浆中这一对缓冲系统的量代表体内的缓冲能力。

缓冲系统能有效地将进入血液中的强酸转化为弱酸，强碱转化为弱碱，维持体液 pH 正常。在上述调节过程中，缓冲对的两个组分发生相互转化，在肺和肾的调节下，两个组分可保持相对稳定，从而继续有效地发挥缓冲作用。如血液中乳酸增多时，$NaHCO_3$ 可与乳酸反应生成乳酸钠和 H_2CO_3，$NaHCO_3$ 消耗增加，生成的 H_2CO_3 则可分解成 CO_2 和 H_2O，引起血液中 CO_2 浓度升高，进一步可兴奋呼吸中枢使呼吸加深加快，CO_2 排出增多，使 $NaHCO_3/H_2CO_3$ 比值保持相对稳定。

（二）肺的调节

肺可通过改变呼吸运动的频率和幅度，增加或减少 CO_2 的排出量以控制血浆 H_2CO_3 的浓度，从而调节血液的 pH。当动脉血 CO_2 分压升高、O_2 分压降低、血浆 pH 下降时，可反射性地引起呼吸中枢兴奋，呼吸加深、加快，排出 CO_2 增多，使血液中 H_2CO_3 的浓度降低。当动脉血 CO_2 分压降低或血浆 pH 升高时，呼吸变慢、变浅，排出 CO_2 减少，使血液

中 H_2CO_3 的浓度升高。

(三) 肾的调节

血液缓冲系统和肺对酸碱平衡的调节作用发生较快（几秒钟至几分钟），而肾的调节作用发生较慢（数小时甚至1d以上），但维持时间较长。肾主要通过排泄过多的酸或碱，调节血浆中 $NaHCO_3$ 的含量，来维持体液正常的pH。其主要机制如下：

1. 肾小管分泌 H^+ 和重吸收 HCO_3^- 每天从肾小球滤过的 $NaHCO_3$ 有 85%～90% 从近曲小管重吸收，其余部分在远曲小管和集合管被重吸收。肾小管上皮细胞内含有碳酸酐酶，参与近曲小管重吸收碳酸氢盐。肾小管上皮细胞分泌 H^+ 以交换管腔液中的 Na^+，回到肾小管上皮细胞中的 Na^+ 与 HCO_3^- 结合成 $NaHCO_3$，重新回到血液循环。进入管腔液中的 H^+ 与肾小球滤过的 HCO_3^- 结合形成 H_2CO_3，后者又分解为 H_2O 和 CO_2。H_2O 随尿排出，而 CO_2 可弥散进入肾小管上皮细胞内，在碳酸酐酶的作用下，CO_2 水化成 H_2CO_3，H_2CO_3 又解离成 H^+ 和 HCO_3^-，前者又分泌到肾小管内与 Na^+ 进行交换，后者与 Na^+ 合成 $NaHCO_3$ 而返回血浆。如此，肾可以源源不断地分泌 H^+ 而重吸收 $NaHCO_3$。

2. 磷酸盐的酸化 如肾小球滤液中的 $NaHCO_3$ 全部吸收，仍不足以恢复血浆的 $NaHCO_3$ 浓度时，则小管液流经远曲小管和集合管时，上皮细胞泌 H^+ 和交换 Na^+ 的作用，可将管腔滤液中的碱性 HPO_4^{2-} 变为酸性的 $H_2PO_4^-$，使尿液酸化；同时交换回肾小管上皮细胞内的 Na^+ 与 HCO_3^- 合成新的 $NaHCO_3$ 而回到血浆。

3. 肾对 NH_3 的分泌和 NH_4^+ 的排出 含有碳酸酐酶和谷氨酰胺酶的肾小管上皮细胞，能产生 H^+ 和 NH_3。H^+ 可与肾小管中的 Na^+ 进行交换，重吸收的 Na^+ 可在肾小管细胞内与 HCO_3^- 合成新的 $NaHCO_3$，并重新返回血浆。NH_3 是脂溶性的，能自由弥散入肾小管腔内；NH_3 和 H^+ 在肾小管结合生成 NH_4^+，NH_4^+ 是非脂溶性的，不易被肾小管重吸收，可随尿排出体外。

肾小管上皮细胞产生 NH_3 具有 pH 依赖性，即酸中毒越严重，肾小管产生 NH_3 就越多。如果体内的碱性物质过多，则 H^+ 和 NH_3 的生成减少，使酸性物质的排出减少。通过肾完善的调节作用，可使血液的 pH 维持稳定。

(四) 细胞的调节

组织细胞对酸碱平衡的调节作用，主要是通过细胞内、外离子交换实现的。当细胞外液 H^+ 浓度升高时，H^+ 弥散入细胞内，而 K^+ 移至细胞外，以维持电中性；当细胞外液 H^+ 浓度降低时，H^+ 由细胞内移出，而 K^+ 则移至细胞内。这种离子交换的结果能缓冲细胞外液 H^+ 浓度的变动，同时也可影响 K^+ 浓度。在酸中毒时，往往可伴有高血钾症；在碱中毒时，可伴有低血钾症。$Cl^- - HCO_3^-$ 的交换也很重要，因为 Cl^- 可以自由交换阴离子，当 HCO_3^- 升高时，它的排出只能由 $Cl^- - HCO_3^-$ 交换来完成。

此外，在酸负荷增加时，骨细胞可接受 H^+，释放骨盐入细胞外液，成为调节酸碱平衡的缓冲部位。

二、酸碱平衡紊乱的类型

机体虽然具有强大的调节酸碱平衡的能力，但是在许多疾病过程中，常可破坏这种平衡，引起酸碱平衡失调。酸碱平衡失调时，体内酸性或碱性物质过多，以致体液的酸碱度 (pH) 超出正常范围。体液的 pH 是由 $NaHCO_3/H_2CO_3$ 比值决定的，正常为 20:1，pH 为

7.4。如果 $NaHCO_3/H_2CO_3$ 比值小于 20∶1，pH 低于正常值，则体内酸过多，机体表现出多方面的临床症状，称为酸中毒；反之若 $NaHCO_3/H_2CO_3$ 比值大于 20∶1，pH 高于正常值，则称为碱中毒。血浆中 $NaHCO_3$ 的含量受代谢状况的影响，对维持体液 pH 而言是代谢性成分；血浆中 H_2CO_3 的含量受呼吸状况的影响，对维持体液 pH 而言是呼吸性成分。由血浆 $NaHCO_3$ 含量原发性降低（或升高）引起的酸中毒（或碱中毒）称代谢性酸中毒（或碱中毒）；由血浆中 H_2CO_3 的含量原发性升高（或降低）引起的酸中毒（或碱中毒）称呼吸性酸中毒（或碱中毒）。据此酸碱平衡紊乱可分为代谢性酸中毒、呼吸性酸中毒、代谢性碱中毒、呼吸性碱中毒。

（一）代谢性酸中毒

在某些情况下，由于机体内固定酸生成过多或 $NaHCO_3$ 大量丧失而引起血浆中碱储减少，称为代谢性酸中毒。它是临床上酸碱平衡失调最常见的一种类型。

1. 发生原因

（1）固定酸生成过多。在许多内科病和传染病过程中，由于发热、缺氧、血液循环障碍或病原微生物及其毒素的作用，体内的糖、脂肪和蛋白质的分解代谢加强，引起乳酸、酮体、氨基酸等酸性物质生成过多并大量储积于体内，从而导致血浆 pH 下降。

（2）碱性物质丧失过多。是由于血液中碱储丢失过多而引起。常见于急性肠炎和肠阻塞等疾病。此时，由于肠液分泌加强，吸收障碍，使大量碱性物质丧失过多，酸性物质相对地增多。

（3）肾排酸减少。肾功能不全时，常易发生酸性物质的排出障碍。例如，急性或慢性肾功能不全时，体内许多酸性代谢产物如磷酸、硫酸等均不能经肾排出而潴留于体内，成为引起代谢性酸中毒的主要原因。另外肾小管上皮细胞发生病变引起细胞内碳酸酐酶活性降低，H_2O 和 CO_2 不能生成 H_2CO_3 而致泌氢障碍，或任何引起肾小管上皮细胞产 NH_3、排 NH_4^+ 受限，均可导致酸性物质不能及时排出而在体内蓄积。

（4）酸性物质摄入过多。口服过量的氯化铵、氯化钙等酸性盐类药物时可引起酸中毒。这是因为上述药物在体内均可产生 H^+ 之故，例如，氯化铵在体内解离为 NH_4^+ 与 Cl^-，其中 NH_3 在肝内转变为尿素的同时，还可释放出 H^+，后者可酸化体液而使血浆中 HCO_3^- 含量下降，形成高氯血症性酸中毒。

2. 代偿适应反应

（1）血液和细胞内的缓冲代偿调节作用。当细胞外液 H^+ 增加后，过量的 H^+ 立即与 HCO_3^- 和非 HCO_3^- 缓冲碱如 Na_2HPO_4 等结合而缓冲。随着缓冲碱不断被消耗，即 $H^+ + HCO_3^- \rightarrow H_2CO_3 \rightarrow H_2O + CO_2$，所形成 CO_2 由肺排出。H^+ 升高后 2~4h，约 1/2 H^+ 通过离子交换形式进入细胞内，被细胞内缓冲系统缓冲，K^+ 从细胞内移出，导致高钾血症。但失碱性酸中毒和肾小管性酸中毒时却常伴血钾降低。

代谢性酸中毒的代偿调节作用，除了细胞内外的化学缓冲外，还主要依靠肺和肾的代偿，特别是呼吸调节作用不仅速度快而且作用大。

（2）肺的代偿调节作用。血浆中 pH 的降低，可刺激颈动脉体和主动脉体化学感受器，反射性地引起呼吸中枢兴奋，导致呼吸加深、加快，肺泡通气量增多，加速呼出 CO_2，以降低血液中 CO_2 分压，随之血浆中 H_2CO_3 浓度亦减少。由此可见，代谢性酸中毒时虽然 $NaHCO_3$ 含量减少，但经过呼吸代偿，使血浆中 H_2CO_3 浓度亦相应减少，从而调整了

$NaHCO_3/H_2CO_3$ 的比值，使其保持不变。一般来说，呼吸系统的代偿是非常迅速的，它可在十几分钟内呈现出明显的呼吸增强作用。因此，呼吸加强是代谢性酸中毒的重要标志之一。

（3）肾的代偿调节作用。代谢性酸中毒时，肾小管上皮细胞内的碳酸酐酶活性增高，使 $CO_2+H_2O \rightarrow H_2CO_3 \rightarrow H^+ + HCO_3^-$ 反应加速，于是 H^+ 生成和排泌增加。即肾通过泌 H^+ 及泌 NH_4^+ 功能的增强，增加 HCO_3^- 的重吸收，使血浆中 HCO_3^- 浓度逐渐回升。但肾的代偿作用缓慢，一般要 3~5d 达到高峰，而且代偿的容量不大，尤其在肾功能障碍时更不能有效地发挥作用。

总之，通过上述一系列的代偿调节作用，如果能够维持 $NaHCO_3/H_2CO_3$ 的正常比例，pH 在正常范围内，就是代偿性代谢性酸中毒；如果不能维持其正常比例，pH 降低，就是失代偿性代谢性酸中毒。

3. 对机体的影响　代谢性酸中毒主要引起心血管和中枢神经系统的功能障碍。

（1）心血管系统的改变。①心肌收缩力减弱：酸中毒时，血浆 H^+ 浓度升高可减少心肌 Ca^{2+} 内流、抑制心肌细胞肌浆网释放 Ca^{2+} 以及能量产生减少，竞争性抑制 Ca^{2+} 与肌钙蛋白结合，从而抑制心肌的兴奋-收缩耦联过程，使心肌收缩力减弱；②心律失常：代谢性酸中毒时，引起的高血钾可使心脏的自律性、传导性、收缩性降低，表现为心律过缓、传导阻滞或心室纤维性颤动；③血压下降：血管系统对儿茶酚胺的敏感性降低，导致微循环血管扩张，血管容量增大，回心血量减少，从而使血压下降。

（2）中枢神经系统的改变。因为酸中毒可影响氧化磷酸化过程，导致 ATP 生成减少，使脑组织能量供应不足，同时酸中毒时脑组织内谷氨酸脱羧酶活性增强，使抑制性神经介质 γ-氨基丁酸生成增多，从而使中枢功能抑制，表现为乏力、知觉迟钝、意识障碍、嗜睡甚至昏迷，最后可因呼吸中枢和心血管运动中枢麻痹而死亡。

（3）骨骼系统的改变。慢性代谢性酸中毒时，由于 H^+ 不断进入骨细胞，骨骼不断释放碳酸钙或磷酸钙，从而影响骨骼的生长发育，甚至可发生骨质软化、纤维性骨炎或佝偻病，成年家畜可导致骨软化症。

4. 防治原则

（1）积极治疗原发病。及时消除引起代谢性酸中毒的原因，这是防治代谢性酸中毒的主要措施。

（2）纠正水、电解质紊乱。一般情况下，当病因被消除和辅以补液纠正水、电解质紊乱，轻度酸中毒常可自行纠正。

（3）应用碱性药物。通常不需要常规的碱剂治疗，严重者则需补充碱性液体。临床多应用作用迅速、疗效确切的碳酸氢钠溶液。

（二）呼吸性酸中毒

呼吸性酸中毒是指 CO_2 排出障碍或吸入过多引起的以血浆中 H_2CO_3 浓度原发性增高为特征的酸碱平衡紊乱。

1. 发生原因　呼吸性酸中毒在多数情况下是由于通气功能障碍，使 CO_2 排出受阻而引起。

（1）呼吸中枢受抑制。脑炎、脑损伤、麻醉剂过量、脑肿瘤等疾病，可使呼吸中枢受到抑制而导致肺通气不足或呼吸停止，CO_2 在体内潴留。

(2) 呼吸肌麻痹。有机磷中毒、严重肌无力和高位脊髓损伤等疾病,常可引起呼吸肌麻痹,使呼吸运动失去动力,以致 CO_2 排出障碍而发生呼吸性酸中毒。

(3) 胸廓疾病。胸部创伤、胸膜腔积液等,均能严重地影响通气功能而引起呼吸性酸中毒。

(4) 呼吸道阻塞或不畅。肿瘤压迫、喉头水肿、异物堵塞气管以及慢性支气管炎时,都可以引起急性或慢性呼吸性酸中毒。

(5) 肺部疾病。较广泛的肺组织病变,如肺水肿、肺气肿、大面积的肺萎缩或肺组织广泛性纤维化以及肺炎等病,都能因通气障碍或肺泡通气与血流比例失调而引起呼吸性酸中毒。

(6) 血液循环障碍。心功能不全时,由于全身性瘀血,CO_2 的运输和排出受阻,故可使血中 H_2CO_3 浓度升高,导致呼吸性酸中毒的发生。

(7) 吸入 CO_2 过多。当厩舍过小,通风不良或畜群过于拥挤时,常因空气中 CO_2 含量过多,使病畜吸入过量的 CO_2,导致血浆中 H_2CO_3 浓度升高,发生酸中毒。

2. 代偿适应性反应 呼吸性酸中毒是由于呼吸中枢受抑制、呼吸肌麻痹、呼吸道受阻塞等原因所引起的,所以,此时的呼吸系统常失去代偿作用,机体的代偿调节主要靠血液中缓冲系统和肾的功能来完成的。

(1) 血浆缓冲系统代偿。当 CO_2 排出受阻而使血液中 H_2CO_3 浓度升高时,就可导致 $NaHCO_3$ 与 H_2CO_3 的比值小于 20:1,使 pH 下降,从而使血液中缓冲作用大大降低。此时,缓冲系统主要靠血浆蛋白和血红蛋白缓冲系统来调节,其反应式如下:

$$H_2CO_3 + Hb \longrightarrow H \cdot Hb + HCO_3^-$$

$$H_2CO_3 + HbO_2 \longrightarrow H \cdot HbO_2 + HCO_3^-$$

从上述缓冲反应中可以看出:血液中部分 CO_2 在生成 H_2CO_3 后,可与蛋白质起反应而生产 HCO_3^-,后者再与 Na^+ 结合而形成 $NaHCO_3$。这样就有助于使 $NaHCO_3/H_2CO_3$ 的比值维持在正常范围之内。另外,当血液内 CO_2 分压升高时,CO_2 还可借助其分压差而弥散入红细胞内,在红细胞内碳酸酐酶的作用下与 H_2O 结合形成 H_2CO_3。H_2CO_3 离解后产生的 HCO_3^- 浓度如超过了血浆内 HCO_3^- 的浓度,就可由红细胞内向血浆中转移,为了维持阴阳离子的平衡,血浆内 Cl^- 则进入红细胞,以替补红细胞内所丧失的 HCO_3^-,使血浆中 HCO_3^- 浓度增高,$NaHCO_3/H_2CO_3$ 的比值得到维持。

(2) 肾的调节作用。与代谢性酸中毒时相同。但应注意:肾虽然具有强大的代偿能力,但其生成 HCO_3^- 是一个比较缓慢的过程,要让这种代偿功能充分发挥作用,必须经过一定时间(数小时至数日)才有可能。

3. 对机体的影响 呼吸性酸中毒对机体的影响和代谢性酸中毒基本相同,不同的是呼吸性酸中毒有高碳酸血症,高浓度的 CO_2 可使脑血管扩张,颅内压升高,导致患病动物精神沉郁和疲乏无力。若 CO_2 含量不断升高,脑血管更扩张,则可引起脑水肿,致使病畜昏迷。在急性呼吸性酸中毒或慢性呼吸性酸中毒急性发作时,K^+ 往往从细胞内移向细胞外,使血钾急剧升高,常可引起心室颤动,导致患病动物急速死亡。

4. 防治原则

(1) 积极治疗原发病。尽快改善通气功能是防治呼吸性酸中毒的根本措施,例如排除呼吸道异物、控制感染、解除支气管平滑肌痉挛、气管插管以及使用呼吸机等。

(2) 应用碱性药物。呼吸性酸中毒患畜使用碱性药物比代谢性酸中毒应更为慎重。严重者可用三羟甲基氨基甲烷。

（三）代谢性碱中毒

代谢性碱中毒是指细胞外液碱增多或因固定酸大量丢失而引起的以血浆中 HCO_3^- 原发性增加为特征的酸碱平衡紊乱。

1. 发生原因

(1) 酸性物质丢失过多。在急性胃肠炎时，由于严重的呕吐，导致酸性胃液大量丢失，使血浆中 Cl^- 减少，原来与 Cl^- 结合的 Na^+ 则相对增多，Na^+ 再与 HCO_3^- 结合成 $NaHCO_3$ 而引起碱中毒。另外当大量胃酸丢失后，肠道消化液中的 $NaHCO_3$ 不能被胃酸中和而被吸收入血，这也是碱中毒的重要原因之一。

(2) 碱性物质摄入过多。在治疗某些疾病时，应用大量的碱性物质也可引起碱中毒。

(3) 血钾降低。当血钾过低时，一方面可使肾小管排钾减少，排 H^+ 增多，导致血浆中 HCO_3^- 增多；另一方面，细胞内的 K^+ 和细胞外的 Na^+、H^+ 互换转移，结果导致细胞内的酸中毒和细胞外的碱中毒。

2. 代偿适应性反应

(1) 呼吸系统代偿。血液中 $NaHCO_3$ 浓度原发性增高时，H^+ 浓度降低和 pH 增高，使呼吸中枢受到抑制，呼吸变浅变慢，通气量降低，血液中 CO_2 排出减少，使 H_2CO_3 浓度逐渐增高；但呼吸浅表又可导致机体迅速缺氧，因此，通过呼吸机能的改变所进行的代偿是短暂而有限的。

(2) 肾的代偿。当血液中 pH 增高时肾小管上皮细胞分泌 H^+，产生 NH_3 的能力降低，因此与肾小管中的 Na^+ 交换量也随之减少，于是体内多余的 $NaHCO_3$ 可随尿排出，尿液呈碱性。这是肾排碱保酸作用的主要形式。由于 HCO_3^- 在肾小管腔中的浓度升高，可减少 Cl^- 和酸性代谢产物（如乳酸、酮体等）的排出，血氯往往偏高。

(3) 细胞的代偿。细胞外液 H^+ 浓度降低，引起细胞内的 H^+ 与细胞外的 K^+ 进行跨膜交换，结果导致细胞外液 H^+ 浓度有所升高，但往往伴发低血钾。

通过上述代偿反应，如果 $NaHCO_3/H_2CO_3$ 的比值恢复 20∶1，血浆 pH 在正常范围内，称为代偿性代谢性碱中毒，反之则称为失代偿性代谢性碱中毒。

3. 对机体的影响 代谢性碱中毒时，氧离曲线左移，释出氧量减少，此时虽然血氧含量和血氧饱和度正常，但组织有可能缺氧，病畜出现精神沉郁、昏睡甚至昏迷；碱中毒时，血浆中游离钙转变为结合钙，导致神经-肌肉的兴奋性增强，病畜出现反射亢进和肌肉抽搐；碱中毒可引起低血钾和低血氯。

4. 防治原则 纠正代谢性碱中毒首先要积极防治原发病，同时要促使血浆中过多的 HCO_3^- 从尿中排出。对氯反应性碱中毒患畜，一般只口服或静脉注射等张（0.9%）或半张（0.45%）的盐水即可恢复血浆 HCO_3^- 浓度。肾上腺皮质激素过多引起的碱中毒，需用抗醛固酮药物。对全身性水肿患畜，应尽量少用髓袢或噻嗪类利尿剂，以预防发生碱中毒。碳酸酐酶抑制剂如乙酰唑胺能抑制肾小管上皮细胞中的碳酸酐酶活性，从而减少碳酸的合成，故可使细胞内 H^+ 降低，肾小管 H^+ 排泌减少，HCO_3^- 重吸收减少而随尿排出增多，这样既达到治疗碱中毒目的又减轻了水肿。缺钾性碱中毒患畜可适当补充氯化钾。严重代谢性碱中毒可酌情给予酸进行治疗，如用盐酸稀释液、盐酸精氨酸溶液等迅速中和过多的 HCO_3^-。

(四) 呼吸性碱中毒

呼吸性碱中毒是指肺通气过度引起的以血浆中 H_2CO_3 浓度原发性减少为特征的酸碱平衡紊乱。

1. 发生原因

(1) 呼吸中枢兴奋性增高。脑炎、脑膜炎等疾病初期，呼吸中枢兴奋性增高，呼吸加深、加快，肺泡换气过度，呼出大量 CO_2，使血浆 H_2CO_3 含量明显降低，导致呼吸性碱中毒。

(2) 某些药物中毒。某些药物如水杨酸钠中毒时，也可兴奋呼吸中枢，导致 CO_2 排出过多。

(3) 机体缺氧。高原地区大气中氧分压低，机体缺氧，导致呼吸加深、加快。

(4) 机体代谢亢进。外界环境温度过高或机体发热，由于物质代谢亢进，产热增多，加之高血温的直接作用，可引起呼吸中枢兴奋性升高。

2. 代偿适应性反应 呼吸性碱中毒时，由于血浆中 H_2CO_3 含量减少，形成低碳酸血症，pH 升高，故可抑制呼吸中枢，使呼吸减慢，但这种代偿极其有限。故呼吸性碱中毒代偿适应性反应主要靠肾排出过多的 HCO_3^- 来完成。经过肺、肾的代偿，可使血浆中 $NaHCO_3/H_2CO_3$ 的比值恢复 20∶1，pH 逐渐恢复，则称为代偿性呼吸性碱中毒。在急性呼吸性碱中毒时，肾代偿机能未能充分发挥，血液中 H_2CO_3 急剧减少而 $NaHCO_3$ 相对升高，pH 升高，则称为失代偿性呼吸性碱中毒。

3. 对机体的影响 呼吸性碱中毒时，由于血液中 H_2CO_3 含量减少，pH 升高，可使脑组织抑制性物质产生减少，病畜处于兴奋状态；在碱性环境中，血浆中游离钙减少，病畜神经肌肉的应激性增高，表现反射活动亢进，抽搐甚至痉挛，最后昏迷。

4. 防治原则 积极治疗原发病和及时去除引起通气过度的原因是防治呼吸性碱中毒的基本原则。急性呼吸性碱中毒可给患畜吸入含 5% CO_2 的混合气体，也可以用纸袋罩于患畜口鼻，使其再吸入呼出的气体，以提高血浆中碳酸浓度。对精神性通气过度患畜可用镇静剂。

复习思考题

1. 解释下列病理名词：水肿、积水、脱水、高渗性脱水、低渗性脱水、等渗性脱水酸中毒、代谢性酸中毒、呼吸性酸中毒。
2. 水肿的发生的原因有哪些？简述水肿发生的机理。
3. 简述常见水肿的病理变化特点。
4. 简述心性水肿和肾性水肿的发生机理。
5. 肝硬化为何出现腹水和水肿？
6. 水肿对机体有哪些影响？
7. 脱水可分为哪些类型？各具有什么特点？脱水的治疗原则是什么？
8. 试述酸中毒的分类及对机体的影响。
9. 发生代谢性酸中毒时，机体是如何进行代偿调节的？
10. 剧烈呕吐或严重腹泻引起何种酸碱平衡紊乱？为什么？

第五章 炎 症

> 【学习目标】
> 1. 掌握：炎症、变质、渗出、增生、肉芽肿性炎、趋化作用的概念；炎症的基本病理变化；炎症的类型及其病理变化特点。
> 2. 熟悉：炎症介质及炎症的结局。
> 3. 了解：炎症的原因、炎症局部表现和全身反应。
> 4. 能辩证分析炎症的生物学意义；能根据临床表现识别急、慢性炎症；能根据眼观及镜检病变正确命名炎症类型，并预后。

第一节 炎症概述

（一）炎症的概念

炎症（inflammation）是动物机体对各种致炎因子引起的损伤所产生的以防御为主的应答性反应。炎症的基本病理变化表现为局部组织的变质、渗出和增生，常伴有不同程度的全身反应，如发热、白细胞增多等。

炎症是十分常见又极为重要的病理过程，见于动物的多种疾病中。俗话说"十病九炎"，临床上许多传染病、寄生虫病、内科病及外科病等，尽管病因不同，疾病性质和症状各异，但它们都以不同组织或器官的炎症作为共同的发病学基础。因此正确认识炎症的本质、类型和特征，正确理解和掌握炎症的概念及其发生、发展、转归的基本规律，可以帮助我们了解疾病发生、发展的机制，更好地防治动物疾病。

（二）炎症的原因

任何能够造成组织损伤的因素都可成为炎症的原因，即致炎因子。虽然致炎因子种类很多，但可以归纳为以下几大类：

1. 生物性因素 这是引起炎症最常见的原因，主要包括细菌、病毒、真菌、支原体、立克次氏体、螺旋体、寄生虫等。生物性因素可通过其产生的内外毒素、机械性损伤、细胞内增殖造成的破坏或作为抗原性物质引起机体超敏反应，导致炎症的发生。

2. 化学性因素 包括外源性化学物质和内源性化学物质。外源性化学物质如强酸、强碱、松节油等，内源性化学物质如组织坏死崩解产物、某些病理条件下堆积于体内的代谢产物（如尿素、尿酸）等，均可成为炎症的原因。

3. 物理性因素 包括高温、低温、机械力、电击、放射线及紫外线等，均可对组织造成损伤，引起炎症。

4. 异常免疫反应 免疫反应在机体防止感染和对抗感染的过程中起着非常重要的作用。但当免疫反应出现异常时，就可造成组织损伤而引起炎症。常见于各种类型的变态反应，I

型变态反应如过敏性鼻炎、荨麻疹等，Ⅱ型变态反应如抗基底膜性肾小球肾炎，Ⅲ型变态反应如链球菌感染后肾炎，Ⅳ型变态反应如结核、伤寒等；此外，还有某些自身免疫性疾病如溃疡性结肠炎等。

上述致炎因子作用于机体后能否引起炎症以及炎症反应的强弱，除与致炎因子的种类、性质、数量、强度和作用时间等有关外，还与机体自身的免疫状态、营养状态、神经内分泌系统功能等因素密切相关。例如，在麻醉、衰竭等情况下，炎症反应往往减弱，尤其在机体免疫功能低下的情况下，对致炎因子的反应往往降低，出现所谓的"弱反应性炎"，常表现局部损伤久治不愈。相反，在一些致敏机体，对一些通常不引起炎症的花粉、药物或异体蛋白等物质，也会出现强烈的炎症反应（即强反应性炎或变态反应性炎）。动物的营养状态对致炎因素作用的反应，特别是对损伤组织的修复有明显影响。如机体营养不良，缺乏某些必需氨基酸和维生素 C 时，引起蛋白质合成障碍，使修复过程缓慢甚至停滞。内分泌系统的功能状态对炎症的发生、发展也有一定影响。激素中肾上腺盐皮质激素、生长激素、甲状腺素对炎症有促进作用，肾上腺糖皮质激素则具有抑制炎症反应的作用。

第二节 炎症的基本病理变化

任何炎症无论其发生原因和部位如何，在局部均可出现不同程度的变质、渗出和增生三种基本病理变化。一般而言，变质属于损伤过程，而渗出和增生属于抗损伤过程。

一、变 质

变质是炎症局部组织物质代谢障碍、理化性质改变，以及由此引起的组织细胞变性和坏死等变化的总称。变质主要由致炎因子直接损伤，也可以是炎灶内血液循环障碍和炎症反应产物作用的结果。

（一）形态学变化

实质细胞常出现细胞水肿、脂肪变性和坏死等；间质结缔组织可发生黏液样变性、玻璃样变性、纤维素样坏死等。

（二）代谢变化

炎症局部组织的代谢改变以分解代谢增强为特点，可表现为以下两个方面：

1. 局部酸中毒 糖、脂肪和蛋白质分解均增强，耗氧量增加，但由于酶系统受损和局部血液循环障碍，局部氧化过程迅速降低，导致各种氧化不全的代谢产物如乳酸、脂肪酸、酮类等在局部堆积，酸性产物增多，使氢离子浓度升高，出现局部酸中毒。

2. 组织内渗透压升高 炎区内分解代谢亢进和坏死组织的崩解，使大分子的糖、脂肪、蛋白质分解生成许多小分子物质；加之血管壁通透性升高，血浆蛋白渗出，因此炎区的胶体渗透压显著升高。同时，局部 H^+ 浓度升高，使盐类解离加强；组织崩解，从细胞内释放的 K^+ 增多，因此，炎区的晶体渗透压也升高。上述因素的综合作用，导致炎症病灶内组织渗透压升高。

炎症病灶的局部酸中毒和渗透压升高，促进局部血液循环障碍和炎性渗出的发生。

二、渗 出

渗出是指炎症局部组织中血管内的液体成分和细胞成分通过血管壁进入组织间隙、浆膜腔、黏膜表面和体表的过程。渗出过程是以血管反应为主,包括血流动力学改变、液体渗出、白细胞渗出等过程,其发生与炎症介质有密切联系。

(一) 血流动力学改变

炎症过程中,组织受到致炎因子刺激后,很快发生血流动力学改变,包括血管口径和血流状态的改变。其变化一般按下列顺序发生:

1. 细动脉短暂痉挛 致炎因子作用于局部组织,迅速发生短暂的细动脉收缩(约持续几秒钟),使局部组织缺血,血流减少,组织色泽变淡甚至苍白。其机制可能是神经源性的,但某些化学介质也能引起血管收缩。

2. 血管扩张和血流加速 在短暂的细动脉收缩后,先发生细动脉微扩张,然后毛细血管开放的数目增加,局部血流量增加,血流加速,形成动脉性充血即炎性充血,使局部组织发红、发热。炎性充血的发生机制与神经和体液因素均有关。神经因素即所谓轴突反射,指局部感受器受刺激后,神经冲动沿传入神经的分支传入,但不经脊髓中枢就直接沿传出神经到达效应器——血管,引起小动脉扩张。这种作用一般发生快,但维持时间短。炎症过程中持续时间较长的充血则是以炎症介质为代表的体液因素起着更为重要的作用,如炎症介质组胺、缓激肽等均有较强的扩血管作用。

3. 血流速度减慢 随着炎症的继续发展,炎区内动脉性充血可转变成为静脉性充血。此时炎区的血流逐渐减慢,炎区外观上也转为暗红色或紫红色,温度也下降,最后甚至出现血流瘀滞。瘀血的发生同下列因素有关:首先,由于炎症介质的作用,血管通透性升高,血管内富含蛋白质的液体向血管外渗出,引起小血管内血液浓缩,黏稠度增加,血流变慢;其次,血流状态的改变,可引起血小板边移黏附和白细胞发生贴壁,加之血管内皮细胞受酸性产物和其他病理产物的影响而肿胀,因此血管内壁粗糙,管腔狭窄,使血流阻力增加;最后,在炎区酸性环境中,小动脉、微动脉、后微动脉和毛细血管前括约肌明显松弛,而微静脉平滑肌对酸性环境有耐受性,故不扩张,故大量血液在毛细血管内滞留。瘀血加之血管壁受损可引起局部组织的炎性水肿。

当炎症进一步发展时,随着瘀血不断加重,使组织的氧和营养物质供应障碍更为明显,形成更多氧化不全或中间代谢产物在炎区堆积,这些产物又将加剧局部血液循环障碍,构成恶性循环。最后血流可陷于瘀滞状态或发生血栓和出血。

(二) 液体渗出

炎症时,血管内液体成分通过微静脉和毛细血管壁到达血管外的过程称为液体渗出。渗出的液体称为渗出液。渗出液积存于组织间隙称炎性水肿。渗出液积存于浆膜腔(胸腔、腹腔、心包腔)或关节腔内,则称为炎性积液。渗出液的成分可因致炎因子、炎症部位和血管壁受损程度不同而有所差异。一般来说,血管壁受损轻微时,渗出液主要以水、盐类和分子量较小的白蛋白为主;若血管壁受损严重,渗出液中还可含有分子量较大的球蛋白、纤维蛋白原,甚至有红细胞。

渗出液(炎性水肿液)的形成主要与炎症有关,漏出液(非炎性水肿液)的形成则主要与血液循环障碍以及某些疾病(如肝硬化、肾炎等)引起的血浆胶体渗透压下降有关。两者由于原因和机制不同,故在很多方面存在差别。正确区别渗出液和漏出液对疾病的诊断和鉴别诊断有重要意义(表5-1)。

第五章 炎 症

表 5-1 渗出液与漏出液的比较

渗 出 液	漏 出 液
1. 混浊	1. 澄清
2. 浓厚，含有组织碎片	2. 稀薄，不含组织碎片
3. 相对密度在 1.018 以上	3. 相对密度在 1.015 以下
4. 蛋白质含量高，超过 4%	4. 蛋白质含量低，低于 3%
5. 在活体内外均凝固	5. 不凝固，只含少量纤维蛋白
6. 细胞含量多	6. 细胞含量少
7. 与炎症有关	7. 与炎症无关

1. 液体渗出的机制 炎症过程中液体渗出的机制比较复杂，往往是多种因素相互作用的结果。主要与下列因素有关：

（1）微血管壁通透性升高。这是液体渗出的主要因素。正常情况下，微血管壁的通透性主要依赖于血管内皮细胞的完整性。炎症时，由于致炎因子的损伤、炎区酸性产物的积聚及炎症介质的作用等，影响血管内皮细胞，使血管壁通透性升高。其机制如下：①血管内皮细胞收缩，细胞间缝隙扩大。这是造成微血管壁通透性升高的最常见原因。在微循环血管内皮细胞表面存在着多种炎症介质受体，炎症时释放的炎症介质如组胺、缓激肽、白细胞三烯、P 物质等可与之结合，迅速引起内皮细胞收缩，使内皮细胞连接间隙增宽，导致血管壁通透性升高。②内皮细胞受损。严重烧伤、细菌感染、白细胞释放的活性代谢产物和蛋白水解酶等，可直接造成内皮细胞损伤或脱落，使血管壁通透性升高。③血管内皮细胞的穿胞作用增强。在接近内皮细胞之间的连接处存在着相互连接的囊泡所构成的囊泡体，形成穿胞通道。富含蛋白质的液体通过穿胞通道穿越内皮细胞称为穿胞作用，这是血管通透性增加的另一机制。血管内皮生长因子可引起内皮细胞穿胞通道数量增加和囊泡口径增大。组胺、缓激肽、白细胞三烯和 P 物质等许多炎症介质均具有类似作用。④新生的毛细血管壁通透性增高。炎症修复过程中，新生毛细血管因内皮细胞的分化尚不成熟，细胞间连接不完整，故具有高通透性。

（2）微血管内流体静压升高。炎症过程中，由于炎症局部微循环发生了一系列血流动力学改变，最后导致毛细血管和细静脉扩张、瘀血，血流变慢，使毛细血管内流体静压升高，促进液体渗出。

（3）组织内渗透压升高。炎症过程中，由于炎区组织内渗透压明显升高，促进血管内液体向炎区渗出。

2. 渗出液的作用 渗出液具有重要的防御作用。①渗出的液体可稀释毒素和有害物质，减轻组织损伤。②渗出液中含有抗体、补体及溶菌物质，有利于消灭病原体。③渗出液可为局部浸润的白细胞带来营养物质（葡萄糖、氧气等），并运走代谢产物。④渗出液中的纤维蛋白原可转变为纤维蛋白（纤维素），纤维蛋白交织成网，可限制病原微生物的扩散，并有利于吞噬细胞充分发挥其吞噬作用。⑤在炎症后期，纤维蛋白网还可成为修复的支架，有利于成纤维细胞产生胶原纤维。⑥渗出液中的病原微生物和毒素随淋巴液被带到局部淋巴结，有利于产生细胞免疫和体液免疫。

但渗出液对机体也有不利的影响。渗出液过多有压迫和阻塞作用，如肺泡内堆积渗出液可影响气体交换,心包炎时过多的心包积液会影响心脏功能,严重的喉头水肿可引起窒息。如果渗出液中的纤维素较多而不能被完全吸收时,可发生机化而引起器官和组织粘连,影响其正常的生理功能。

(三) 白细胞渗出

炎症时各种白细胞从血管内渗出到血管外的过程称为白细胞渗出。炎症时渗出的白细胞称为炎细胞,炎细胞由于趋化作用进入组织间隙的现象称为炎细胞浸润。白细胞渗出并吞噬和降解病原微生物、免疫复合物及坏死组织碎片,构成炎症反应的主要防御环节,但同时白细胞释放的酶类、炎症介质等可加剧组织损伤。白细胞的渗出过程是极其复杂的,在趋化因子的作用下,经过边移、附壁和游出等阶段到达炎症部位,在局部发挥重要的防御作用。

1. 白细胞的渗出过程 白细胞渗出是一个主动运动的过程,包括白细胞边集、附壁、黏着、游出和趋化作用等几个阶段。

(1) 白细胞边集与附壁。当炎症发生时,随着血液循环障碍的发生,当血流缓慢或停滞,白细胞由轴流逐渐进入边流靠近血管壁,称白细胞边集。白细胞开始沿内皮细胞滚动,随后黏附于内皮细胞上,称为白细胞附壁。

(2) 白细胞黏着。随着炎症的进行,附壁的白细胞与内皮细胞的粘连变得紧密,并在血管内皮细胞表面形成一覆盖层,这种现象称白细胞黏着。影响白细胞与内皮细胞黏着的因素很多,目前主要认为是靠两种细胞表面的黏附分子相互识别、相互作用来完成的。研究表明,炎症时血管内皮细胞和白细胞表面表达的黏附分子数目增多,且彼此间亲和性增强。

(3) 白细胞游出。白细胞与血管内皮细胞黏着后,白细胞在内皮细胞连接处伸出伪足,以阿米巴运动的方式穿过内皮细胞间隙,到达内皮细胞和基底膜之间,稍作停留,再穿过基底膜到达血管外。白细胞穿出血管后,血管内皮间隙闭合,基底膜也立即恢复完整。游出的白细胞最初围绕在血管周围,然后在趋化因子的作用下沿组织间隙,以阿米巴运动的方式向炎症病灶集中(图5-1)。

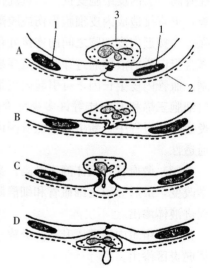

图5-1 白细胞游出过程
1. 血管壁内皮细胞核 2. 血管外膜
3. 中性粒细胞
A. 白细胞黏附在血管内膜上
B. 白细胞伸出伪足
C. 伪足插入血管内皮细胞之间
D. 伪足已伸出血管外膜

炎症过程中,各种白细胞均以同样的方式游出,但炎症的不同阶段游出的白细胞种类不同。中性粒细胞游出最早、最快,48h后单核细胞游出,其原因是中性粒细胞的运动能力最强,而单核细胞的运动能力较中性粒细胞弱,且其游出受中性粒细胞死亡后释放的单核细胞趋化因子影响。在不同的炎症,游出的白细胞种类也不同。如结核杆菌感染时,炎症初期可见大量单核细胞浸润,化脓菌感染时常以中性粒细胞渗出为主,病毒感染常以淋巴细胞渗出为主,寄生虫感染和变态反应性炎则以嗜酸性粒细胞渗出为主。

(4) 趋化作用。白细胞穿越血管壁后,向着炎区的化学刺激物所在的部位定向移动的现象称趋化作用。能引起白细胞定向移动的化学刺激物称为趋化因子。趋化因子的作用是有特异性的,有些趋化因子只吸引中性粒细胞，而另一些趋化因子则吸引单核细胞或嗜酸性粒细胞等。此外，不同趋化因子的反应能力也不同，中性粒细胞和单核细胞对趋化因子反应较显著。而淋巴细胞对趋化因子的反应则较弱。趋化因子可以是外源性物质（如细菌及其代谢产物），也可以是内源性物质（如补体成分、白细胞三烯、细胞因子等）。

2. 炎性细胞的种类和功能 炎症过程中，渗出的白细胞主要有中性粒细胞、嗜酸性粒细胞、单核细胞、淋巴细胞和浆细胞（图5-2）。不同致炎因子所引起的炎症，以及炎症过程中的不同阶段出现的炎性细胞种类和数量也不尽相同。

（1）中性粒细胞。中性粒细胞起源于骨髓干细胞，胞核一般都分成2~5叶，幼稚型中性粒细胞的细胞核呈弯曲的带状、杆状或锯齿状而不分叶。中性粒细胞是白细胞中较多的一种，其细胞质中含丰富的中性颗粒（相当于溶酶体），其内含有多种酶，这种颗粒在炎症时可见增多。在炎症的早期，首先出现在炎症灶内的是中性粒细胞，特别是化脓性细菌感染时，中性粒细胞渗出最多。临诊上被作为急性炎症的重要指标。常见于急性炎症初期和化脓性炎症时。

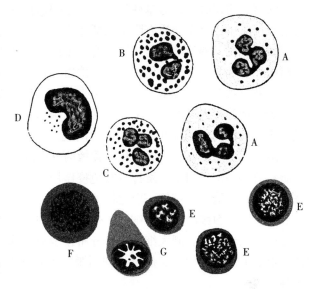

图5-2 炎性细胞模式
A. 中性粒细胞 B. 嗜酸性粒细胞 C. 嗜碱性粒细胞
D. 单核细胞 E. 淋巴细胞 F. 大淋巴细胞 G. 浆细胞

在病原微生物引起剧烈炎症时，中性粒细胞不仅大量出现于炎区，而且在外周循环血液中的数量也增多。临诊上，幼稚型中性粒细胞出现较多时称核左移，分叶核的细胞多时称核右移。但在某些病毒感染时，如猪瘟、猫免疫缺陷病，可引起中性粒细胞数量减少。中性粒细胞减少或幼稚型中性粒细胞增多，往往是病情严重的表现。机体严重衰竭时，若此细胞不增多或反而减少，则常提示预后不良。

中性粒细胞不仅具有很强的趋化性和活跃的游走能力，而且具有极强的吞噬功能，主要吞噬细菌，也能吞噬组织碎片、抗原抗体复合物以及细小的异物颗粒。在pH 7.0~7.4的环境中最活跃，当pH降至6.6以下时开始崩解，释放多种酶类，溶解周围变质细胞和自身而形成脓汁。死亡的中性粒细胞成为脓细胞。中性粒细胞还能释放血管活性物质和趋化因子，促进炎症的发生、发展，是机体防御作用的主要成分之一。

（2）单核巨噬细胞。单核巨噬细胞有两种来源，一种是来自血液中的单核细胞，另一种是来源局部组织中的组织细胞，二者皆具有很强的吞噬能力。常见于急性炎症后期、慢性炎症、某些非化脓性炎症（如结核）、病毒及寄生虫感染时。它能吞噬中性粒细胞不能吞噬的病原体、异物和较大的组织碎片。单核巨噬细胞在不同情况下可出现各种不同的形态特征。如吞噬消化含脂质膜的细菌（如结核杆菌），其细胞质增多，染色较浅，整个细胞与上皮细胞相似，称为类上皮细胞。有时吞噬脂质较多，细胞质内出现许多脂滴空泡，呈泡沫状，称为泡沫细胞。如果异物巨大时，巨噬细胞可以通过多个细胞的融合或核分裂而细胞质不分裂形成多核巨细胞，对异物进行包围和吞噬。

（3）嗜酸性粒细胞。嗜酸性粒细胞也起源于骨髓干细胞，细胞核一般分为二叶，各自呈卵圆形。细胞质丰富，内有粗大的强嗜酸性反应的颗粒，主要含有碱性蛋白、阳离子蛋白、过氧化物酶、组织胺酶、芳基硫酸酯酶、组织蛋白酶等，对寄生虫有直接杀灭作用，对组织胺等过敏反应中的化学介质有降解灭活作用。

嗜酸性粒细胞的运动能力较弱，有一定的吞噬能力，能吞噬抗原抗体复合物，杀伤寄生虫。嗜酸性粒细胞增多主要见于寄生虫感染和过敏反应。

（4）淋巴细胞与浆细胞。淋巴细胞来源于血液和局部淋巴组织。淋巴细胞体积最小，细胞质极少，细胞核大、圆形、浓染。淋巴细胞运动能力较弱，无吞噬能力，它的功能是参与免疫反应，常在病毒感染和慢性炎症时出现。淋巴细胞可分为T淋巴细胞和B淋巴细胞两类。T淋巴细胞受抗原刺激后转化为致敏的淋巴细胞，当再次与相应抗原接触时，致敏的淋巴细胞释放多种淋巴因子，发挥细胞免疫作用；B淋巴细胞在抗原刺激下，可以增殖转化为浆细胞，浆细胞能产生抗体，引起体液免疫反应。

（5）嗜碱性粒细胞和肥大细胞。嗜碱性粒细胞来自血液，细胞核呈分叶状，细胞质内含有大量嗜碱性颗粒。肥大细胞主要分布在全身结缔组织内和血管周围，与嗜碱性粒细胞在功能和形态上基本相似。炎症时受到刺激，可脱颗粒释放组胺、5－羟色胺、白三烯等，参与炎症反应。

（四）炎症介质在炎症中的作用

炎症介质是指在炎症过程中形成或释放的，参与炎症反应的某些化学活性物质，也称化学介质。它们有的来自于血浆，有的来自于组织细胞，在炎症过程中尤其是渗出性变化中起着非常重要的介导作用。这些物质可以促进血管反应，使血管壁通透性升高，对炎细胞有趋化作用，引起疼痛和发热以及组织损伤等。按其来源，炎症介质可分为两大类：

1. 细胞释放的炎症介质

（1）血管活性胺。主要包括组胺和5－羟色胺（5－HT）。组胺主要贮藏于肥大细胞和嗜碱性粒细胞细胞质颗粒内，也存在于血小板中。在致炎因子作用下，细胞膜受损，细胞脱颗粒释放组胺。其作用为：①使细动脉扩张，细静脉内皮细胞收缩，导致血管壁通透性增加；②对嗜酸性粒细胞有趋化作用。5－羟色胺主要存在于肥大细胞和肠道的嗜银细胞内，其作用与组胺相似。

（2）前列腺素和白细胞三烯。前列腺素和白细胞三烯是花生四烯酸的代谢产物。广泛存在于机体多种器官，如前列腺、肾、肠、肺、脑等组织内。其主要作用为：①血管扩张、血管壁通透性升高；②对中性粒细胞有趋化作用；③发热、疼痛。某些抗炎药物如阿司匹林、消炎痛和类固醇激素等能抑制花生四烯酸的代谢，减轻炎症反应。

（3）溶酶体释放的炎性介质。中性粒细胞和单核细胞被致炎因子激活后释放的氧自由基和溶酶体酶，可成为炎症介质。其主要作用为破坏组织、促进炎症的血管反应和细胞趋化作用。

（4）细胞因子。细胞因子是一类主要由激活的淋巴细胞和单核巨噬细胞产生的生物活性物质，可调节其他类型细胞的功能，在细胞免疫反应中起重要作用，在介导炎症反应中亦有重要功能。其主要作用有：①促进白细胞渗出，并对中性粒细胞和单核细胞有趋化作用；

②增强吞噬作用；③杀伤携带特异性抗原的靶细胞，引起组织损伤；④引起发热反应。细胞因子的种类很多，与炎症有关的主要有白细胞介素（IL-X）、肿瘤坏死因子（TNF）、干扰素（IFN）、淋巴因子等。

2. 血浆产生的炎症介质

（1）激肽系统。激肽系统是指由组织激肽释放酶原和血浆组织激肽释放酶原分别经一系列转化过程而形成的缓激肽。缓激肽能使血管壁通透性升高，血管扩张，还可引起非血管平滑肌（如支气管、胃肠、子宫平滑肌）收缩，能引起哮喘、腹泻和腹痛。另外，低浓度的缓激肽还可引起炎症部位疼痛。

（2）补体系统。补体系统是由一系列蛋白质组成，为机体抵抗病原微生物的重要因子，具有使血管壁通透性增高、化学趋化作用及调理素作用。其中激活的补体 C_{3a}、C_{5a} 等是重要的炎症介质。

（3）凝血系统。炎症时由于各种刺激，第Ⅻ因子被激活，同时启动血液凝固和纤维蛋白溶解系统。凝血酶在使纤维蛋白原变为纤维蛋白的过程中释放纤维蛋白多肽，后者使血管壁通透性增高并对白细胞有趋化作用。纤维蛋白溶解酶系统激活，可以降解 C_3 形成 C_{3a}；溶解纤维蛋白所形成的纤维蛋白降解产物（FDP），具有增加血管壁通透性的作用。

以上各种炎症介质之间有着密切联系，其作用相互交织和促进，共同影响着炎症的发生和发展。

三、增　生

在致炎因子或组织崩解产物的刺激下，炎症局部组织细胞分裂增殖的现象，称为增生。增生的细胞以巨噬细胞、内皮细胞和成纤维细胞最为常见，炎灶中的被覆上皮、腺上皮及其他实质细胞也可发生增生。一般情况下，在炎症早期细胞增生不明显，而炎症后期和慢性炎症则较显著。然而，在有些急性炎症或炎症初期，也会出现明显的细胞增生变化，如急性肾小球肾炎时，肾小球血管内皮细胞和系膜细胞明显增生。

增生性变化是炎症过程中重要的防御反应性之一，如增生的巨噬细胞，可以吞噬杀灭病原体，清除坏死组织的崩解产物；增生的成纤维细胞和新生毛细血管以及浸润的炎细胞可共同构成炎性肉芽组织，参与炎症的修复过程，并可使炎症局限化。但过度增生也会造成原有组织的破坏，影响器官的功能，如慢性肝炎所致的肝硬化和心肌炎后引起的心肌硬化等。

综上所述，任何炎症都具有变质、渗出和增生三种基本病理变化。但由于致炎因子的种类、机体反应性、炎症部位和发展阶段的不同，三者的表现形式和组成方式各不相同。有的以变质为主，有的以渗出为主，有的以增生为主。一般来说，炎症早期和急性炎症以变质和渗出性变化为主，炎症后期或慢性炎症以增生性变化为主。这三种病理变化既按一定的先后顺序发生，又相互联系，相互影响，相互转化，共同构成了炎症复杂的、动态发展的病理过程。

第三节　炎症局部的临床表现和全身反应

（一）炎症局部的临床表现

炎症局部的临床表现为红、肿、热、痛及机能障碍，以体表的急性炎症最为典型。

1. 红 由炎灶内充血所致。炎症初期，因发生动脉性充血，炎症部位血管扩张，血流加快，局部血液增多，氧合血红蛋白增多，故使炎症局部呈鲜红色。随着炎症的发展，血流变慢，动脉性充血转变为静脉性充血，血液中还原血红蛋白增多，故又转为暗红色或紫红色。但动物皮肤有颜色且毛皮较厚，有时表现不十分明显。

2. 肿 急性炎症主要是炎性充血、炎性水肿和变质等变化所致；而慢性炎症则主要与局部组织细胞的增生有关。

3. 热 由于炎症局部动脉性充血，血流加快，血流量增多，分解代谢增强，产热增加所致。一般体表发生的急性炎症表现得比较明显。

4. 痛 疼痛与多种因素有关。炎症渗出引起组织肿胀，张力增高，压迫或牵引神经末梢引起疼痛；炎症局部分解代谢加强，氢离子、钾离子积聚，刺激神经末梢可引起疼痛；而炎症介质如5-羟色胺、缓激肽、前列腺素等刺激神经末梢是引起疼痛的主要原因。

5. 机能障碍 发炎组织器官常伴有不同程度的机能障碍，其原因是多方面的。如局部组织肿胀、疼痛、渗出物压迫阻塞、组织损伤等都可以引起发炎器官的机能障碍。

上述五种症状是炎症的共同特点，但并非每一种炎症都会全部表现这些症状，如一些慢性炎症或内脏的炎症，红与热表现不明显。

（二）炎症的全身反应

炎症的形态功能变化主要表现在局部，但局部的病变不是孤立的，它既受整体的影响，同时又影响整体。比较严重的炎症，尤其是生物性致炎因子引起的炎症常出现全身反应。炎症常见的全身反应主要有以下几方面：

1. 发热 发热是在致热原的作用下，使机体体温调节中枢的调定点升高而引起的一种高水平的体温调节活动。炎灶内的病原微生物、寄生虫及其代谢产物，炎症时组织细胞的坏死崩解产物、抗原抗体复合物、淋巴因子等，被产致热原细胞吞噬后，在细胞质内合成一种蛋白质并被释放到细胞外，此为内生性致热原，它可直接作用于体温调节中枢，使机体体温调节中枢的调定点上移，引起机体产热过程增强、散热过程减弱，体温升高。

发热是机体抵抗疾病的防御性反应。一定程度的体温升高对机体是有利的，可使机体代谢增强，促进抗体的形成、白细胞生成增多、肝解毒功能和单核巨噬细胞系统的吞噬功能增强等。同时发热还能促进血液循环，提高肝、肾等器官和组织的生理机能，加速对炎症有害产物的处理和排泄。所以适度发热对机体有一定的抗损伤作用。但持久的发热或超过一定限度的高热，则对生命活动产生不利的影响，引起机体糖、脂肪、蛋白质大量分解，能量储备严重消耗，动物消瘦，抵抗力下降；甚至由于体温过高和有毒代谢产物的影响，可导致中枢神经系统受到损害，并出现严重后果。但若炎症病变十分严重时，体温反而不升高，表明机体的反应能力差，抵抗力低下，是预后不良的征兆。

2. 白细胞增多 循环血液中白细胞增多现象是炎症最为常见的全身反应之一，是抗感染、抗损伤的一种十分重要的防御性反应。白细胞增多主要是由于病原微生物、细菌毒素、菌体产物、炎区代谢产物及白细胞崩解产物等刺激骨髓干细胞增殖、生成并释放白细胞进入血流，使外周血液中的白细胞增多。根据白细胞增多的程度与类型，可以了解感染的程度、发展阶段、致炎因子的类型、机体的机能状况以及疾病的预后等情况。因此，在临床诊断上，外周血液的白细胞检测是一项非常重要的指标，是诊断疾病的重要依据。一般来说，急性炎症，特别是化脓性炎症以中性粒细胞增多为主；过敏性炎症或寄生虫感染时，多以嗜酸性粒细胞增多为特征；慢性炎症，则以巨噬细胞和淋巴细胞增多为主。应该指出，并非所有的炎症都伴有血液白细胞增多现象，如有些病毒（如流感病毒、猪瘟病毒等）和细菌（如猪丹毒杆菌感染之初）所引起的炎症，循环血液中的白细胞不仅不增多，反而减少。另外，在机体抵抗力低下或感染严重时，白细胞没有明显的增多，甚至还会减少，预后一般较差。

3. 单核巨噬细胞系统的增生 炎症时，尤其是生物性因素引起的炎症，常见单核巨噬细胞系统机能加强，表现为细胞活化增生，吞噬和杀菌机能加强。这也是机体抵御致炎因子刺激的一种反应。例如，急性炎症时，炎灶周围淋巴通路上的淋巴结肿胀、充血，淋巴窦扩张，窦内巨噬细胞活化、增生，吞噬加强。如果炎症发展迅速，特别是发生全身性感染时，则脾、全身淋巴结以及其他器官的单核-巨噬细胞系统的细胞都发生活化增生。主要表现为肝、脾和局部淋巴结肿大，骨髓、肝、脾、淋巴结等器官中的网状细胞以及血窦、淋巴窦的内皮细胞增生，吞噬功能增强。此外，淋巴组织中的T淋巴细胞与B淋巴细胞明显增生，前者被致敏后可释放大量的淋巴因子，参与炎症过程和细胞免疫，后者通过最终效应细胞浆细胞产生、分泌大量抗体，参与机体的体液免疫。

4. 实质器官的病变 较严重的炎症，由于致炎因子、发热和血液循环障碍等因素的作用，使患病动物的心脏、肝、肾等实质器官出现不同程度的变性、坏死和功能障碍。如高热时肾近曲管上皮细胞的水肿、肝炎时肝细胞的水肿和脂肪变性等。

第四节 炎症的类型

任何炎症都具有变质、渗出、增生这三种基本病理变化。但由于炎症的病因、发炎器官的组织结构和功能特点、机体的免疫状态和病程长短的不同，变质、渗出和增生表现的程度有所不同。根据炎症的基本病理变化表现的程度，将炎症分为变质性炎、渗出性炎和增生性炎三大类。

一、变质性炎

变质性炎是以炎症局部组织变性、坏死为主的一类炎症，而渗出和增生变化轻微。常发生于肝、心、肾、脑等实质器官，多见于中毒、重症感染和过敏性炎症。变质性炎症主要表现为器官肿大，质地脆弱柔软，实质细胞变性和坏死，有时也发生崩解和液化。尚可出现轻度的充血、水肿和不同程度的炎性细胞浸润以及细胞增生等变化。

1. 肝的变质性炎 眼观，肝肿大，质脆易碎，表面和切面均呈土黄或黄褐色。镜检，肝细胞呈颗粒变性、水泡变性、脂肪变性和坏死，间质炎细胞浸润，窦状隙单核巨噬细胞增多。

2. 心肌的变质性炎 心肌质稍软，眼观，色彩不均，室中隔、心房、心室面散在有灰黄色的条纹与斑点。镜检，可见心肌纤维呈颗粒变性、水泡变性、脂肪变性和坏死，甚至心肌纤维发生断裂和崩解；间质充血、水肿，有少量炎细胞浸润。

3. 肾的变质性炎 眼观，肾肿大，呈灰黄或黄褐色，质地脆弱。镜检，可见肾小管上皮细胞呈颗粒变性、脂肪变性或坏死脱落，间质充血、水肿、炎性细胞浸润，肾小球毛细血管内皮细胞和间质细胞轻度增生。

变质性炎多呈急性经过，其结局取决于实质细胞的损伤程度。一般炎症损伤较轻时在病因消除后可完全康复。如果实质细胞大量受到损伤,引起器官功能急剧障碍,可造成严重后果甚至发生死亡。但有时也可转为慢性,迁延不愈,此时局部损伤多经结缔组织增生来修复。

二、渗出性炎

渗出性炎是以渗出性变化为主,变质和增生表现轻微的一类炎症,多呈急性过程。其特征是炎灶中有大量的渗出物,包括细胞成分和液体成分。由于致炎因子和机体反应性的不同,血管壁的损伤程度亦不一样,因而渗出物的成分和性状也有所差异,根据渗出物的特征,可将渗出性炎分为浆液性炎、化脓性炎、卡他性炎、纤维素性炎、出血性炎与腐败性炎。

(一)浆液性炎

浆液性炎是以浆液渗出为主的炎症。浆液类似血浆或淋巴液,含3%~5%的蛋白质,主要是白蛋白和球蛋白,还有少量纤维蛋白原、白细胞、脱落的上皮细胞或间皮细胞等。浆液一般比较稀薄,淡黄色透明或稍混浊,体内一般不凝固,但排除体外或动物死后常凝固为半透明胶冻样物。

浆液性炎常发生于浆膜、黏膜、皮肤和疏松结缔组织等处。发炎组织呈现不同程度的充血、水肿和炎细胞浸润,被覆上皮或间皮发生变性、坏死或脱落。浆膜发生浆液性炎,常见浆膜腔积液,如心包腔积液、胸腔积液、腹腔积液等;黏膜表层发生浆液性炎,黏膜可有大量浆液性分泌物流出,称浆液性卡他性炎;皮肤发生浆液性炎,浆液多聚积于表皮棘细胞之间或真皮的乳头层,使皮肤局部形成丘疹样结节或水疱,此病变常见于口蹄疫、猪水疱病、痘疹、烧伤、冻伤及湿疹等;黏膜下层的疏松结缔组织发生浆液性炎,局部炎性水肿明显,呈淡黄色半透明胶冻样(如仔猪水肿病的胃壁),皮下疏松结缔组织的浆液性炎的变化与此相似。

浆液性炎通常是渗出性炎中比较轻微的一种,多呈急性经过。其结局以及对机体的影响取决于炎症的发生部位及渗出的程度。如致炎因子消除,渗出液能被吸收,损伤的细胞经再生修复,炎症即可消散,完全恢复至正常。但若渗出液过多,则可压迫脏器或周围组织,引起功能障碍,尤其发生在浆膜腔或肺、咽喉部时,常可造成严重后果,甚至危及生命。

(二)纤维素性炎

纤维素性炎是以渗出物中含有大量纤维素为特征的渗出性炎。纤维素即纤维蛋白,来源于血浆中的纤维蛋白原。当血管壁损伤较重时纤维蛋白原从血管渗出,在酶的作用下转变成为不溶性的纤维素。光镜下,HE染色可见大量红染的纤维蛋白交织成网状或片状,间隙中有中性粒细胞、数量不等的红细胞和坏死的细胞碎屑。纤维素性炎常发生在浆膜、黏膜和肺等部位。根据发炎组织受损伤程度的不同,可分为浮膜性炎和固膜性炎两种类型:

1. 浮膜性炎 多发生在黏膜、浆膜或肺等处。其特征是渗出纤维素凝固并形成一层淡黄色、有弹性的膜状物被覆在炎症灶表面,易于剥离,剥离后,被覆上皮一般仍保留,组织损伤较轻。多发生于浆膜、黏膜和肺。

(1)浆膜的浮膜性炎。常见于胸膜、腹膜、心外膜、肝被膜等处,初期见少量纤维素渗出,呈丝网状沉积于浆膜面上。随着渗出的纤维素不断增多,纤维素凝固而成的膜也不断增厚，呈絮状、网状或片状被覆在浆膜面上，灰白色或灰黄色，易于剥离。将纤维素剥离后，见浆膜充血、出血、肿胀、粗糙，失去光泽。浆膜腔内蓄积含有大量絮片状纤维素的混浊的渗出液。发生于心包的纤维素性炎，由于心脏不停地搏动，使心包的脏、壁两层表面的纤维蛋白形成无数绒毛状物，覆盖于心脏的表面，故有"绒毛心"之称（如牛创伤性网胃心包炎时）。

（2）黏膜的浮膜性炎。常见于喉头、气管、支气管、胃肠等部位。渗出的纤维素与白细胞、坏死的黏膜上皮凝集在一起，形成一层灰白色的膜样物，称为伪膜。伪膜附着于黏膜表面，容易脱落。脱落的伪膜常呈黄白色膜管状随粪便排出（如急性纤维素性胃肠炎和牛病毒性腹泻时）或堵塞于支气管引起窒息（如鸡传染性喉气管炎时）。

（3）纤维素性肺炎。纤维素性炎发生于肺时，在小支气管和肺泡腔内含有大量交织成网状的纤维素，网眼内有数量不等的红细胞、白细胞和脱落的肺泡上皮细胞等，肺组织变实，质地如肝样，称之为肺肝变。常见于猪肺疫、猪传染性胸膜肺炎、牛肺疫等。

2. 固膜性炎 是指伴有比较严重组织坏死的纤维素性炎，故又称为纤维素性坏死性炎。它的特征是渗出的纤维素与深层坏死组织牢固地结合在一起，不易剥离，强行剥离后黏膜组织形成溃疡。常见于仔猪副伤寒、猪瘟、鸡新城疫等病的肠黏膜的病变，也可见子宫和膀胱的病变。

固膜性炎只发生于黏膜，依炎症波及范围又可分为局灶性和弥漫性固膜性炎。发生局灶性固膜性肠炎时，黏膜上可见圆形隆起的痂，呈灰黄或灰白色，表面粗糙不平，直径大小不一，质度硬实，炎症可侵及黏膜下层，甚至到达肌层或浆膜。这种痂膜不易剥离，若强行剥离则黏膜局部形成溃疡。弥漫性固膜性肠炎病变性质与上述相似，但范围扩大，可有大面积肠黏膜受损伤。仔猪副伤寒多表现为弥漫性固膜性炎，而猪瘟则呈局灶性固膜性炎，通常称为"扣状肿"。

纤维素性炎常呈急性或亚急性经过，结局主要取决于组织坏死的程度。浮膜性炎时，纤维素受到白细胞释放的蛋白分解酶的作用，可被溶解、吸收而消散，损伤组织通过再生而获修复。浆膜发生较为严重的纤维素性炎时，纤维素常被机化使浆膜肥厚或与相邻器官发生粘连。纤维素性肺炎时，如纤维素不能完全被溶解吸收，也可发生机化，严重时导致肺肉变。固膜性炎因组织损伤严重，不能完全修复，常因局部结缔组织增生而形成疤痕。

（三）化脓性炎

化脓性炎是以大量中性粒细胞渗出，并伴有不同程度的组织坏死和脓液形成为特征的一种炎症。多由葡萄球菌、链球菌、大肠杆菌、绿脓杆菌、化脓棒状杆菌等化脓菌引起，某些化学物质（如松节油、巴豆油、煤焦油等）或坏死组织（如坏死骨片）也可引起无菌性化脓。

炎区坏死组织被中性粒细胞或坏死组织崩解释放的蛋白溶解酶溶解、液化的过程，称为化脓。化脓形成的液体称为脓液或脓汁。脓液的主要成分有大量中性粒细胞、溶解的坏死组织碎屑、细菌和少量的浆液等，其中的中性粒细胞大多已发生变性坏死，称为脓细胞。脓液的性状往往因化脓菌的不同而有所差异，一般为黄白色或黄绿色混浊的凝乳状液体，质地浓稠或稀薄。感染葡萄球菌和链球菌生成的脓液，一般呈黄白色或金黄色乳糜状，脓液中若含有红细胞时呈红黄色；感染绿脓杆菌生成的脓液为青绿色。化脓过程如混有腐败菌感染，则脓液呈污绿色并有恶臭。此外，犬的脓液常稀薄如水；牛的脓液则黏稠，当脓液脱水后或含有多量组织碎片时则呈颗粒状；禽类的脓液中含有多量抗胰蛋白酶，常凝固呈干酪样。

由于致炎因子和发生部位的不同，化脓性炎症有多种表现，常见的有以下几种：

1. 脓肿　是发生在器官组织内的局限性化脓性炎症，以形成充满脓液的囊腔为特征。常由金黄色葡萄球菌引起，以皮肤和内脏多见。其特点是形成的化脓灶有一定的界限，脓腔中充满脓液，其周围组织出现充血、水肿及中性粒细胞浸润组成的炎性反应带。时间较久者，脓肿周围出现肉芽组织，包围脓腔，并逐渐形成一个界膜，称之为脓肿膜。后者具有吸收脓液、限制炎症扩散的作用。如果病原菌被消灭，则渗出停止，小的脓肿内容物可逐渐被吸收而愈合；大的脓肿通常有包囊形成，脓液干涸、钙化。如果化脓菌继续存在，则从脓肿膜内层不断有中性粒细胞渗出，化脓过程持续进行，脓腔可逐渐扩大。

发生在皮肤的脓肿常以疖和痈的形式表现出来。疖是单个毛囊、所属皮脂腺及其邻近组织所发生的脓肿，好发于毛囊和皮脂腺丰富的部位，主要由金黄色葡萄球菌引起。痈是由多个疖融集而成，在皮下脂肪、筋膜组织中形成许多互相沟通的脓腔，在皮肤表面可有多个开口，常需及时在多处切开引流排脓，方可愈合。

皮肤或黏膜的脓肿可向表层发展，使浅层组织坏死溶解，脓肿穿破皮肤或黏膜而向外排脓，局部形成溃疡，如鼻疽性皮肤溃疡。位于深部的脓肿如果向体表或自然管道穿破，可形成窦道或瘘管。例如慢性化脓性骨髓炎时可见窦道形成并向体表皮肤排脓。窦道是只有一个开口的排脓通道，瘘管则是连接于体外与有腔器官之间或两个有腔器官之间的有两个以上开口的排脓通道。窦道或瘘管因长期排脓，一般不易愈合。

2. 蜂窝织炎　指发生于疏松结缔组织内的弥漫性化脓性炎症，常见于皮下和肌肉间等处。蜂窝织炎主要由溶血性链球菌引起，链球菌能产生透明质酸酶和链激酶。前者可降解结缔组织基质的透明质酸；后者则可激活从血浆中渗出的溶纤维蛋白酶原，使之转变为溶纤维蛋白酶，进而溶解纤维蛋白。加之病变组织疏松，这都有利于细菌通过组织间隙和淋巴管向周围扩散，造成弥漫性化脓性炎。

3. 积脓　是指浆膜腔或黏膜腔发生化脓性炎，腔内蓄积大量脓汁，如心包积脓、胸腔积脓、腹腔积脓和子宫积脓等。

4. 脓性卡他　是指发生在黏膜表面的化脓性炎，发炎黏膜表面附有脓性分泌物。此时，中性粒细胞主要向黏膜表面渗出，深部组织没有明显的炎细胞浸润，如化脓性鼻炎等。

化脓性炎多呈急性经过，如脓液被及时清除，则可痊愈。发生在皮肤的溃疡可由肉芽组织修复。小脓肿有时可发生钙化，有的钙化灶也可被溶解吸收。但若脓肿破溃，脓液进入静脉管或淋巴管，则引起化脓性静脉炎或淋巴管炎。此时如果机体抵抗力低下，病原菌便随脓液经血管和淋巴管蔓延至全身，造成脓毒败血症，在全身多种组织器官尤其是肺、肝、肾等形成多发性转移性脓肿。少数化脓性炎症也可呈慢性经过，如牛放线菌病和马鼻疽的化脓性炎症。

（四）出血性炎

出血性炎是指炎性渗出物中含有大量红细胞的炎症。当炎症灶内血管壁损伤严重，血管通透性显著升高，使渗出物中含有大量红细胞。出血性炎常是一种混合性炎症，如浆液性出血性炎、出血性坏死性炎等。家畜的出血性炎最多见于急性传染病和中毒病，如炭疽、猪瘟、巴氏杆菌病、马传染性贫血与蕨类植物中毒等。

出血性炎可发生于各个组织器官，尤其胃肠道和淋巴结的出血性炎最常见。发生出血性炎时大量红细胞出现于渗出液内，使渗出液和发炎组织染上血液的红色。如胃肠道的出血性炎：眼观，黏膜显著充血、出血，呈暗红色，胃肠内容物呈血样外观。镜检，见炎性渗出液中红细胞数量多，同时，也有一定量的中性粒细胞；黏膜上皮细胞发生变性、坏死和脱落，黏膜固有层和黏膜下层血管扩张、充血、出血和中性粒细胞浸润。在实际工作中要注意区分出血性炎和出血，前者伴有血浆液体和炎性细胞的渗出，同时也见程度不等的组织变质性变化，而后者则缺乏炎症的征象，仅具有单纯性出血的表现。

出血性炎一般呈急性经过，其结局取决于原发性疾病和出血的严重程度。

（五）卡他性炎

卡他性炎是发生于黏膜并在表面有大量渗出物溢出为特征的一种炎症（卡他一词来自拉丁语，意为"流溢"）。卡他性炎主要发生于胃肠黏膜、呼吸道黏膜、泌尿生殖道黏膜，多为急性经过。根据渗出物的性质，卡他性炎可分为浆液性卡他、黏液性卡他和脓性卡他。以浆液渗出为主的称为浆液性卡他；以黏液分泌亢进，使得渗出物变得黏稠者称为黏液性卡他；含有多量中性粒细胞，渗出物呈脓样者称为脓性卡他。浆液性卡他实际为黏膜的浆液性炎，脓性卡他则为黏膜的化脓性炎。

卡他性炎的致病因素一般比较温和或作用时间较短，如病因消除，即迅速痊愈；如果病因持续作用，则易转为慢性卡他性炎。

（六）坏疽性炎

坏疽性炎是指发炎组织感染了腐败菌后，引起炎灶组织和炎性渗出物腐败分解为特征的炎症，也称腐败性炎。腐败性炎可能一开始即由腐败菌感染所引起，也常并发于卡他性炎、纤维素性炎和化脓性炎，多发于肺、肠管和子宫等器官。发炎的组织坏死、溶解、腐败，呈现灰绿色或污黑色，并产生恶臭气味。如异物性肺炎时，肺组织肿胀、坚硬，切面呈污秽的灰褐色或灰绿色斑块，边缘不整齐，散发恶臭气味，有时坏死灶溶解而形成空腔，流出污秽的灰色恶臭液体。坏疽性炎的结局往往是继发败血症，最后引起动物死亡。

上述各种类型的炎症可以单独发生，而在有些炎症过个程中两种不同的类型也可以同时并存，如浆液性纤维素性炎或纤维素性化脓性炎等。此外，在炎症发展过程中，一种类型的炎症可以转变为另一种类型，如感冒初期以浆液性炎开始，可进一步发展为化脓性炎。

三、增生性炎

增生性炎是指以组织细胞增生为主，而变质和渗出变化轻微的一类炎症。增生性炎多呈慢性经过，少数呈急性经过。根据增生的组织细胞的成分及病变特点，可将增生性炎分为一般增生性炎和肉芽肿性炎。

（一）一般增生性炎

一般增生性炎是指非特异病原体引起的相同组织增生的一种炎症，增生的组织不形成特殊的结构，通常也称为非特异性增生性炎，可分为急性和慢性两类：

1. 急性增生性炎　是以细胞增生为主的急性炎症，增生的几乎都是同一种细胞。如仔猪副伤寒时肝小叶内枯否氏细胞增生形成的"副伤寒结节"；病毒性脑炎时小胶质细胞增生所形成的胶质细胞结节；急性肾小球肾炎时肾小球毛细血管内皮细胞和球囊上皮细胞显著增生。

2. 慢性增生性炎 是指以结缔组织的成纤维细胞、血管内皮细胞和巨噬细胞增生形成的非特异性肉芽组织为特征的炎症。慢性增生性炎多从间质开始增生，故又称为慢性间质性炎，如慢性间质性肾炎、慢性间质性肝炎等。发生慢性增生性炎的器官多半体积缩小，质地变硬，器官表面增生的结缔组织老化、收缩而呈高低不平状。

（二）肉芽肿性炎

炎症局部以巨噬细胞及其演变的细胞增生为主，形成境界清楚的结节状病灶，称为炎性肉芽肿，以肉芽肿形成为特征的炎症称为肉芽肿性炎。这是一种特殊类型的慢性炎症。根据致炎因子的不同，可分为个感染性肉芽肿和异物性肉芽肿两类。

1. 感染性肉芽肿 是最常见的一种类型，由病原微生物引起，多具有独特的形态特征，根据典型的肉芽肿形态特点，可做出病因诊断，对疾病确诊具有重要意义。由结核分枝杆菌、鼻疽杆菌、放线菌等引起的结核结节、鼻疽结节和放线菌性肉芽肿均为特异性肉芽肿，布鲁氏菌、大肠杆菌以及曲霉菌等也可引起类似的变化。

典型的结核性肉芽肿（结核结节），中心部常可见干酪样坏死，内含坏死的组织细胞和钙盐，还有结核分枝杆菌；周围为巨噬细胞大量增生及由巨噬细胞转化而来的上皮样细胞组成的一层细胞带，其中混有一定数量的朗汉斯巨细胞；最外层由含大量淋巴细胞和成纤维细胞的结缔组织包围（图5-3）。这种具有特殊结构的肉芽肿常作为病理组织学诊断中病原学判断的重要参考依据。但在一些感染性肉芽肿中，即使进行非常细致的形态学分析，也不能确定不同病原的肉芽肿之间的区别。因此，在病理组织学诊断上对特异性增生的病原学诊断，应十分慎重。

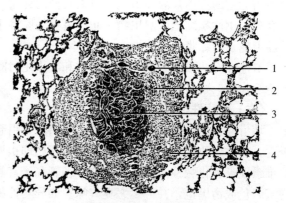

图5-3 肺的结核结节
1. 朗汉斯巨细胞 2. 上皮样细胞
3. 结核中心干酪样坏死 4. 淋巴细胞及成纤维细胞

2. 异物性肉芽肿 由寄生虫、寄生虫虫卵、外科缝线、硅尘、滑石粉及某些难溶解的代谢产物（如尿酸盐结晶、类脂质等）引起。这些异物体积较大，常不能被单个巨噬细胞吞噬，因而不引发典型的炎症或免疫反应，但却能刺激巨噬细胞增生，并转化成上皮样细胞和多核巨细胞。它们附着于异物表面并将其包围。因此，典型的异物性肉芽肿其中央常可见到异物成分。

异物性肉芽肿的基本结构和感染性肉芽肿相似，除中心部为异物外，在异物周围也是多少不等的上皮样细胞、（异物）巨细胞以及最外围的肉芽组织。

第五节 炎症的结局

致炎因子引起的损伤与抗损伤的斗争过程贯穿于炎症的始末，决定着炎症的发生、发展和结局。如损伤占优势，炎症则加重，并向全身扩散，甚至可导致机体死亡；如抗损伤占优势，炎症会逐渐趋向痊愈。

(一) 痊愈

1. 完全痊愈 如果致炎因子和病理产物被清除，损伤的组织通过再生修复，炎区最后完全恢复其正常的结构和功能。

2. 不完全痊愈 如坏死范围较大，病理产物过多，而机体抵抗力又较弱时，则由肉芽组织修复发生机化或包囊形成。这种结局常可导致一定的不良影响，尤其机化可造成器官组织间的粘连，如心包膜脏层和壁层粘连、肺和胸壁粘连、肠和腹壁粘连等，进一步引起这些器官发生功能障碍。

(二) 迁延不愈

如炎症治疗不及时、不彻底，或机体抵抗力低下，致炎因子持续作用，则可造成炎症过程迁延不愈，时好时坏，反复发作，最后转为慢性。

(三) 蔓延扩散

当机体抵抗力低下，或病原微生物数量多、毒力强时，病原微生物即在局部大量繁殖，并向周围组织蔓延扩散，或经淋巴管、血管扩散，从而引起严重后果，甚至危及生命。

1. 局部蔓延 炎症局部的病原微生物沿组织间隙或器官的自然通道向周围组织和器官扩散，如支气管炎蔓延引起肺炎，心包炎蔓延引起心肌炎等。

2. 淋巴道扩散 炎区病原微生物侵入淋巴管内，可随淋巴液到达局部淋巴结或更远处淋巴结，进而引起淋巴管炎和淋巴结炎。如咽部感染可以起颈部淋巴结肿大；后肢发生炎症，可引起相应的淋巴管炎和腹股沟淋巴结炎。另外，淋巴系统内的病原微生物还可经胸导管进入血液，引起血道扩散。

3. 血道扩散 如果炎区的病原微生物及其毒素侵入血液循环，则可引起菌血症、毒血症、败血症或脓毒败血症等。

(1) 菌血症。菌血症是指细菌经血管或淋巴管侵入血流，血液中可查到细菌，但并不繁殖和产生毒素，临床上无全身中毒症状。在一些细菌性传染病的早期，常有菌血症出现。在菌血症阶段，肝、脾、骨髓的吞噬细胞组成一道防线，以清除细菌，否则可进一步发展成为败血症。

(2) 毒血症。毒血症是指细菌的毒素或毒性产物被吸收入血而引起机体中毒的现象。临床上出现高热、寒战等全身症状，并伴有肝、肾、心等实质器官变性或坏死，严重时可发生中毒性休克。血培养找不到细菌。

(3) 败血症。败血症是指细菌侵入血液后大量生长繁殖，产生毒素，引起全身中毒症状和病理变化的现象。败血症在临床上比较常见，患败血症的动物表现高热、寒战等毒血症所有的症状。剖检常见尸僵不全、血凝不良、溶血和黄疸等现象，皮肤、黏膜和浆膜出现多发性出血斑点，实质器官常呈现不同程度的变性、坏死，脾及全身淋巴结肿大等。此时，血液中可培养出致病菌。应该注意，不同疾病的败血症病变十分相似，因此在疾病诊断时，必须结合细菌学及毒素的检查。

(4) 脓毒败血症。脓毒败血症是指化脓菌随血流到达全身各处，引起败血症，并形成多发性化脓灶的现象。此时，除有败血症的表现外，同时还在一些组织器官（如肺、肝、肾、皮肤等处）形成多发性小脓肿。镜检，脓肿中央及尚存的毛细血管或小血管中常见细菌团块，说明脓肿是由血管内的化脓性栓子形成栓塞后引起的。

复习思考题

1. 解释下列病理名词：炎症、变质、渗出、增生、炎症介质、蜂窝织炎。
2. 简述炎症的局部症状和全身反应。
3. 列表说明渗出液与漏出液的区别。
4. 简述渗出液的作用。
5. 渗出性炎有哪些类型？各类型有什么特点？
6. 浮膜性炎和固膜性炎有何异同？
7. 简述炎症的结局。

第六章 发　　热

> 【学习目标】
> 1. 掌握：发热、稽留热、弛张热的概念；发热的原因；发热的机理。
> 2. 熟悉：过热、生理性体温升高、发热激活物、内生性致热原的概念。
> 2. 了解：发热的经过及热型、发热时机体的变化。
> 4. 能用辩证的观点分析发热对机体的意义，正确防治与护理。

　　发热是临床上常见的症状之一，是许多动物疾病共有的以体温升高为主要表现的全身病理过程，也是疾病发生的重要信号。体温曲线变化往往反映病情变化，对判断病情、评价疗效和预后，均有重要的临床意义。因此，观察发热动物的体温变化并进行相应的处理，是临床兽医的一项重要工作。

　　恒温动物在致热物质（致热源）的作用下，体温调节中枢调定点上移，引起调节性体温升高，当体温上升超过正常值0.5℃时，则称为发热。发热时，体温调节功能仍正常，只不过是调定点上移而引起调节性体温升高。非调节性体温升高是调定点并未发生移动，而由于体温调节障碍（如体温调节中枢损伤）、散热障碍（如中暑、先天性汗腺缺乏）及机体产热加强（如甲状腺功能亢进）等，体温调节机构不能将体温控制在与调定点相适应的水平上，是被动性体温升高，故把这类体温升高称为过热。某些生理情况下也可能出现体温升高，如剧烈活动、妊娠等，由于它们属于生理反应，随生理活动结束可自动恢复正常体温，故称为生理性体温升高。临床上，应注意发热、过热和生理性体温升高的区别。

第一节　发热的原因和机制

一、发热激活物

　　发热激活物是引起发热的原因。凡能刺激机体产生和释放内生性致热原，从而引起发热的物质称发热激活物。根据激活物的来源，可将其分为感染性发热激活物和非感染性发热激活物两类：

（一）感染性发热激活物

　　各种病原体引起的感染，如细菌、病毒、支原体、衣原体、立克次氏体、螺旋体、真菌及寄生虫等，均可出现发热。

　　1. 细菌　革兰氏阳性菌（如葡萄球菌、链球菌、猪丹毒杆菌、结核分枝杆菌等）的菌体和代谢产物都可引起发热，如葡萄球菌释放的可溶性外毒素、链球菌产生的致热性外毒素等，此类细菌感染是常见的发热原因。革兰氏阴性菌（如大肠杆菌、沙门氏菌、巴氏杆菌等）的细胞壁含脂多糖，也称内毒素，有极强的致热性，耐热性很高，且其致热性不易被蛋白酶破坏，在自然界中分布极广。在临床输液或输血过程中，患病动物有时出现寒战、高热等反应，多因输入液体或输液器具被内毒素污染所致，值得引起注意。另外，结核杆菌的菌体及细胞壁中所含的肽聚糖、多糖和蛋白质都具有致热作用。

2. 病毒 常见的有流感病毒、猪瘟病毒、猪传染性胃肠炎病毒、犬细小病毒、犬瘟热病毒等，其发热激活作用可能与全病毒体及其所含的血细胞凝集素、毒素样物质等有关。

3. 其他 支原体、立克次氏体、螺旋体、真菌及寄生虫等，均可作为发热激活物引起机体发热。

（二）非感染性发热激活物

1. 抗原抗体复合物 实验证明，抗原抗体复合物对产生内生性致热原细胞有激活作用。如自身免疫性疾病时常出现发热。

2. 致炎物和炎症灶激活物 尿酸盐和硅酸盐结晶等，在体内不仅可以引起炎症，还有诱导产致热原细胞产生和释放内生性致热原的作用。大面积烧伤、严重创伤、大手术、梗死、物理及化学因子作用所致的组织细胞坏死，其蛋白分解产物可作为发热激活物引起发热。

3. 致热性类固醇 体内某些类固醇对机体有致热作用，特别是睾丸酮的中间代谢产物本胆烷醇酮是典型代表。在某些原因不明的发热动物的血液中，发现其浓度升高。

4. 肿瘤 某些恶性肿瘤如恶性淋巴瘤、肉瘤等常伴有发热。这种发热主要是由肿瘤组织坏死产物所引起。恶性肿瘤细胞还可引起自身免疫反应，通过抗原抗体复合物的形成也可导致发热。

二、内生致热原

在发热激活物的作用下，产生和释放的能引起恒温动物体温升高的物质称内生致热原（EP）。内生致热原的产生和释放，是一个复杂的细胞信息传递与基因表达的调控过程。这一过程包括产内生致热原细胞的激活和内生致热原的产生和释放。

（一）内生致热原的来源

能产生和释放 EP 的细胞称为产 EP 细胞。产 EP 细胞包括单核细胞、巨噬细胞、内皮细胞、淋巴细胞、星状细胞以及肿瘤细胞等。这些细胞与发热激活物结合后，即被激活，从而启动内生致热原的生物合成。内生致热原在细胞内合成后，随即释放入血。

（二）内生致热原的种类

现已发现很多种内生致热原，其中比较重要的内生致热原有：

1. 白细胞介素-1（IL-1） 是由单核细胞、巨噬细胞、内皮细胞、肿瘤细胞等多种细胞在发热激活物的作用下所产生的多肽类物质。IL-1 的致热性很强，其受体广泛分布于脑内，在靠近体温调节中枢的下丘脑外面密度最高。IL-1 不耐热，70℃、30min 可灭活。

2. 肿瘤坏死因子（TNF） 是由巨噬细胞、淋巴细胞等产生的多肽类物质。其致热活性与 IL-1 相似。TNF 不耐热，70℃、30min 可灭活。另外，TNF 在体内和体外都能刺激 IL-1 的产生。

3. 干扰素（IFN） 是由 T 淋巴细胞、成纤维细胞、NK 细胞等分泌的一种具有抗病毒、抗肿瘤作用的蛋白质，使细胞对病毒感染的反应产物，可能是病毒引起发热的重要 EP。与 IL-1 和 TNF 不同，IFN 反复注射可产生耐受性。

4. 白细胞介素-6（IL-6） 是由单核细胞、成纤维细胞和内皮细胞等分泌的细胞因子，能引起各类动物的发热反应，但其致热作用弱于 IL-1 和 TNF。

此外，巨噬细胞炎症蛋白-1（MIP-1）、白细胞介素-2、白细胞介素-8、内皮素等也被认为与发热有一定关系，但是否属于 EP 尚需进一步验证。

三、发热时的体温调节机制

（一）体温调节中枢

体温调节中枢可能是由正、负调节中枢构成的复杂的功能系统，脊髓、脑干、下丘脑、大脑边缘皮质等多个中枢神经系统部位参与体温调节。目前认为，视前区—下丘脑前部（POAH）含有温度敏感神经元，是基本的体温调节中枢，主要参与体温的正向调节；中杏仁核（MAN）、腹中膈（VSA）和弓状核则主要参与发热时体温的负向调节。当外周致热信号通过这些途径传入中枢后，启动体温正负调节机制，一方面通过正调节介质使体温上升，另一方面通过负调节介质限制体温升高。正负调节综合作用决定体温调定点上移的水平以及发热的幅度和时程。

（二）致热信号传入中枢的途径

关于 EP 如何由血液中进入脑内，目前认为主要有三条途径：

1. 通过下丘脑终板血管器 终板血管器（OVLT）位于第三脑室壁视上隐窝上方，紧靠 POAH，是血脑屏障的薄弱部位。该处存在有孔毛细血管，对大分子物质有较高的通透性，EP 可能由此入脑。但也有人认为，EP 并不直接进入脑内，而是作用于此处的巨噬细胞、神经胶质细胞等，产生新的发热介质，发热介质将致热原的信息传入体温调节中枢。

2. 通过血脑屏障直接转运入脑 研究发现，在血脑屏障的毛细血管床部位分别存在有 IL-1、IL-6、TNF 的可饱和转运机制，推测其可将相应的 EP 特异性地转运入脑。另外，作为细胞因子的 EP 也可能从脉络丛部位渗入或者易化扩散入脑，通过脑脊液循环分布到 POAH 的神经元，引起体温调定点改变。

3. 通过迷走神经 研究发现，细胞因子可刺激肝巨噬细胞周围的迷走神经将信息传入中枢，切除膈下迷走神经（或切断迷走神经肝支）后，腹腔注射 IL-1 或静脉注射脂多糖（LPS）不再引起发热。因为肝迷走神经节旁神经上有 IL-1 受体，肝枯否氏细胞又是产生这类因子的主要细胞。因此，是否存在肝产生的化学信号激活迷走神经从而将发热信号传入中枢的机制，有待进一步研究。

（三）发热中枢调节介质

大量的研究证明：EP 无论以何种方式入脑，但它们仍然不是引起调定点上升的最终物质，EP 可能是首先作用于体温调节中枢，引起发热中枢介质的释放，继而引起调定点的改变。发热中枢介质可分为正调节介质和负调节介质两类：

1. 正调节介质 这是一类与体温变化呈正相关的介质，它们在脑组织中的含量增高可使体温上升，称正调节介质。

（1）前列腺素 E（PGE）。实验中将 PGE 注入猫、鼠、兔等动物脑室内引起明显的发热反应，体温升高的潜伏期比 EP 短，同时还伴有代谢率的改变，其致热敏感点在 POAH；EP 诱导的发热期间，动物脑脊液中 PGE 水平也明显升高。PGE 合成抑制剂如阿司匹林、布洛芬等都具有解热作用，并且在降低体温的同时，也降低了脑脊液中 PGE 浓度。在体外实验中，ET（内毒素）和 EP 都能刺激下丘脑组织合成和释放 PGE。

（2）环磷酸腺苷（cAMP）。cAMP 在 EP 升高调定点的过程中可能起重要作用。实验证明，将二丁酰 cAMP 注入猫、兔、鼠等动物脑室内迅速引起发热；用 EP 静脉注射引起家兔发热时脑脊液中 cAMP 较正常水平高一倍。这都提示脑内 cAMP 是 EP 发热的中枢介质。

（3）Na^+/Ca^{2+} 比值。实验显示，给多种动物脑室内灌注 Na^+ 使体温很快升高，灌注 Ca^{2+} 则使体温很快下降；降钙剂（EGTA）脑室内灌注也引起体温升高。资料研究表明，Na^+/Ca^{2+} 比值改变在发热机制中可能担负着重要中介作用，EP 可能先引起体温中枢内 Na^+/Ca^{2+} 比值的升高，引起脑内 cAMP 增高而促使体温调定点上移。

（4）促肾上腺皮质激素释放素（CRH）。实验证明，IL-1、IL-6 等能刺激下丘脑释放 CRH，脑内灌注 CRH 可引起实验动物发热。用 CRH 单克隆抗体中和 CRH 或用 CRH 受体颉颃剂阻断 CRH 的作用，可完全抑制 IL-1、IL-6 等 EP 的致热性。但有人注意到，TNF_α 和 $IL-1_\alpha$ 性发热并不依赖于 CRH。

（5）一氧化氮（NO）。NO 作为一种新型的神经递质，广泛分布于中枢神经系统，在大脑皮层、小脑、海马、下丘脑视上核、室旁核、OVLT 和 POAH 等部位均含有一氧化氮合酶。目前的一些研究提示，NO 与发热有关，其机制可能涉及三个方面：通过作用于 POAH、OVLT 等部位，介导发热时的体温上升；通过刺激棕色脂肪组织的代谢活动导致产热增加；抑制发热时负调节介质的合成与释放。

2. 负调节介质 这是一类可引起体温下降的中枢调节介质。发热时，发热激活物作用于 EP 细胞产生释放 EP，EP 介导调定点上移，体温升高。体温升高的同时负调节中枢被激活，产生负调节介质。现已证实，负调节介质主要包括精氨酸加压素、黑素细胞刺激素和脂皮质蛋白-1 等。负调节介质的释放对调定点的上移和体温的上升起限制作用，使动物的体温也难以超越一定的热限，体现了机体的自我保护功能和自我调节机制，具有重要的生物学意义。

（四）发热时体温上升的基本环节

发热的发生机制比较复杂，学说很多，仍有不少细节未查明，但主要的或基本的环节已比较清楚。概括起来，发热的机制可概括为四个环节：第一环节是来自体内、外的发热激活物作用并激活产 EP 细胞。第二环节是产 EP 细胞产生和释放 EP。第三环节是中枢机制，EP 通过血液循环到达脑内，在 POAH 或 OVLT 附近，引起中枢发热介质的释放，后者相继作用于相应的神经元，使体温调定点上移。第四环节是调定点上移后引起调温效应器的反应，此时由于调定点高于中心温度，使体温调节中枢发出冲动，一方面通过运动神经引起骨骼肌的紧张度增高或寒战，使产热增多；另一方面经交感神经系统引起皮肤血管收缩，使散热减少。由于产热大于散热，体温相应上升直至与调定点新高度相适应。在体温升高的同时，负调节中枢也被激活，产生负调节介质，进而限制调定点的上移和体温的上升。正负调节介质相互作用的结果决定体温上升的水平。

第二节 发热的发展过程及热型

（一）发热的发展过程

多数发热尤其急性传染病和急性炎症的发热，其临床经过大致可分三个阶段，即体温上升期、高热持续期和退热期（图6-1），每期有其不同的临床症状和热代谢特点。

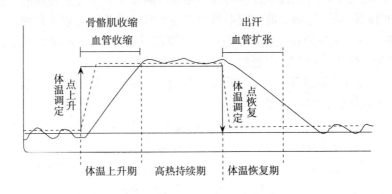

图6-1 发热的发展过程
----调定点动态曲线；～体温曲线

1. 体温上升期 发热的开始阶段体温逐渐或迅速上升，称为体温上升期。此期因体温调节中枢的体温调定点上移，原来的正常体温变成了"冷"刺激，中枢对"冷"信息起反应，发出神经信号，通过交感神经引起皮肤血管收缩、血流减少，导致皮肤温度降低，皮肤竖毛肌收缩，散热减少；同时，指令达到产热器官，引起骨骼肌不随意周期性收缩和肝糖原分解，产热增加。产热增多，散热减少，而致体温升高。由于疾病的性质、致热原数量及机体的功能状态等不同，动物体温升高的速度不同，如发生高致病禽流感、猪瘟、猪丹毒等疾病时，体温升高较快；而结核病、布鲁氏菌病等时，体温上升较缓慢。

患畜临床表现为兴奋不安，食欲减退，呼吸和心跳加快，恶寒怕冷，并可出现"鸡皮"、寒战、被毛蓬松、皮肤苍白和干燥等现象。

2. 高热持续期（热稽留期） 体温上升至与新调定点水平相适应的高度后，就不再上升，而是在与新调定点相适应的高水平上波动，称高热持续期（高峰期）或热稽留期。在不同的动物和疾病中，体温升高的水平和持续时间也有所不同，如牛传染性胸膜肺炎的高热期达2～3周之久，慢性猪瘟的高热期可维持1周以上，而牛流行性感冒的高热期仅为数小时或几天。此期的热代谢特点是体温调节中枢在一个较高水平上按正常的调节方式进行调节，产热与散热在高水平上保持相对平衡。这时患畜不仅产热过程较正常增高，而其散热过程也开始加强。

患畜临床表现为皮温增高，皮肤和口唇干燥，眼结膜充血潮红，呼吸和心跳加快，胃肠蠕动减弱，粪便干燥，尿量减少，有时开始排汗。

3. 体温下降期（退热期） 此期由于发热激活物、内生致热原、发热介质等被清除或得到控制，加之负调节介质的作用，使体温调定点返回到正常水平。由于体温高于调定点水平，POAH发出降温命令，机体出现明显的散热反应。此期的热代谢特点是散热多于产热，故体温下降。体温下降迅速，在24h内退至正常者称体温骤退；体温下降缓慢，需经数天退至正常者称体温渐退。高热骤退可引起急性循环衰竭而造成严重后果，故应注意监护，及时补充水、电解质，尤其是心肌劳损者更应密切注意。

患畜临床表现为皮肤血管进一步扩张，汗腺分泌增加，引起大量排汗，尿量亦增加，严重者可引起脱水。

（二）热型

在许多疾病过程中，发热过程持续时间与体温升高水平是不完全相同的。将这些患畜的体温按一定的时间记录，绘制成曲线图形即为热型。常见的热型有以下几种：

1. 稽留热 特点是高热持续数日不退，昼夜温差不超过1℃。临床常见于急性猪瘟、犊牛副伤寒、马传染性胸膜肺炎、牛恶性卡他热、犬瘟热等。

2. 弛张热 特点是体温升高后，昼夜温差超过1℃以上，但不降到常温。临床常见于支气管肺炎、化脓性炎症、败血症等。

3. 间歇热 特点是发热期和无热期有规律地交替出现，间歇时间较短而且重复出现。临床常见于慢性马传染性贫血、马锥虫病和马媾疫等。

4. 回归热 特点是发热期与和无热期间隔的时间较长，并且发热期与无热期的出现时间大致相等。临床常见于亚急性和慢性马传染性贫血、梨形虫病等。

5. 不定型热 特点是发热持续时间不定，热型变动无规则。临床常见于许多非典型经过的疾病，如非典型马腺疫和渗出性胸膜炎等。

6. 波浪热 特点是动物体温在数天内逐渐上升至高峰，然后逐渐降至常温状态，数天后又复发，呈波浪起伏状。临床可见于布鲁氏菌病等。

第三节 发热时机体代谢和功能的变化

（一）代谢变化

发热时机体代谢变化特点是分解代谢加强。分解加强，一方面使产热增加，体温上升，有利于加强机体的防御机能；另一方面却使机体所必需的三大营养物质消耗增加，许多分解不全产物蓄积，又会对机体产生不利的影响。

1. 糖代谢变化 发热时，由于交感-肾上腺髓质系统的活动加强，主要产热器官如肝和肌肉中的糖原大量分解，从而引起血糖升高，甚至出现糖尿。由于糖分解代谢增强，血氧供应相对不足，使无氧酵解加强，故患畜血液中及组织内乳酸含量增多，并有部分随尿排出。

2. 脂肪代谢变化 发热时，糖代谢增强使糖原储备减少，患畜往往由于食欲减退使糖的摄入不足，导致动用体内储备脂肪。一方面，脂肪的大量消耗可使长期发热患畜日渐消瘦；另一方面，脂肪的分解代谢增强和氧化不全，使患畜出现酮血症和酮尿。

3. 蛋白质代谢变化 发热时组织蛋白质分解加强及摄入和吸收蛋白质的减少，可使长期发热患畜血浆蛋白降低，出现氮质血症和负氮平衡状态，导致患畜抵抗力下降和组织修复能力减弱。

4. 维生素代谢变化 发热时，由于患畜食欲不振和消化液分泌减少，可导致维生素的摄取和吸收减少；又由于机体的代谢增强，维生素的消耗增加，患畜往往出现维生素缺乏，特别是维生素C和B族维生素缺乏更多见。

5. 水、电解质代谢和酸碱平衡变化 在体温上升期和高热持续期，患畜排尿量减少，可导致水、Na^+和Cl^-在体内潴留。而在体温下降期，由于皮肤和呼吸道水分蒸发增加和出汗增多，又可导致脱水。此外，由于发热时组织分解增强，大量K^+向细胞外释放，肾的排K^+量亦增加。由于发热时的代谢紊乱，酸性代谢产物（乳酸、酮体等）蓄积，故可出现代谢性酸中毒。

(二) 功能变化

发热时由于交感-肾上腺系统的功能加强，体温升高以及代谢分解氧化不全产物的作用，可引起各个系统功能的变化。

1. 神经系统功能变化 发热时不仅体温调节中枢的功能发生变化，而且神经系统的其他功能也发生相应变化。发热初期，有的动物因中枢神经系统兴奋性升高表现为兴奋不安；但有的动物则因中枢神经系统兴奋性降低而表现精神沉郁，对周围环境反应迟钝。在高热期，由于高温血液及有毒代谢产物的刺激，中枢神经系统多处于抑制状态，故患畜精神沉郁，甚至处于昏迷状态。无论是发热初期还是高热期，植物性神经通常以交感神经兴奋占优势；但进入退热期，交感神经的兴奋性就逐渐降低。

2. 循环系统的变化 发热时，交感神经兴奋和高温血液刺激心脏窦房结，使心脏活动加强，心跳加快。一般体温每升高1℃，心跳每分钟大约增加10次。发热初期，由于心脏功能加强和皮肤血管收缩，使动脉血压有所增高；但到高热期，特别是进入退热期后，常因交感神经兴奋性降低，外周血管舒张，动脉压下降。长期发热，尤其是传染病患畜，由于体内氧化不全产物和毒素等对心脏的作用，易使心肌发生变性；又因心跳过快，心脏负荷加重，常导致心力衰竭。此外，当高热骤退时，特别是解热药引起体温骤退，可因大量出汗导致休克，临床上应予以注意。

3. 呼吸系统的变化 发热时，由于高温血液和酸性代谢产物的刺激，引起呼吸中枢兴奋，使呼吸加深、加快。深而快的呼吸，有利于氧气的吸入和加快散热，但过度通气可因CO_2的排出过多发生呼吸性碱中毒。当高热持续时间过长时，往往又可引起中枢神经系统的功能障碍和呼吸中枢的兴奋性降低，致使动物出现呼吸浅表或不规则、精神沉郁等症状，这些变化对机体也是不利的。

4. 消化系统的变化 发热时，由于交感神经兴奋，使消化液分泌减少和胃肠蠕动减弱，引起消化功能障碍。唾液分泌减少可引起口干；胃液分泌减少以及胃肠蠕动减弱，使食物在胃内滞留发酵，分解产物刺激胃黏膜，使患畜出现食欲减退、恶心和呕吐；胰液、胆汁分泌不足，以及肠蠕动减慢，使蛋白质和脂肪消化不良，食糜在肠内滞留，从而使发酵和腐败过程增强，故发热患畜常出现便秘和腹胀。

5. 泌尿系统的变化 体温上升期和高热期，可出现尿量减少和尿相对密度增高，与加压素分泌增加有关。持续高热可致肾小管上皮细胞发生变性，尿中可出现蛋白质和管型。

6. 防御功能的变化 一定限度（如中等程度）内的发热，能增强机体单核巨噬细胞的吞噬功能，促进淋巴细胞转化，加速抗体形成；能促进干扰素产生，有抗病毒、抗细菌和抗癌效应；还可促进急性期反应蛋白的合成增加，使肝的解毒功能也增强。但高热和持久发热可导致免疫系统的功能紊乱，给机体造成损害。

第四节 发热的生物学意义及处理原则

(一) 发热的生物学意义

发热是动物在长期进化过程中所获得的一种以抗损伤为主的防御适应性反应，它是疾病的重要信号，对判断病情、评价疗效和预后均有重要参考价值。

一般来说，短时间轻、中度发热对机体是有利的，因为发热不仅能抑制病原微生物在体内的活性，帮助机体对抗感染，而且还能增强单核巨噬细胞系统的功能，提高机体对致热原的清除能力。此外，发热可使肝氧化过程加速，提高机体的解毒能力。

但长时间的持续高热，对机体是有害的。因为持续高热既可使机体的分解代谢加强，营养物质过度消耗，消化机能紊乱，导致病畜消瘦和机体抵抗力下降；又能使中枢神经系统和血液循环系统发生损伤，导致病畜精神沉郁甚至昏迷，或心肌变性而发生心力衰竭，这样就更加重病情。

(二) 发热的处理原则

在临床实践中，对发热的处理必须根据具体的情况，采取适当的措施。一般应注意以下几点：

1. 积极治疗原发病 传染病的根本治疗方法是消除传染源和感染灶。对感染性因素导致的发热，当抗感染显效时，随着感染灶的消退便可退热。

2. 一般性发热的处理 对持续时间不长、中度或中度以下的发热患畜，在疾病未得到确诊和有效治疗前，不要急于解热，以免掩盖病情、延误诊断和抑制机体的免疫功能。

3. 必须急于退热的病畜 对高热、持续发热、心脏病患者或妊娠动物应及时退热，但要防止体温骤退。

4. 解热措施 常采取的解热措施有药物解热和物理降温。药物解热常用水杨酸盐类、类固醇类解热药；清热解毒的中草药也有一定的解热作用，可适当选用；物理降温常用冰敷或酒精擦浴。

5. 加强护理 对发热患畜，尤其是对高热或持续发热患畜，应加强护理。注意补充葡萄糖、B族维生素和维生素C等；注意补充水、电解质等，防止水、电解质和酸碱平衡紊乱；保证供给易消化吸收、营养丰富的饲料（食物）；密切监护心血管功能。

复习思考题

1. 解释下列病理名词：发热、稽留热、弛张热。
2. 简述发热的发生机制。
3. 简述发热时机体代谢和机能的变化。
4. 试述发热的生物学意义和处理原则。

第七章 贫 血

【学习目标】
1. 掌握：贫血的概念和病理变化特征。
2. 熟悉：贫血发生原因和类型。
3. 了解：贫血的结局和对动物机体的影响。
4. 能正确找出贫血的原因，判断贫血的类型；对动物常见的贫血会进行正确的防治。

贫血是指单位容积血液内，红细胞数和血红蛋白量低于正常范围。贫血不是一个独立的疾病，它往往是许多疾病的一种常见病症。兽医临床上动物的原发性贫血很少，多数是某些疾病的继发反应。若动物机体长期处于贫血状态可出现疲倦无力，动物生长发育迟缓，消瘦，毛发干枯，抵抗力下降等。

第一节 贫血的分类及特征

贫血的分类依据不同的标准，可有不同的分类方法和名称。按红细胞平均血红蛋白浓度分类，分为低色素性贫血和正色素性贫血；按红细胞的体积大小分类，可分为大细胞性、中细胞性及小细胞性贫血；按贫血的病因学和发病学分类，则分为出血性贫血、溶血性贫血、营养不良性贫血和再生障碍性贫血，兽医临床上常采用最后一种分类方法。

(一) 失血性贫血

失血性贫血是由于动物机体出血而发生的贫血，临床上分为急性和慢性两种：

1. 急性失血性贫血 临床上通常发生在血管壁的完整性遭到破坏时造成大出血。最常见于各类外伤或肝、脾等内脏器官的破裂以及肺、子宫等重度出血的疾患。

当发生急性失血时，红细胞的丧失大于再生，以致在一定时间内发生贫血变化。但在失血当时，血液总量减少，而单位容积的红细胞数和血红蛋白含量正常，随着时间的延长，虽然机体经过一定的机能代偿，循环血液量暂时恢复，但单位容积的红细胞数和血红蛋白含量低于正常值，同时伴随着骨髓造血机能的增强，血液中可见多量的网织红细胞、多染性红细胞和晚幼红细胞。

2. 慢性失血性贫血 多见吸血性寄生虫病，此外，消化道溃疡、体腔内肿瘤等可造成长期轻微失血和持续性慢性出血。

慢性失血的初期由于失血量少，机体可通过增强骨髓造血功能实现代偿，临床上贫血症状不明显；但是长期反复失血，可造成参与合成血红蛋白的铁丧失过多，导致缺铁性贫血。

3. 病理特征 急性失血性贫血患病动物表现可视黏膜苍白，体温下降，耳尖和四肢末端发凉，休克，并容易发生死亡。若病程稍长，可见骨髓造血机能增强，红骨髓增生，外周血液中出现不成熟红细胞。血象特点为红细胞大小不均，并呈异形性。严重时，骨髓造血功能衰竭，肝、脾内可出现髓外造血灶。

（二）溶血性贫血

溶血性贫血是指因各种疾病造成过多红细胞破坏，破坏的速度超过了骨髓的代偿能力引起的贫血。血液总量一般不减少，由于红细胞大量破坏，使单位容积的红细胞和血红蛋白减少。由于缺氧和红细胞分解产物的作用，使骨髓造血功能增强。

1. 原因

（1）生物性因素。主要是某些微生物（如钩端螺旋体、溶血性链球菌等）和血液性寄生虫（如锥虫、梨形虫、边虫、钩虫等）感染而造成红细胞的破坏。

（2）遗传性因素。主要见于遗传性血液病及代谢病。由于遗传基因的病变，导致红细胞发育异常，从而引起红细胞破坏过多。

（3）物理因素。高温、电离辐射、低渗溶液等均能引起红细胞大量破坏。

（4）化学因素。化学毒物和药物是引起溶血较常见的原因。其中最常见的是苯、蛇毒、铜、铅、皂苷和某些药物，如呋喃妥因、非那西丁及磺胺类等药物大量使用时能够产生溶血。

（5）免疫性因素。免疫性因素通过免疫机制使红细胞发生破坏而发生贫血，主要有血型抗体所引起的贫血，如异型输血和新生畜免疫溶血性疾病；药物免疫性贫血，如青霉素、非那西丁、奎宁等药物；自身免疫性溶血，如系统性红斑狼疮、马传染性贫血等。

2. 病理特征 患病动物的血液及骨髓变化除与急性失血性贫血相同外，还可见到血液中胆红素增多，许多组织呈现明显的黄染，甚至出现血红蛋白尿。脾明显肿大，并有含铁血黄素沉着。血象特点是外周血中网织红细胞明显增多，还可见到有核红细胞和多染色性红细胞。

（三）营养不良性贫血

营养不良性贫血是因缺乏某些造血所必需的物质，如蛋白质、铜、铁、钴、维生素 B_{12}、叶酸等而引起的贫血。

1. 原因

（1）蛋白质。蛋白质是合成血红蛋白的主要成分，缺乏能干扰血红蛋白的合成而导致贫血，老龄动物这类贫血十分常见。常常由于饲料中缺乏蛋白质或胃肠消化机能障碍，蛋白质吸收不足，以及慢性消耗性疾病，造成蛋白质缺乏，引起贫血。

（2）铁。铁参与血红蛋白的合成，缺铁则血红蛋白合成减少，可引起贫血；除了仔猪贫血外，动物在缺铁的草场放牧及犊牛在哺乳期不给补料而发生缺铁性贫血。钼中毒会干扰铜的代谢，进而又可干扰铁的利用。

（3）铜。铜是动物机体必需微量元素之一，能促进铁的吸收利用，促进红细胞的成熟和释放。铜为许多酶的组成成分，直接参与造血过程。

（4）维生素 B_{12} 和叶酸。维生素 B_{12} 和叶酸是构成红细胞核酸的必需物质，动物胃肠内微生物可以合成维生素 B_{12}，当机体合成障碍，则导致维生素 B_{12} 缺乏。

（5）钴。钴是维生素 B_{12} 的组成成分，钴缺乏症伴有维生素 B_{12} 合成的下降。牛和羊在缺钴的土地上饲养时，因维生素 B_{12} 合成的剧烈下降而造成严重贫血。

2. 病理特征 营养不良性贫血一般病程较长，动物消瘦，血液稀薄，血色淡，血红蛋白含量显著降低。血象特点是外周血液中出现小红细胞或大红细胞。

(四) 再生障碍性贫血

再生障碍性贫血是因骨髓造血机能障碍，红细胞生成不足而引起的一类贫血。该型贫血往往伴有粒细胞和血小板生成减少。

1. 原因

（1）骨髓微环境障碍。某些病因可引起骨髓微环境的血液供应障碍，不利于造血细胞的生成和分化，导致骨髓造血机能障碍。

（2）造血干细胞受损。某些致病因素如化学毒物（氯霉素、有机磷农药等）、电离辐射、感染（结核病、马传染性贫血等）等引起干细胞受损，可使骨髓造血机能障碍。

（3）促红细胞生成素调节障碍。促红细胞生成素减少，可影响干细胞的分化、幼红细胞的增殖和成熟。

2. 病理特征 患病动物出现皮肤、黏膜出血和感染等症状。骨髓造血组织发生脂肪变性和纤维化，红骨髓被黄骨髓取代。血象特点是外周血中正常的和网织红细胞呈进行性减少或消失，红细胞大小不均，并呈异形性，除此之外，还有白细胞、血小板减少。

第二节 贫血对机体的影响

贫血对机体的影响，视贫血的原因、程度、持续时间长短及机体的适应能力等因素而定。

1. 对循环系统的影响 红细胞是携氧和运氧的工具，贫血时由于红细胞和血红蛋白减少，所以可造成动物机体缺氧与物质代谢障碍，贫血早期出现代偿性心跳加快加强，增加心排血量，缓解机体的缺氧状况。但到后期，心脏负荷增加，加重心肌缺氧程度，致使心肌营养不良，诱发心脏相对性瓣膜闭合不全或肌源性扩张，从而导致心血管血液循环系统障碍。

2. 对呼吸系统的影响 贫血时血液的携氧能力降低，机体出现缺氧和氧化不全，使酸性代谢产物蓄积，刺激呼吸中枢，机体呼吸加快，患病动物不耐运动，稍微活动即可表现呼吸急促；通过代偿使组织呼吸酶活性增强，促使氧合血红蛋白的解离加强，增加组织对氧的摄取能力。

3. 对神经系统的影响 贫血严重时，神经系统症状亦多见，表现为中枢神经系统的兴奋性降低，增强对缺氧的耐受力，长期贫血或贫血严重时神经系统机能减退，对各系统的调节能力降低。患病动物表现精神不振、倦怠嗜睡，贫血严重者可发生昏厥，易疲劳，抵抗力降低，工作效率下降。

4. 对消化系统的影响 贫血造成的机体缺氧不但影响消化道的正常功能，而且还造成了营养障碍，动物表现为食欲不振，消化吸收障碍，胃肠分泌和蠕动功能减弱。临床上可见动物消瘦、消化不良、便秘或腹泻，贫血严重者，肝可有轻度肿大。

5. 对泌尿系统的影响 严重贫血患病动物尿中可出现少量蛋白，溶血性贫血时，动物出现血红蛋白尿，尿液颜色呈红茶或酱油样颜色。

6. 对骨髓造血机能的影响 动物贫血时，促红细胞生成素的产生加强，骨髓造血机能增强，此外，促红细胞生成素还能促进反应细胞的增生，并增加正在成熟的红细胞内的血红蛋白合成速度，缩短骨髓内各级未成熟红细胞的转化时间，引起早期释放网织红细胞。

复习思考题

1. 什么是贫血？
2. 贫血有哪些类型？每个类型各有什么特点？
3. 贫血对机体会产生怎样的影响？

第八章 缺　　氧

> 【学习目标】
> 1. 掌握：缺氧、乏氧性缺氧、血液缺氧、循环性缺氧、组织性缺氧的概念；缺氧时机体代谢和功能的变化。
> 2. 熟悉：缺氧的四种基本类型、原因及血氧变化特点。
> 3. 了解：常用的血氧指标值。
> 4. 会分析能造成机体缺氧的因素，并正确判定缺氧，对动物进行防治和护理。

氧是维持生命活动所必需的物质，而动物体内无过多的贮备氧，一旦机体呼吸、心跳停止，动物数分钟内可死于缺氧。缺氧是指组织细胞供氧不足或用氧障碍，引起机体细胞机能、代谢甚至形态结构发生一系列变化的病理过程。缺氧是临床各种疾病中极常见的一种病理过程，脑、心脏等生命重要器官缺氧也是导致动物机体死亡的重要原因之一。另外，由于动脉血氧含量明显降低导致组织供氧不足，又称为低氧血症。

氧的获得和利用是一个复杂的过程，包括外呼吸、气体运输和内呼吸，即外界氧被吸入肺泡、弥散入血液，再与血红蛋白（Hb）结合，由血液循环输送到全身，最后被组织细胞摄取利用，其中任何一个环节发生障碍都会引起缺氧。

第一节　缺氧的类型和特点

根据缺氧的原因和血氧变化特点，一般将缺氧分为四种类型，即低张性缺氧、血液性缺氧、循环性缺氧和组织中毒性缺氧。

一、乏氧性缺氧

以动脉血氧分压 $[p_a(O_2)]$ 降低为基本特征的缺氧称为乏氧性缺氧，又称为低张性缺氧或低张性低氧血症。

（一）原因及发病机制

1. 吸入空气中氧分压过低　多见于高原、高空或畜舍内拥挤通风不良等。由于吸入空气中的氧分压降低，引起动脉血氧分压下降，使血液向组织弥散氧的速度减慢，以致供应组织的氧不足，造成细胞缺氧。此型缺氧又称为大气性缺氧。

2. 外呼吸功能障碍　见于呼吸中枢抑制、呼吸肌麻痹、上呼吸道阻塞或狭窄、肺部或胸部疾患时，由于肺通气和（或）换气功能障碍，导致经肺泡扩散到血液中的氧减少而引起动脉血氧分压和氧含量降低，导致细胞缺氧，此型缺氧又称为呼吸性缺氧。

3. 静脉血流入动脉血　多见于某些先天性心脏病，如肺动脉高压的心室间隔缺损，因右心室静脉血流入左心脏，从而使动脉血氧分压下降，引起缺氧。

（二）血氧变化特点

乏氧性缺氧时，动脉血氧分压、血氧含量和血氧饱和度均降低，氧容量一般正常，动静脉血氧含量差变小或正常（变小是因为低张性缺氧动脉氧分压降低，血氧含量减少，使得同量血液中向组织弥散的氧量减少；但若慢性缺氧使组织利用氧的能力代偿性增强，则动-静脉血氧含量差也可能正常）。由于毛细血管中氧合血红蛋白（HbO_2）浓度降低，还原血红蛋白（HHb）浓度增加，当毛细血管血液中还原血红蛋白（HHb）的浓度达到或超过 5.0g/dL 时，皮肤和黏膜呈青紫色（称为发绀），并反射地引起呼吸中枢兴奋，代偿性呼吸增加。

二、血液性缺氧

由于血红蛋白质或量的改变，以致血液携氧能力降低而引起的缺氧称为血液性缺氧。因这种类型的缺氧动脉血氧分压及血氧饱和度均正常，又称为等张性缺氧。

（一）原因及发病机制

1. 贫血 见于各种原因引起的贫血，如失血性贫血、营养不良性贫血、溶血性贫血和再生障碍性贫血。由于血红蛋白和红细胞数减少，使其携带氧的数量减少，毛细血管处氧分压降低的速度加快，导致氧向组织弥散的速度迅速减慢，供给组织的氧减少而发生缺氧。

2. 高铁血红蛋白症 多见于亚硝酸盐、磺胺类药物和硝基苯化合物等中毒时，血红蛋白（Hb）中的二价铁（Fe^{2+}）在亚硝酸盐等强氧化剂的作用下氧化成三价铁（Fe^{3+}），形成高铁血红蛋白（$HbFe^{3+}OH$），又称变性血红蛋白或羟化血红蛋白。一方面，高铁血红蛋白中的三价铁因与羟基牢固结合而丧失携带氧的能力；另一方面剩余的低铁血红蛋白（$HbFe^{2+}OH$）与氧的亲和力又增高，不易与氧解离而加重组织缺氧。

萝卜、白菜、甜菜等作物的茎叶中含有较多的硝酸盐，若因加工饲料时焖置过久，则硝酸盐可在还原菌类的作用下转化为亚硝酸盐，家畜（特别是猪）大量食用后可发生亚硝酸盐中毒。患畜呼吸困难，口吐白沫，倒地挣扎，患畜皮肤、黏膜（如口唇）呈现青灰色，末梢血液呈酱油色。

3. 一氧化碳（煤气）中毒 不完全燃烧产生的一氧化碳与血红蛋白有很高的亲和力，是氧与血红蛋白亲和力的 210 倍左右，当吸入气体中含有 0.1%CO 时，血液中的 Hb 可有 50%转为 HbCO。一方面 HbCO 失去携氧能力，氧与血红蛋白结合数量减少。另一方面，一氧化碳抑制正常红细胞的糖酵解，使 2,3-二磷酸甘油酸（2,3-DPG）生成减少，氧解离曲线左移，HbO_2 结合的氧不易释出。因此，CO 中毒既妨碍 Hb 与氧结合，又妨碍氧的解离，从而造成严重的缺氧，危害极大。患畜血液中 HbCO 达到 5%时，家畜可迅速出现痉挛、呼吸困难、昏迷甚至死亡。

（二）血氧变化特点

由于外呼吸功能正常，故动脉血氧分压和血氧饱和度正常，但由于血红蛋白数量减少或性质改变，血氧含量和血氧容量均降低，静脉血液的血氧分压、血氧含量及血氧容量均降低。动-静脉血氧含量差减小，这是由于患畜动脉血氧分压虽然正常，但血液携氧能力降低，当血液在毛细血管床通过时，血液向组织释放少量的氧后，$p_a(O_2)$ 迅速下降，使毛细血管中的平均 $p(O_2)$ 值低于生理常数，氧向组织弥散的驱动力减小，组织细胞利用氧减少。

动脉血氧饱和度一般正常，但血红蛋白变性所引起的缺氧，血氧饱和度可能降低。

患畜的皮肤、黏膜颜色可随病因不同而异。单纯严重贫血，血液中 Hb 量明显减少，皮肤、黏膜呈苍白色；HbCO 本身具有鲜红的颜色，一氧化碳中毒时，由于血中 HbCO 增多，所以皮肤、黏膜呈樱桃红色，若严重中毒，因毛细血管收缩，皮肤、黏膜可呈苍白色；亚硝酸盐中毒时，由于高铁 Hb 呈咖啡色或青石板色，故皮肤、黏膜呈咖啡色或棕褐色。

三、循环性缺氧

由于组织器官血流量减少或流速减慢使组织细胞供氧不足而引起的缺氧，称为循环性缺氧，也称为低血流性缺氧或低动力性缺氧。可分为缺血性缺氧和瘀血性缺氧。

（一）原因与机制

1. 组织缺血　由于动脉压降低或动脉阻塞造成的组织灌注量不足所引起缺氧称缺血性缺氧。例如，休克和心力衰竭患畜因心排血量减少可造成全身组织供血不足；动脉血栓形成、动脉炎或动脉粥样硬化造成的动脉狭窄或阻塞，可引起所支配的组织器官供血不足，引起缺血、缺氧。

2. 组织瘀血　静脉压升高可使毛细血管血液回流受阻，造成组织瘀血缺氧，称瘀血性缺氧。如右心衰竭可造成腔静脉回流受阻，引起全身广泛的毛细血管床瘀血；而静脉栓塞或静脉炎，可引起局部静脉回流受阻，造成局部组织的瘀血性缺氧。

（二）血氧变化特点

由于机体氧的摄入（外呼吸）与携带（血液）功能正常，故动脉血氧分压、血氧容量、血氧含量和血氧饱和度均正常，但因血流缓慢，一方面血液通过毛细血管床的时间延长，氧向组织弥散的量相对增多，氧被细胞利用，因此静脉血氧分压、血氧含量降低，导致动-静脉血氧含量差增大；另一方面单位时间内毛细血管血流的总量少，供氧下降，弥散到组织细胞的氧总量减少。

缺血性缺氧时，皮肤、黏膜及器官呈苍白色；瘀血性缺氧时由于毛细血管中还原血红蛋白（HHb）浓度增加，皮肤、黏膜发绀。

四、组织性缺氧

由于组织细胞生物氧化过程障碍，利用氧能力降低引起的缺氧称为组织性缺氧，又称为氧利用障碍性缺氧或组织中毒性缺氧。

（一）原因及发病机制

1. 组织中毒　如氰化物中毒时，各种氰化物如 HCN、KCN、NaCN 等经消化道、呼吸道或皮肤进入体内，氰基（CN^-）迅速与线粒体中氧化型细胞色素氧化酶上的三价铁（Fe^{3+}）结合，形成氰化高铁细胞色素氧化酶，使呼吸链生物氧化中断，组织细胞利用氧障碍而引起缺氧。硫化氢、砷化物等中毒也主要由于抑制该氧化酶而致缺氧。

2. 线粒体损伤　放射线、氧中毒、细菌毒素作用等，可损伤线粒体呼吸功能或线粒体结构，使细胞生物氧化障碍而缺氧。

3. 维生素缺乏　例如维生素 B_1（硫胺素）、烟酸（维生素 B_5）和核黄素（维生素 B_2）等，均是呼吸链中脱氢酶的辅酶组成成分，当这些维生素严重缺乏时，可明显妨碍呼吸酶的生成，抑制呼吸链，引起组织利用氧障碍而导致缺氧。

(二) 血氧变化特点

动脉血氧分压、血氧容量、血氧含量和血氧饱和度均正常，但由于细胞不能利用氧，导致动-静脉血氧含量差减小，故静脉血氧分压、血氧含量高于正常。由于静脉、毛细血管中氧合血红蛋白（HbO_2）浓度增加，所以动物皮肤、可视黏膜呈鲜红或玫瑰红色。

缺氧虽然分为上述四种类型，但临床上所见的缺氧常为混合性。例如，感染性休克时主要导致循环性缺氧，但微生物所产生的内毒素还可引起组织细胞利用氧功能障碍而发生组织性缺氧，当并发休克肺时还可引发呼吸性（低张性）缺氧。失血性休克，既有血红蛋白减少所致的血液性缺氧，又有微循环障碍所致的循环性缺氧。心力衰竭时既有循环障碍引起的循环性缺氧，又可继发肺瘀血、水肿而引起呼吸性缺氧。因此，对具体病情，要作全面具体的分析（表8-1）。

表8-1 各类型缺氧的血氧变化特点

缺氧类型	动脉血氧分压	动脉血氧饱和度	氧容量	动脉血氧含量	动-静脉氧差
低张性缺氧	↓	↓	N	↓	↓或N
血液性缺氧	N	N	↓或N	↓或N	↓
循环性缺氧	N	N	N	N	↑
组织性缺氧	N	N	N	N	↓

注：N正常；↑升高；↓降低。

第二节　缺氧时机体代谢和功能的变化

机体吸入氧，并通过血液运输到达组织，最终被组织细胞所感受和利用。因此，缺氧的本质是组织细胞对低氧状态的一种反应和适应性改变。缺氧对机体的影响，取决于缺氧发生的程度、速度、持续时间和机体的功能代谢状态。缺氧时机体的机能代谢变化，包括机体对缺氧的代偿性反应和由缺氧引起的代谢与机能障碍。轻度缺氧主要引起机体代偿性反应；快速严重缺氧且机体代偿不全时，机体的变化以机能代谢障碍为主，出现不可逆性损伤甚至死亡。

一、物质代谢的变化

缺氧时，机体的三大营养物质（糖、脂肪和蛋白质）代谢发生了明显的变化，其代谢改变的特点是：分解代谢加强，氧化不全产物蓄积，结果导致代谢性酸中毒。此外，还可发生呼吸性碱中毒。

1. 糖代谢　缺氧初期，由于交感神经兴奋和肾上腺素分泌增多，可引起基础代谢水平升高，特别是糖原分解加强，血糖升高，耗氧量增多，从而增强了机体的代偿适应性反应。但当缺氧加重时，除氧供应不足外，还常引起细胞内氧化酶的活性降低，使细胞无氧酵解过程增强，乳酸生成增多，因而产生乳酸血症。

2. 脂肪代谢　随着糖原的大量分解、消耗和急剧减少，机体的脂肪分解过程加强，并因缺氧发生脂肪氧化障碍，从而使脂肪分解的中间产物——酮体在体内大量蓄积而引起酮血症。酮体随尿排出时可引起酮尿症。

3. 蛋白质代谢 蛋白质分解代谢加强，而蛋白质和尿素合成障碍，氨基酸脱氨过程也发生障碍，结果使血液中氨基酸、非蛋白氮含量增加；另外，由于缺氧可使氨基酸脱羧酶活性增强，体内某些氨基酸脱羧基过程加快，产生大量的胺类化合物，再加之肝解毒功能减弱及相关酶活性下降，以致某些具有毒性作用的胺类在体内蓄积而发生中毒。

4. 酸碱平衡 缺氧初期，因呼吸运动加强，使体内 CO_2 排出增多，血液内 CO_2 含量相应减少，引起呼吸性碱中毒。而碱中毒使血液 pH 增高，又可消除 ATP 对磷酸果糖激酶的抑制作用而促进糖酵解，乳酸生成增多，加之缺氧后期大量氧化不全产物蓄积则可引起代谢性酸中毒。

二、功能的变化

（一）呼吸系统的变化

动脉血氧分压若降至 8kPa 以下时组织缺氧，引起机体的呼吸、血液循环增强，以增加血液运送氧和组织利用氧的功能等（图 8-1）。

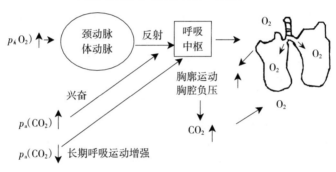

图 8-1 缺氧时呼吸系统变化机制示意

$p_a(O_2)$：动脉血氧分压；$p_a(CO_2)$：动脉二氧化碳分压

1. 呼吸系统的代偿性反应 急性低张性缺氧时，由于动脉血氧分压降低（低于 8kPa）可刺激颈动脉体和主动脉体化学感受器，反射性地引起呼吸中枢兴奋，引起呼吸加深、加快。深而快的呼吸可增加每分钟肺通气量，使肺泡表面积显著扩大，以利于氧从肺泡弥散入血。同时，胸廓运动增强，胸腔负压增大，静脉回心血量增多，使单位时间内流过肺的血量增多，从而有利于氧的摄取和运输。但是过度通气可排出较多二氧化碳，降低了二氧化碳分压导致呼吸性碱中毒，后者在一定程度上可以抑制呼吸，起到抵消缺氧兴奋呼吸的作用。

肺通气量增加是急性低张性缺氧最重要的代偿性反应。血液性缺氧和组织性缺氧时，如果 $p_a(O_2)$ 降低不明显，呼吸系统的代偿一般也不明显。

2. 呼吸功能障碍 急性低张性缺氧时，可使 $p_a(O_2)$ 显著下降，如 $p_a(O_2)$ 过低（降至 3.9kPa 以下）可直接抑制呼吸中枢，使呼吸抑制，患畜表现呼吸减慢、变浅，节律异常，出现周期性呼吸甚至呼吸停止。急性低张性缺氧还可引起急性高原肺水肿，表现为呼吸困难、咳嗽、咳出血性泡沫痰、肺部有湿性啰音、皮肤黏膜发绀等。

（二）循环系统的变化

1. 循环系统的代偿性反应 轻度缺氧可引起代偿性心血管反应，主要表现为心排血量增加、器官血流量分布改变、肺血管收缩、毛细血管增生（图8-2）。

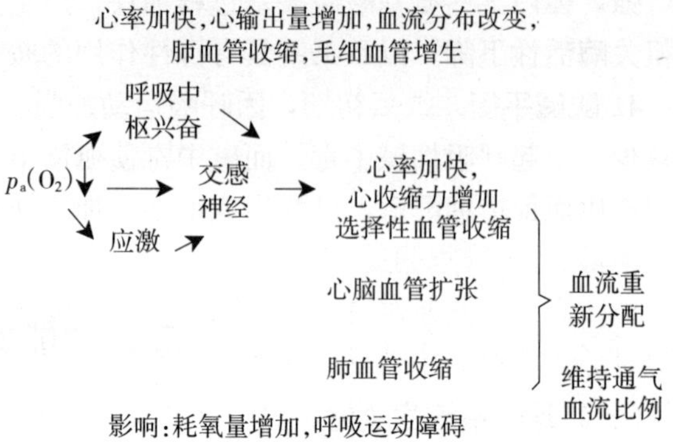

（1）心排血量增加。缺氧作为一种应激原，可引起交感神经兴奋和儿茶酚胺释放增多，导致心率加快、心肌收缩力增强及静脉回流量增加和心排血量增加。心排血量增加可提高全身组织的供氧量，故对急性缺氧有一定的代偿意义。但慢性缺氧时代偿时间长，因为心脏负荷过重，可引起心力衰竭、心肌炎。

图8-2 缺氧时循环系统变化机制示意

（2）血流分布改变。器官血流量取决于血液灌注的压力（即动、静脉压差）和器官血流的阻力。后者主要取决于开放的血管数量与内径大小。缺氧时，一方面交感神经兴奋引起血管收缩；另一方面局部组织因缺氧产生的乳酸、腺苷等代谢产物则使血管扩张。这两种作用决定血管收缩或扩张，以及血流量减少或增多。急性缺氧时，皮肤、腹腔内脏血管收缩；而心、脑血管扩张，血流增加，血液重新分配，这对于保证生命重要器官氧的供应是有利的。心肌活动消耗的能量主要来自有氧代谢，缺氧时主要依靠扩张冠状血管以增加心肌的供氧。

（3）肺血管收缩。肺血管对缺氧的反应与体血管相反，肺血管在缺氧时出现明显的收缩，引起肺小动脉压升高，肺泡血流量减少，有利于维持缺氧时肺泡通气和血流的适当比例，从而保持较高的 $p_a(O_2)$。故肺血管在缺氧时的收缩反应有一定的代偿意义，其发生机理尚未完全阐明。

（4）毛细血管增生。长期缺氧可诱导血管内皮生成因子基因的表达，促使毛细血管增生，尤其是脑、心脏和骨骼肌增生更明显，毛细血管密度增加可缩短血氧弥散至细胞的距离，增加对细胞的供氧量，具有一定的代偿意义。

2. 循环功能障碍 严重的全身性缺氧时，由于肺血管收缩增加了肺循环的阻力使肺动脉高压，使红细胞增多而血液黏稠，导致右心肥大甚至发生心力衰竭；严重缺氧能引起能量代谢障碍和酸中毒，心肌变性、坏死，心律失常；严重而持续的脑缺氧甚至会导致心血管运动中枢和呼吸中枢直接抑制而死亡。

（三）血液的变化

缺氧可使骨髓造血增强及氧合血红蛋白解离曲线右移，从而增加氧的运输和释放。

1. 红细胞和血红蛋白增多 当急性缺氧时，交感神经兴奋，因血液浓缩和肝、脾血管收缩，使储备血进入体循环，外周血中红细胞数及血红蛋白量增多。慢性缺氧时，低氧血流经肾近球小体时，刺激肾小球近球细胞，使之生成并释放促红细胞生成素，促使骨髓造血功能增强。

血液中红细胞和血红蛋白增多，可提高血液携氧能力，增加血液氧含量和氧容量，有一定的代偿意义。但如果外周血红细胞量过多，则使血液黏滞度加大，血流速度减慢，不但影响氧气的运输，还可能形成微血栓而加重缺氧。

2. 氧合血红蛋白解离曲线右移　2,3-DPG是红细胞内糖酵解过程的中间产物，缺氧时，红细胞内2,3-DPG增加，导致氧离曲线右移，即血红蛋白与氧的亲和力降低，易于将结合的氧释出供组织利用。但当$p_a(O_2)$低于8kPa时，氧离曲线右移可明显影响肺部血液对氧的摄取，动脉氧饱和度明显下降从而加重缺氧。

3. 血容量变化　急性缺氧时，因血液浓缩，血容量减少；慢性缺氧时，因红细胞生成增多，血容量增加。

（四）组织细胞的变化

机体吸入氧并通过血液运输到达组织，最终被细胞所感受和利用。因此，缺氧的本质是细胞对低氧状态的一种反应和适应性改变。当急性严重缺氧时细胞变化以线粒体能量代谢障碍为主（包括组织中毒性缺氧）；慢性轻度缺氧细胞以氧感受器的代偿性调节为主。

1. 组织细胞代偿性反应

（1）组织细胞摄取和利用氧的能力增强。慢性缺氧时，细胞内线粒体的数目、膜的表面积增加，呼吸链中酶的含量增加或活性增强，使细胞摄取和利用氧的能力在一定限度内有所增加，从而维持正常的生物氧化活动。

（2）无氧酵解增强。严重缺氧时，ATP生成减少。控制糖酵解过程最主要的限速酶是磷酸果糖激酶，缺氧时其活性增强，促使糖酵解过程加强以补偿能量的不足，但酸性产物增加。

（3）肌红蛋白（Mb）增加。慢性缺氧可使肌肉中肌红细胞蛋白含量增多。肌红蛋白和氧的亲和力较大，当氧分压为1.33kPa时，血红蛋白的氧饱和度约为10%，而肌红蛋白的氧饱和度可达70%，当氧分压进一步降低时，肌红蛋白可释出大量的氧供细胞利用。肌红蛋白的增加可能具有储存氧的作用。

2. 组织细胞损伤　主要为细胞膜膜电位下降，对离子的通透性增高；线粒体出现肿胀、嵴崩解、外膜破裂和基质外溢等病变；溶酶体肿胀、破裂，大量溶酶体酶释出，进而导致细胞本身及其周围组织的溶解、坏死等变化。

（五）对中枢神经系统的影响

中枢神经系统是对缺氧最为敏感，脑对氧的需求非常高，脑血流量占心排血量的15%，耗氧量占机体总耗氧量的20%～30%，脑组织的能量主要由葡萄糖有氧氧化供给，而脑内葡萄糖储备量很少，所以，脑对缺氧十分敏感。

缺氧初期，大脑皮层抑制过程减弱，兴奋过程占优势，动物先出现兴奋不安；随缺氧时间延长，大脑皮层由兴奋转为抑制，临床表现为运动不协调、易疲劳、嗜睡、烦躁不安、惊厥、昏迷、意识丧失，由此引起呕吐等症状，甚至死亡，最后可因呼吸中枢与心血管运动中枢麻痹而死亡。

就整体而言，机体对缺氧的耐受性与组织细胞代谢耗氧率和机体的代偿能力有密切关系，基础代谢率高，如发热、甲状腺功能亢进时，机体耗氧多，对缺氧耐受性差。剧烈活动、中枢兴奋等可增加耗氧量，也使机体对缺氧的耐受性降低。而低温、神经系统抑制能降低机体耗氧，对缺氧耐受性增强。同时，机体的呼吸系统、循环系统和血液系统对缺氧有代偿作用，能增加组织供氧，如果呼吸系统、循环系统和血液系统有疾病就影响机体对缺氧的代偿，机体对缺氧耐受性差。适当的锻炼可使肺通气、心排血量、血红蛋白量增加、骨骼肌、心肌毛细管密度增加，组织内氧化酶系统活性增强，使机体对缺氧耐受性增强。

> ◆ 【附】常用血氧指标及其意义
>
> **1. 氧分压** [$p(O_2)$]　指以物理状态溶解在血浆内的氧分子所产生的张力，故又称氧张力。动脉血氧分压为 $p_a(O_2)$，静脉血氧分压为 $p_v(O_2)$。$p_a(O_2)$ 反映吸入气体的氧分压和外呼吸功能；当外界空气氧分压降低导致肺泡气氧分压降低，或通气、换气障碍，影响氧弥散入血时此值变小；而 $p_v(O_2)$ 主要决定于组织摄氧和利用氧的能力，反映内呼吸状态。
>
> **2. 氧容量** [$c(O_2)_{max}$]　指 100mL 血液中血红蛋白被氧充分饱和时的最大带氧量。$c(O_2)_{max}$ 的大小取决于血液中血红蛋白的数量及其与氧结合的能力（血红蛋白质量）。
>
> **3. 氧含量** [$c(O_2)$]　为 100mL 血液的实际带氧量，包括血红蛋白实际化学结合的氧和血浆中物理溶解的氧。正常动脉血氧含量为 $c_a(O_2)$，静脉血氧含量为 $c_v(O_2)$。氧含量取决于氧分压和血红蛋白的质及量。
>
> **4. 动-静脉血氧含量差**（a-vdO2）　指动脉与静脉血氧含量差，即 $c_a(O_2)$ 与 $c_v(O_2)$ 差数。它代表了组织对氧的消耗量。该值在不同类型缺氧时都有变化，并且与血红蛋白数量、血红蛋白与氧结合能力及组织氧化代谢有关。
>
> **5. 血氧饱和度** [$s(O_2)$]　指血红蛋白与氧结合的百分数（即 Hb 的氧饱和度）。血氧饱和度=（血氧含量－物理溶解的氧量）/血氧容量×100%。

复习思考题

1. 简述缺氧的概念和四种类型缺氧的病理特点。
2. 分析煤气中毒和亚硝酸盐中毒发生机理有何异同。
3. 各类缺氧时患畜可视黏膜颜色变化有何不同？
4. 缺氧时机体的主要功能、代谢变化有哪些？

第九章 休 克

【学习目标】
1. 掌握：休克的概念及休克时细胞和机体主要器官和功能代谢的变化。
2. 熟悉：休克的病因及分类。
3. 了解：休克的分期与微循环变化的特点。
4. 能识别休克，分析病因，防治休克。

休克是机体在各种强烈致病因素作用下发生的以微循环障碍为主的急性循环功能不全，表现为有效循环血量急剧减少，微循环灌流量严重不足，导致各重要生命器官和细胞功能代谢障碍及结构损害的全身性病理过程。其主要临床表现是血压下降、脉搏细数、皮肤湿冷、可视黏膜苍白或发绀、尿量减少、反应迟钝，甚至昏迷等。

第一节 休克的原因及分类

（一）休克的原因

休克是强烈的致病因子作用于机体引起的全身危重病理过程，常见的病因有：

1. 失血与失液 常见于外伤、消化道出血、肝或脾破裂、产后大出血等情况，导致机体快速失血可发生失血性休克。剧烈呕吐或腹泻、肠梗阻、大量出汗等导致大量体液丢失，可引起失液性休克。

2. 创伤 多见于严重创伤，特别是在伴有一定量出血时常发生创伤性休克。创伤性休克的发生主要与失血和强烈的疼痛刺激有关。

3. 烧伤 机体发生大面积烧伤时，因大量血浆外渗，使体液大量丢失，有效循环血量急剧减少，而发生烧伤性休克。烧伤性休克的发生早期主要与低血容量和疼痛有关，晚期可因为继发感染而发展为感染性休克。

4. 感染 细菌、病毒、立克次氏体等感染时均可引起感染性休克，其中以革兰氏阴性细菌引起的休克多见且较严重。在感染性休克的发生、发展过程中，细菌内毒素起着重要作用，故又称内毒素性休克或中毒性休克。感染性休克常伴有败血症，故又称败血症性休克。

5. 心脏疾病 大面积急性心肌梗死、急性心肌炎及严重的心律紊乱（房颤与室颤）等引起心脏排出量明显减少，均可导致机体有效循环血量减少、组织血液灌流量减少引起心源性休克的发生。

6. 过敏 注射某些药物（如青霉素）、血清制剂或疫苗等可使过敏体质者发生过敏性休克。这是因为过敏造成外周血管紧张性下降，血管床容量增加以及毛细血管壁通透性增加，导致有效循环血量减少而引起。

7. 强烈的神经刺激 剧烈疼痛、高位脊髓麻醉或损伤可抑制血管运动中枢，使血管扩张、外周阻力降低、回心血量减少、血压下降，循环血量相对不足而导致神经源性休克。

（二）休克的分类

引起休克的原因很多，分类方法也不一。比较常用的分类方法是按休克的发病原因、休克发生的起始环节及休克时血液动力学特点来进行分类。

1. 按病因分类 按前述病因可将休克分为失血性休克、失液性休克、创伤性休克、烧伤性休克、感染性休克、心源性休克、过敏性休克和神经源性休克。这是目前临床上最常用的分类方法，这种分类有利于及时认识并清除病因。

2. 按发生休克的起始环节分类 尽管休克发生的原始病因不同，但微循环有效灌流量减少是多数休克发生的共同基础。根据造成微循环灌流量减少始动环节，可将休克分为低血容量性休克、血管源性休克和心源性休克。

（1）低血容量性休克。低血容量性休克始动发病环节是血容量减少。常见于大量失血、失液和大面积烧伤所致的休克。

（2）血管源性休克。血管源性休克始动环节是外周血管（主要是微小血管）扩张所致的血管容量扩大。见于过敏性休克、神经源性休克、伴有剧烈疼痛的创伤性休克和部分感染性休克。

（3）心源性休克。心源性休克始动环节是心排血量急剧减少。常见于大范围心肌梗死（梗死范围超过左心室体积的40%）、严重的弥漫性心肌病变如急性心肌炎、严重的心律失常、急性心包填塞等所致的休克。

3. 按休克时血流动力学的特点分类 休克按其血流动力学的特点分为低排高阻型休克和高排低阻型休克。

（1）高排低阻型休克。又称高动力型休克，其血流动力学特点是总外周阻力降低，心脏排血量升高。由于皮肤血管扩张，血流量增多，皮肤温度升高，所以又称暖休克。见于部分感染性休克，此型休克病情较低动力型休克轻，但如果治疗不及时，随着病情发展可转变为低动力型休克。

（2）低排高阻型休克。又称低动力型休克，其血流动力学特点是心脏排血量降低，而总外围血管阻力升高。由于皮肤血管收缩，血流量减少，皮肤温度降低，所以又称为冷休克。低血容量性、心源性、创伤性和大部分感染性休克多属于此型。此型休克在临床上最为常见，病情较重，预后差。

第二节 休克的发生发展过程及其发生机制

休克的发病机制至今尚未完全阐明。目前认为，虽然各类休克的发生原因不同，发生、发展过程中各有其自身特点，但有效循环血量急剧减少导致微循环有效灌流量严重不足却是各型休克发生、发展的共同发病环节。按休克时微循环的变化规律，可将休克分为微循环缺血期、微循环瘀血期、微循环衰竭期。

1. 微循环缺血缺氧期 休克发生的早期阶段，也称休克早期或代偿期。主要特点是微血管痉挛收缩，导致微循环缺血。其机制是在休克早期，由于交感-肾上腺髓质系统兴奋，儿茶酚胺释放，作用于除脑和心脏外的其他器官、组织的微循环所致。例如，创伤性休克的疼痛、心源性休克时心排血量减少和动脉血压降低、内毒素性休克时内毒素的刺激均可通过反射或直接作用引起交感-肾上腺髓质系统兴奋，从而释放大量儿茶酚胺。儿茶酚胺能兴奋血管平滑肌的 α 受体，故 α 受体占优势的皮肤、腹腔脏器的小动脉、微动脉、毛细血管前括约肌、微静脉和小静脉都发生收缩，结果使毛细血管前、后阻力增加，尤其是前阻力明显升高，以致微循环灌流量急剧减少，使微循环缺血。而脑血管中交感缩血管纤维分布最少，α 受体密度也低，故此时血管的口径无明显的改变；心脏冠状动脉虽然有交感神经支配，也有 α 受体和 β 受体，但其血流量主要是由心肌本身的代谢水平来调节的，交感神经兴奋和儿茶酚胺增多时，由于心脏活动加强，代谢水平提高以致扩血管代谢产物特别是腺苷的增多可使冠状动脉扩张。此时全身血液重新分布，由于微动脉收缩，外周阻力增加，可以维持血压和保证脑、心脏的血液供应。同时，微静脉和小静脉收缩及动-静脉短路开放，可使回心血量增加。又因毛细血管前阻力明显升高，毛细血管平均血压显著降低，组织液进入毛细血管内增多，也可增加回心血量。此外，交感神经兴奋时，由于肾小球动脉痉挛，刺激肾小球旁器，使肾素-血管紧张素-醛固酮系统激活，可促进钠、水潴留；血容量减少引起的加压素分泌增多，又可使肾小管重吸收增多，也有利于血容量的恢复。上述一系列变化均具有代偿意义。

患畜的主要临床表现是可视黏膜苍白，皮肤湿冷，心率加快，脉搏细弱，血压正常或略有升高，少尿或无尿，烦躁不安。

2. 微循环瘀血缺氧期 此期为休克的中期，也称休克期或失代偿期。主要特点是微循环血液流出减少而发生瘀血。其机制是，导致微循环持续缺血，组织细胞缺氧而无氧代谢增强，使酸性代谢产物蓄积，引起酸中毒。此时，微动脉和毛细血管前括约肌因酸中毒首先丧失对儿茶酚胺的反应而发生舒张，即毛细血管前阻力下降，使微循环灌注量增多。因微静脉和小静脉对酸中毒的耐受性较强，在儿茶酚胺的作用下仍继续收缩，即毛细血管后阻力增加，微循环由缺血状态转为瘀血状态，大量血液淤积在毛细血管内。组织缺氧还可使微血管周围的肥大细胞释放组胺，后者可通过 H_2 受体使微血管扩张，通过 H_1 受体微静脉收缩，这就导致毛细血管前阻力明显降低而毛细血管后阻力不降低或增高，大量血液淤积在毛细血管内。组胺还能增高毛细血管壁的通透性。组织缺氧时三磷酸腺苷分解产物腺苷及细胞释放的 K^+ 增多，这些物质在机体局部蓄积，也具有扩张血管的作用。微血管瘀血、毛细血管内流体静压增高和毛细血管通透性增高，可使血浆大量外渗，导致血液浓缩和黏滞性增大，血流变慢。在微循环瘀血的发生、发展中，血液流变学的改变也起重要作用，血细胞比容升高、红细胞聚集、白细胞附壁和嵌塞、血小板黏附和聚集等，都可使微循环血流变慢甚至停止。此外，在胰腺缺血、缺氧或酸中毒时，胰腺细胞的溶酶体释放组织蛋白酶，使组织蛋白分解而生成心肌抑制因子，可引起心肌收缩力减弱，心排血量减少，加剧微循环灌流障碍。休克时脑组织和血液中内啡肽含量显著增多，内啡肽可能通过抑制心血管中枢、交感神经节前和节后纤维的介质释放，使心肌收缩力减弱、心率减慢、血管扩张和血压下降，从而加重微循环瘀血。

综上所述，微循环瘀血期由于大量血液淤积于微血管中，回心血量明显减少，有效循环血量急剧降低，脑、心血流量也降低并出现微循环灌流不足，全身组织缺氧，器官功能障碍，休克进入失代偿期。

患畜的主要临床表现是精神沉郁或昏迷，皮温下降，可视黏膜发绀，心跳快而弱，脉搏细而频，大静脉萎陷，血压下降，少尿或无尿。

3. 微循环衰竭期 此期为休克的后期，也称休克晚期、休克难治期、微循环凝血期。主要特点是微血管麻痹、扩张，出现广泛的弥散性血管内凝血。其机制是，由于休克过程中缺氧和酸中毒进一步加重，微血管麻痹、扩张，血流进一步减慢，血液浓缩，血液流变学改变更加显著，并可引起弥散性血管内凝血（DIC）。缺氧、酸中毒或内毒素都可使血管内皮损伤和内皮下胶原暴露，激活内源性凝血系统；烧伤性休克或创伤性休克时伴有大量组织破坏，组织因子释放入血可激活外源性凝血系统，从而加速凝血过程，促进 DIC 形成。休克时由于血流减慢、血管内皮损伤，血小板大量黏附和聚集，同时血小板释放血栓素 A_2 增多，而血管内皮细胞因受损而生成前列腺素 I_2 却减少，二者平衡失调，促使血小板聚集和 DIC 发生。此时，由于凝血因子和血小板大量消耗、继发纤溶活性亢进还可引起出血。由于 DIC 的发生，可使微循环血流停滞，组织细胞处于严重缺氧和酸中毒状态，此时体内许多酶体系的活性降低或丧失，细胞溶酶体破裂和释放溶酶体酶类，致使细胞发生严重损伤和器官机能代谢障碍，尤其是脑、心的功能障碍，使血压进一步下降，休克进入不可逆阶段，即休克不可逆期。

此期动物的主要临床表现是昏迷，呼吸不规则，脉搏快而弱或不能触及，血压进一步下降，全身皮肤有出血点或出血斑，无尿等。

总之，休克发展的三个时期既有区别又有联系。前两期主要是微循环的应激反应阶段，是可逆的；后一期主要是微循环衰竭，使休克由可逆阶段转向不可逆阶段。但并不是所有的休克都依次经历上述三个时期，如在过敏性休克早期微循环呈瘀血性缺氧期改变，而在某些感染性休克的早期就可出现 DIC。

第三节 休克时机体的病理变化

一、机体代谢变化及细胞损伤

（一）细胞代谢变化

1. 能量代谢障碍 休克时，由于微循环障碍，细胞缺氧，有氧氧化受阻，无氧酵解加强，ATP 生成明显减少。

2. 代谢性酸中毒 休克时，由于微循环障碍，组织缺氧，使糖酵解加强，乳酸生成增多；肝功能障碍，摄取和处理乳酸能力降低；肾功能障碍，排酸功能降低。上述因素，均可引起代谢性酸中毒。

3. 细胞电解质改变 休克时，ATP 生成不足，使细胞膜上的钠泵（$Na^+ - K^+ - ATP$ 酶）运转失灵，细胞内 Na^+ 增多，而细胞外 K^+ 增多，导致细胞水肿和高钾血症。

（二）细胞的损伤

1. 细胞膜损害 细胞膜是休克时最早发生损伤的部位。缺氧、酸中毒、ATP 减少、高血钾、溶酶体酶、氧自由基以及其他炎症介质和细胞因子等都可损伤细胞膜，引起膜离子泵功能障碍，Na^+、Ca^{2+} 内流，细胞水肿。

2. 线粒体变化 休克时，线粒体肿胀，致密结构和嵴消失，钙盐沉着，线粒体膜破裂。线粒体损伤造成呼吸链障碍，细胞氧化磷酸化不能正常进行，能量物质的产生进一步减少乃至终止，致使细胞受损。

3. 溶酶体变化 休克时，缺血缺氧和酸中毒等，可导致溶酶体肿胀、空泡形成并释放溶酶体酶。溶酶体酶进入血液循环可破坏血管平滑肌，增加血管通透性。溶酶体内蛋白酶逸出可引起细胞自溶，消化基底膜，激活激肽系统，形成心肌抑制因子等毒性多肽。毒性多肽的作用是抑制心肌收缩力，抑制单核巨噬细胞系统功能和引起腹腔小血管收缩。除酶性成分外，溶酶体的非酶性成分可引起肥大细胞脱颗粒、释放组胺，增加毛细血管通透性和吸引白细胞。

4. 细胞死亡 休克时，细胞死亡是细胞损伤的最终结果，包括死亡和凋亡两种形式。细胞膜损伤和线粒体损伤可使膜离子泵功能受损，细胞电子传递受到抑制，ATP耗竭，溶酶体破裂及细胞溶解坏死。各种休克病因均可引起炎症细胞的活化，可产生细胞因子、分泌炎症介质、释放氧自由基，攻击血管内皮细胞、中性粒细胞、单核巨噬细胞、淋巴细胞和各脏器实质细胞，除发生变性、坏死外，也可能发生凋亡。

二、休克时器官功能和结构的变化

休克时机体内各器官功能和结构都可发生改变，现将主要器官的变化叙述如下：

(一) 脑

休克早期由于血液重新分布和脑血流量保持在正常范围，故脑的功能没有明显障碍。随着休克的发展，有效循环血量不断减少和血压持续降低，脑组织因血液灌注量减少而引起缺氧，呈现抑制。此时患畜反应迟钝，反射活动减弱或消失，甚至昏迷。脑严重缺血、缺氧，尤其是脑微循环内DIC形成，则加重脑功能障碍。当大脑皮层的抑制逐渐扩散到下丘脑、中脑、脑桥和延髓的心血管中枢和呼吸中枢时，则将不断加重休克，直到引起心跳和呼吸停止而导致死亡。

休克时脑组织血液灌流不足可引起缺氧性脑损伤，主要发生于对缺血特别敏感的部位，如脑动脉灌注的边缘区、海马、基底神经节和小脑。镜检海马神经元、小脑浦金野细胞和大脑皮质小、大锥体细胞层的神经元时，缺氧早期的变化是神经元细胞质内出现空泡，接着细胞质和细胞核皱缩，随后细胞质变暗淡、均质，细胞核固缩。这些变化通常在缺氧后2～8h可以见到。最后，坏死的神经元消失，而神经胶质细胞反应在缺氧后24h即出现并在几天内变得更加明显。当缺血严重时不仅引起神经元坏死，而且可导致脑梗死形成。这种贫血性梗死的眼观变化通常要在18～24h后才能看得出来，皮质的梗死区一般波及几个脑回，但也可能深及白质。镜检，梗死区除神经元和神经胶质细胞坏死外，还可见出血和小血管内微血栓。休克时，脑缺血、缺氧和毛细血管壁通透性增高，还可发生脑水肿。

(二) 心脏

心源性休克的始动环节是心功能不全，其他类型休克过程中也都可引起心功能改变；一般休克早期可出现代偿性心功能加强，以后心脏功能逐渐出现障碍，至晚期则发生心功能不全，表现为心收缩力减弱、心排血量减少、心跳加快或失常等。休克引起心功能不全的主要原因是冠状动脉血流减少和心肌耗氧量增加所导致的心肌缺血和缺氧；心肌代谢障碍、酸性代谢产物增多引起酸中毒对心肌的损伤；胰腺缺血、缺氧产生的心肌抑制因子和感染性休克时内毒素对心肌的直接抑制作用等。剖检死于休克的动物，心脏病理变化常见的是心外膜出血、心内膜出血（尤其是左心室）和心肌纤维坏死。当坏死范围较大且时间较长时，眼观检查才能见到；多数只是在显微镜下检查时才可发现心肌坏死，其形式包括心肌细胞溶解、凝固性坏死和收缩带状坏死。

(三) 肺

休克早期由于呼吸中枢兴奋而呼吸加快加深。休克中、晚期，肺功能不全的发生首先是由于肺微循环障碍，此时随着肺微循环血液灌流不足的加剧，肺组织缺血、缺氧加重，酸性产物大量蓄积，肺毛细血管扩张、瘀血和血管壁通透性增高，大量血浆成分渗入肺泡和肺间质，引起肺水肿和肺泡内透明膜形成，致使肺泡的通气和换气发生障碍，动脉血氧分压降低和二氧化碳分压升高。一旦DIC发生，不仅肺内微血栓形成，而且其他部位的栓子还可随血流进入肺引起微血管栓塞。这将使有通气功能的肺泡毛细血管血流减少，形成死腔样通气；同时肺的动-静脉短路开放，大量肺动脉血未经气体交换直接进入肺静脉，更促进动脉血氧分压降低。肺功能不全的发生还与肺泡表面活性物质减少有关。休克时肺组织缺氧，肺泡壁Ⅱ型细胞分泌表面活性物质减少，结果使肺泡表面张力增加，顺应性下降，引起肺萎陷；大面积肺萎陷可致通气量与血流量比例失调，动脉血氧分压降低。休克时，肺出现的上述功能和结构变化称为休克肺。

休克肺眼观检查可见体积增大，质量增加，呈暗红色，富有光泽，质地稍实变，肺胸膜下常见出血点，肺充气不足，有时见局灶性肺萎陷，切面流出多量血染液体。镜检，组织学病变为肺瘀血，肺泡内和间质水肿、出血，肺泡壁上皮细胞脱落，透明膜和微血栓形成。肺泡内透明膜被伊红深染，均质，附着于上皮已脱落的肺泡壁；电镜下，透明膜是由坏死的Ⅰ型细胞的碎屑与纤维素以及其他蛋白质性物质混合组成的。

(四) 肾

休克早期就可发生急性肾功能不全，主要临床表现为少尿或无尿。其发生机理首先是休克动因引起交感-肾上腺髓质系统兴奋，肾小球入球动脉收缩，肾小球血流量减少，滤过率降低；由于肾小球入球动脉压力下降、血流量减少可引起肾素释放增加，使肾素-血管紧张素增多，致使肾血管进一步收缩，肾血流量更加减少，肾小球滤过率更低。

其次，休克时血容量降低和血管紧张素增多，还可促进加压素和醛固酮分泌增多，使肾小管对钠、水的重吸收加强，结果尿液形成更少。休克中、晚期，由于血压不断下降，肾小球滤过压也进一步降低；随着缺血、缺氧进一步加剧和内毒素等因素的作用，肾小管上皮细胞发生变性、坏死，血管内膜损伤，常可招致DIC。肾的这些变化将使急性肾功能不全进一步恶化，出现氮质血症、高血钾症和酸中毒等。剖检死于休克的动物，眼观检查见肾肿大，质度变软，切面上皮质增宽、色淡，髓质瘀血呈暗红色。镜检，肾小球无明显改变，仅见肾小囊囊腔扩张；肾小管上皮细胞坏死、脱落是突出的病变，主要发生在远曲小管；肾小管内见透明管型或颗粒管型。少数病例可见皮质坏死，通常是两侧性，坏死可累及部分皮质或全层，其范围小的仅包括几个肾小球及相关的肾小管，大的则眼观可见几乎皮质全层都坏死；镜检，可见坏死累及肾小球、肾小管和血管，并在肾小球毛细血管内可见由血小板和纤维蛋白组成的微血栓。

(五) 肝

肝功能障碍在休克早期就能出现，这是由于肝动脉血液灌流量减少和腹腔脏器血管收缩所致门脉血流量急剧减少，从而引起肝细胞缺血、缺氧性损伤。至休克中、晚期，肝内微循环瘀血和DIC形成加剧肝细胞的缺血和缺氧。此时肠道内有毒物质经门脉进入肝可直接损害肝细胞。肝功能障碍主要表现为解毒功能减弱、乳酸转化能力下降、对糖的利用障碍、蛋白质和凝血因子合成障碍等，这将加重酸中毒和自体中毒，使休克恶化。肝的病变在光镜检查时可见窦状隙扩张、瘀血和肝细胞坏死，通常肝细胞坏死发生于小叶的中央区，有时也可扩大至中间区。

（六）胃肠

休克早期，胃肠道功能就有改变，这是因为胃肠小血管强烈收缩而发生缺血所致。至休克中、晚期，胃肠瘀血、甚至血液停滞，因而发生水肿、出血和黏膜糜烂，这将加剧胃肠的分泌和运动机能障碍，减弱或破坏屏障功能，致使肠道有毒物质被吸收入血，引起机体中毒。

第四节 休克的防治原则

尽管休克发生的原因多种多样，但临床上治疗休克，都遵循一个基本原则，即尽早去除引起休克的原因，尽快恢复有效循环血量，纠正微循环障碍，保护细胞功能和防止器官功能衰竭。

（一）病因学防治

积极防治原发病，阻断促使休克发生的原始病因，减少休克的发生。如严重感染时及时控制感染；外伤患畜及时止血、镇痛；失液或失血过多者要及时输液、输血；应用可能引起过敏性休克的药物或血清制剂前务必做过敏试验等。

（二）发病学防治

1. 改善微循环

（1）扩充血容量。各种原因引起的休克均存在有效循环血量的严重不足，因此及早补充血容量是改善微循环灌流的根本措施。休克的输液原则是"需多少，补多少"。但应注意补液过多、过快会导致肺水肿，促进休克肺的发生。

（2）纠正酸中毒。休克时，由于微循环障碍常伴有代谢性酸中毒。酸中毒是加重微循环障碍、促进休克恶化的重要因素，还可直接影响血管活性药物的疗效。因此及时纠正酸中毒是抗休克治疗的重要措施。

（3）合理应用血管活性药物。血管活性药物分为缩血管药物和扩血管药物。应根据休克的不同类型选用不同的血管活性药物，如过敏性休克和神经源性休克应用缩血管药物效果良好，应尽早应用；大多数感染性休克在必须充分补充血容量的基础上，应用扩血管药物效果优于缩血管药物；当休克患者血压过低而又不能及时补液时，短时间内可用缩血管药物提升血压以维持心、脑的血液供应。

（4）预防 DIC。

2. 改善细胞代谢，防治细胞损伤

（1）适当补充能量物质。如葡萄糖、胰岛素和能量合剂等，对改善细胞营养和代谢、防止细胞损伤有一定的作用。

（2）应用自由基清除剂。随着对氧自由基在休克中所起作用的认识逐渐深入，近年来应用自由基清除剂已成为休克治疗中减轻细胞损伤的重要措施之一。目前常用的自由基清除剂有超氧化物歧化酶（SOD）、亚硒酸钠、谷胱甘肽过氧化物酶、维生素 C 和辅酶 Q 等。

（3）使用溶酶体膜稳定药和钙颉颃药。防止溶酶体释放和破坏，除了消除破坏溶酶体膜的因素（如纠正酸中毒、缺氧和清除自由基等）外，常用糖皮质激素、前列腺素、组织蛋白酶抑制剂等溶酶体膜稳定药，稳定溶酶体膜。另外，由于钙颉颃药能抑制Ca^{2+}的内流和在胞质中蓄积，从而降低生物膜的磷脂酶活性，故也能保护溶酶体膜。

3. 防治器官功能障碍与衰竭　休克时，对重要器官功能障碍与衰竭，除采取一般治疗措施之外，还应针对不同器官衰竭采取不同的治疗措施。如心力衰竭，除停止或减慢补液外，还应强心、利尿并降低前、后负荷；呼吸衰竭应给氧，改善呼吸功能；肾衰则应考虑利尿和透析等治疗措施。

复习思考题

1. 什么是休克？休克有哪些类型？
2. 休克早期的微循环变化具有什么代偿意义？
3. 临床上如何来救治休克的患病动物？

第十章 黄　疸

> 【学习目标】
> 1. 掌握：黄疸、的概念、分类及其原因。
> 2. 熟悉：各型黄疸的病理变化特征。
> 2. 了解：胆红素体内代谢过程及各类型黄疸的发生机理。
> 4. 能正确识别黄疸并分析发生原因及机理。

黄疸又称高胆红素血症，是指由于胆红素代谢障碍，血浆胆红素浓度增高，使动物皮肤、巩膜、黏膜、大部分组织和内脏器官及体液出现黄染的病理现象。黄疸作为一种症状，可见于多种疾病，尤其是在肝疾病和溶血性疾病中最多见。

由于黄疸的发生与胆红素的代谢有密切关系，为了阐述黄疸发生的机理，故在此先叙述一下胆红素的正常代谢。

第一节　胆红素正常代谢过程

胆红素主要来源于血红蛋白。正常动物的红细胞平均寿命约为120d，每天约有1％循环性红细胞发生破坏和更新，衰老的红细胞主要在脾、肝和骨髓等富有单核巨噬细胞的组织内被单核巨噬细胞吞噬，被吞噬的红细胞在单核细胞体内被破坏并释放出血红蛋白，血红蛋白在一系列酶的作用下进一步分解成胆绿素、铁和珠蛋白。其中铁和珠蛋白被机体再利用，而胆绿素则经还原酶作用还原成胆红素。

胆红素在体内的存在形式有两种，即间接胆红素和直接胆红素。

在单核巨噬细胞体内形成的胆红素称为游离胆红素，由于它在分子结构上没有与葡萄糖醛酸等结合，故也称非结合胆红素或非酯型胆红素。在实验室作胆红素定性试验时，非酯型胆红素不能和偶氮试剂直接作用，必须先加入酒精处理后，才能和偶氮试剂发生紫红色阳性反应（间接阳性反应），故血中的非酯型胆红素又称间接胆红素；间接胆红素具有脂溶性、易透过生物膜的特点，所以当其释入血液后就立即与血浆中的白蛋白结合而变成易溶于水、不易透过生物膜的物质溶解于血清中，并随血流运至肝进行代谢。存在于血液中的间接胆红素，由于其与血浆蛋白结合牢固，不能通过肾小球毛细血管基底膜，故尿中无间接胆红素。

肝是胆红素代谢的重要场所。随血流进入肝的间接胆红素脱去白蛋白进入肝细胞内并与肝细胞内两种特殊的载体蛋白（Y蛋白和Z蛋白）结合，把胆红素移至滑面内质网内，在此，胆红素在多种酶的作用下，大部分与葡萄糖醛酸结合形成胆红素葡萄糖醛酸酯，小部分与硫酸结合成胆红素硫酸酯。这种酯化的胆红素称为结合型胆红素或酯型胆红素。在实验室作胆红素定性试验时，酯型胆红素能与偶氮试剂直接反应呈紫红色，故又称直接胆红素。这种胆红素具有水溶性和不易透过生物膜的特性，但能通过肾小球毛细血管基底膜，因此，一旦进入血液，就可经肾小球滤过而随尿排出。

直接胆红素一旦形成，就离开肝细胞的内质网而移至面向毛细胆管的肝细胞膜下，与胆汁酸、胆酸盐等共同构成胆汁，经胆道系统排入十二指肠。然后在回肠和结肠细菌β-葡萄糖苷酶作用下脱去葡萄糖醛基再加氢生成无色的尿（粪）胆素原。

大部分胆素原在大肠下部或体外遇到空气被氧化成棕色的粪胆素，随粪便排出体外，因而粪便有一定的色泽。另一小部分被肠壁再吸收入血，经门静脉运回肝。这一部分胆素原又有两个去向：其中一部分重新转化为直接胆红素，再随胆汁排入肠管，这种过程称胆红素的肠肝循环；另一部分进入血液至肾，通过肾小球而滤入尿中并被氧化为尿胆素，使尿液呈微黄色。胆红素的正常代谢过程见图10-1。

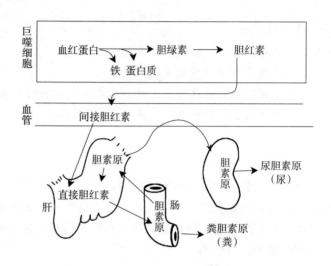

图10-1　正常胆红素代谢示意

正常动物体内，胆红素不断生成，同时又不断排泄，两者维持着动态平衡，血浆中胆红素的含量因而相对稳定。但在疾病过程中，破坏了胆红素代谢的动态平衡，使血中胆红素的含量增高，当达到一定浓度后，就会出现黄疸。

第二节　黄疸的类型、机理及特征

按黄疸发生的原因将黄疸分为溶血性黄疸、实质性黄疸和阻塞性黄疸。

（一）溶血性黄疸

溶血性黄疸，主要是由于各种因素使红细胞破坏过多，胆红素生成增多所导致，这类型黄疸在家畜中较常见。引起红细胞破坏过多的因素主要包括：免疫因素（如异型输血、药物免疫性溶血等）、生物因素（如细菌、病毒感染引起的败血症或毒血症；梨形虫、锥虫、边虫等血液寄生虫感染；蛇毒中毒等）、理化因素（如高温引起的大面积烧伤）等。

1. 机理　红细胞破坏，释放出大量的血红蛋白，致使血浆中间接胆红素含量增多，超过了肝细胞的处理能力，血中有间接胆红素潴留，导致黄疸（图10-2）。

2. 病理特征　溶血性黄疸，由于胆汁没有进入血液，因此对机体的危害相对较小。如果急剧、严重的溶血，机体会发生溶血性贫血；另外，当血中间接胆红素的量增多时，肝代偿性地使直接胆红素生成增多，故肠道中生成的胆素原量增多，使粪、尿胆素原也增多，颜色加深；由于血中间接胆红素增多，胆红素定性试验时呈间接反应阳性。

（二）实质性黄疸

由于肝细胞损伤对胆红素的代谢障碍所引起的黄疸称为实质性黄疸。实质性黄疸多发生

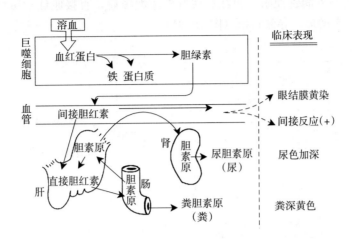

图 10-2 溶血性黄疸时胆红素代谢示意

于中毒或病毒性肝炎等传染病、肝癌、肝脓肿、某些败血症和维生素 E 缺乏等引起的肝细胞损坏。

1. 机理 肝细胞受损时，其对胆红素的摄取、酯化和排泄都受到影响。此时，机体胆红素生成量正常，但肝细胞的处理能力下降，不能把间接胆红素全部转化为直接胆红素，使血中有间接胆红素潴留；同时，因大量肝细胞坏死崩解和毛细胆管的破坏，既可引起胆汁的排泄障碍，又可将已酯化形成的直接胆红素从损坏的毛细胆管又渗漏到血液，使血中直接胆红素也增多，导致黄疸（图 10-3）。

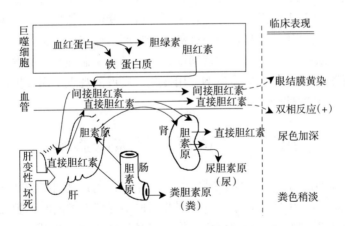

图 10-3 实质性黄疸时胆红素代谢示意

2. 病理特征 血中间接和直接胆红素的浓度均升高，胆红素定性试验时，呈双阳性反应。由于生成和排入肠腔的直接胆红素减少，胆素原生成也减少，粪中胆素原含量下降，粪色淡。但血中直接胆红素透过肾小球毛细血管从尿排出，尿胆素原增多，尿色加深。

（三）阻塞性黄疸

由于胆管阻塞引起的黄疸称阻塞性黄疸，也称肝后性黄疸。常见于十二指肠炎、胆道炎、胆道结石、炎性渗出物或寄生虫等阻塞胆管。

1. 机理 由于肝外胆管梗阻，胆红素在肝外排泄障碍，直接胆红素可由肝细胞逆流入血，血中直接胆红素增多，导致黄疸（图10-4）。

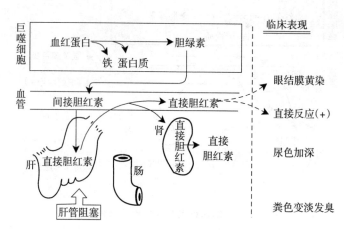

图10-4 阻塞性黄疸时胆红素代谢示意

2. 病理特征 由于血中直接胆红素增多，胆红素定性试验时呈直接阳性反应；由于排入肠道的胆红素量减少，致胆素原的生成减少，粪色变淡；由于血中有直接胆红素，可以透过肾滤过膜随尿排出，尿色变深；由于胆道阻塞，肠中缺乏胆汁，常伴有脂肪的消化和吸收不良，脂溶性维生素吸收不足，时间较长，常伴有出血倾向。

黄疸虽然相对地分为以上三型，但这三型黄疸并非孤立单独存在，而是相互联系互为影响的。例如，溶血性黄疸时，由于大量溶血所造成的贫血、缺氧及间接胆红素的毒性作用，使肝细胞发生变性、坏死而伴发实质性黄疸；实质性黄疸时，由于肝细胞肿大，间质中有炎性细胞浸润和水肿等压迫毛细胆管或肝管，使胆汁排出受阻而伴发阻塞性黄疸；长期的阻塞性黄疸，一则因为胆道内压力过高，易使肝细胞受损而引起实质性黄疸，二则胆汁返流入血后，大量的胆酸盐又能引起红细胞的脆性增高，结果导致溶血性黄疸的发生。因此，在临床实践中，对黄疸症状，必须针对具体病例，用变化、发展的观点全面分析，找出促使黄疸发生的主导环节，进行针对性治疗。

第三节 黄疸对机体的影响

黄疸对机体的影响，主要是对神经系统的毒性作用，尤其是间接胆红素为脂溶性，容易透过生物膜，而神经组织中脂类含量丰富，因此当血中胆红素增高时，胆红素易透过血脑屏障而进入脑组织，与脑神经核的脂类结合，将神经核染成黄色，妨碍神经细胞的正常功能，可出现抽搐、痉挛、运动失调等神经症状，往往导致死亡。其机理可能是间接胆红素抑制细胞内的氧化磷酸化作用，从而阻断脑的能量供应所致。

胆汁中的胆酸盐沉着于皮肤，可刺激皮肤感觉神经末梢，引起皮肤瘙痒。胆酸盐还可刺激迷走神经，引起血压降低，心跳过缓。此外，大量直接胆红素和胆酸盐经肾排出，可引起肾小管上皮细胞变性、坏死而出现蛋白尿。

阻塞性黄疸时，由于胆汁进入肠道减少或缺乏，可影响肠内脂肪的消化吸收，造成脂类和脂溶性维生素的吸收障碍，并使肠蠕动减弱，有利于肠内细菌的繁殖，使肠内容物发酵和腐败，故粪便恶臭。

复习思考题

1. 解释下列病理名词：黄疸、溶血性黄疸、实质性黄疸、阻塞性黄疸。
2. 简述各类型黄疸的发生机理及病理特征。
3. 列表说明三种类型黄疸的主要特点。
4. 黄疸对机体有哪些影响？

第十一章 肿　　瘤

【学习目标】
1. 掌握：肿瘤、异型性、转移、癌、肉瘤的概念；肿瘤的形态、组织结构，肿瘤的分类和命名原则，良性肿瘤与恶性肿瘤的区别。
2. 熟悉：肿瘤性与非肿瘤性增生的区别；癌和肉瘤的区别；动物常见良性肿瘤和恶性肿瘤的病变特点。
3. 了解：肿瘤的代谢特点，肿瘤病因和发病机制。
4. 能识别动物常见肿瘤；通过镜检能判定肿瘤及其性质；能正确命名肿瘤。

肿瘤是严重威胁人、畜健康及生命的一类疾病，在医学研究领域早已受到人们的高度重视。目前，由于动物肿瘤的发病率逐年增长，有些肿瘤如鸡马立克氏病、奶牛白血病、鸭肝癌等甚至成为一些地区的常发疾病之一，肿瘤同样引起了兽医领域的重视。近年来研究发现，有些动物与人类的肿瘤在流行病学和病理形态学特点上具有相关性。例如，人原发性肝癌高发地区，鸭、鸡肝癌的发病率也很高；人鼻咽癌高发地区，猪鼻咽癌、副鼻窦癌的发病率也相应较高。此外，在对肿瘤病毒的研究中发现，白血病患犬和经常与白血病患儿接触的正常犬血浆中都曾检出过C型致瘤病毒；动物的致瘤病毒（如鸡Russ肉瘤病毒），可致体外培养的人体细胞发生癌变，人鼻咽癌病毒接种新生小鼠可使小鼠致癌。上述事实证明，人、畜的许多肿瘤在流行病学及病因学等方面有着密切的联系。因此，对动物肿瘤的研究已逐渐引起兽医界、公共卫生界和医学界的普遍重视。

第一节　肿瘤的概念

肿瘤是动物机体在各种致瘤因素作用下，局部组织细胞在基因水平上失去对其生长的正常调控，导致克隆性异常增生而形成的新生物，这种新生物常形成局部肿块。

肿瘤细胞是由正常细胞转化而来的，当其转化为肿瘤细胞后，就具有异常的生物学特性：①肿瘤增生一般是单克隆性的，即由单个发生了肿瘤性转化的亲代细胞经过反复分裂产生的子代细胞组成；②肿瘤细胞具有异常的形态、代谢和功能，并在不同程度上失去了分化成熟的能力，甚至接近幼稚的胚胎细胞；③肿瘤生长旺盛，失去控制，相对无限性、自主性，且与整个机体不协调，去除致瘤因素后仍可持续生长；④肿瘤性增生不仅与机体不协调，而且对机体有害。

肿瘤性增生与生理性、炎症、损伤修复时发生的非肿瘤性增生有着本质的区别：①非肿瘤细胞的增生一般是多克隆性的；②增生细胞能分化成熟，基本保持正常形态、代谢和功能；③增生有一定限度，引起增生的原因一旦消除就不再继续；④这种增生有的属于正常新陈代谢所需的细胞更新,有的是针对一定的刺激或损伤的防御性、修复性反应,对机体有利。

第二节 肿瘤的特性

一、肿瘤的一般形态与结构

(一)肿瘤的大体形态

1. 肿瘤的形状 肿瘤的形状与其发生部位、组织来源、生长方式和肿瘤的良恶性等密切相关,常见的有息肉状、乳头状、菜花状、结节状、分叶状、囊状、蟹足状、弥漫性肥厚浸润状、溃疡状等(图11-1)。发生于皮肤与黏膜的良性肿瘤多呈结节状、息肉状或乳头状,而该部位的恶性肿瘤常呈菜花状、蕈伞状或溃疡状。发生于皮下及实质器官的良性肿瘤多呈结节状、分叶状或囊状,而恶性肿瘤则为浸润性生长,像树根插入泥土一样,似树根状或蟹足状。

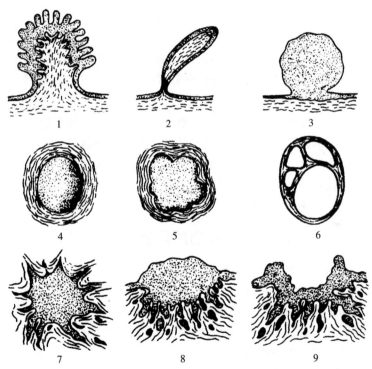

图11-1 肿瘤的主要形状
1. 乳头状 2. 息肉状 3. 结节状 4. 结节状(组织内) 5. 分叶状
6. 囊状 7. 蟹足状 8. 弥漫性肥厚浸润状 9. 溃疡状

2. 肿瘤的数目与大小 肿瘤的数目通常为单个,也可多个。肿瘤的大小相差悬殊,通常与其性质、生长时间和发生部位有关。小者肉眼难以观察,仅在显微镜下才能发现,如原位癌等;大者可达数千克乃至数十千克甚至更大。生长在狭小腔道(如颅腔、椎管)内的肿瘤,体积一般较小;发生于体表或体腔内的肿瘤,可以长得很大。恶性肿瘤生长速度快,短期内可形成肿块并造成不良后果,甚至危及生命,故一般不会长得很大;良性肿瘤生长缓慢，生长时间长，体积常较大。

3. 肿瘤的颜色 肿瘤的颜色多近似于起源组织的颜色。例如，上皮组织肿瘤多呈灰白色；脂肪组织肿瘤多呈黄或淡黄色；黑色素瘤呈黑褐色；黏液性瘤呈灰白色半透明胶冻状；纤维瘤呈灰白色；淋巴肉瘤与纤维肉瘤呈鱼肉色；神经纤维瘤或神经纤维肉瘤通常为灰白色；血管瘤呈红色或暗红色。因此，有时可从肿瘤的颜色大致推测为何种肿瘤。

4. 肿瘤的硬度 肿瘤的硬度取决于瘤组织的来源、肿瘤实质与间质的比例以及有无继发性改变。如脂肪瘤质地软，黏液瘤则很柔软，骨瘤坚硬，纤维性肿瘤和平滑肌瘤质地较韧。瘤细胞丰富而间质纤维成分少的肿瘤质地较软，反之则质地较硬。此外，继发玻璃样变、钙化或骨化的肿瘤质地变硬，而发生坏死、液化或囊性变者质地变软。

（二）肿瘤的组织结构

无论何种组织起源的肿瘤，其基本组织结构一般可分为实质和间质（除绒癌和原位癌外）两部分。

1. 肿瘤的实质 是肿瘤细胞的总称，它是肿瘤的主要成分，决定着肿瘤的生物学特征及其对机体的影响，也是病理学诊断中判断肿瘤组织来源和良、恶性的重要形态学基础。大多数肿瘤通常只含一种实质成分，但少数肿瘤可含有两种或多种实质成分，如恶性畸胎瘤等。

2. 肿瘤的间质 主要是由结缔组织和血管组成，有时可有淋巴管和少量神经纤维。肿瘤的间质不具有特异性，对肿瘤的实质起着支持和营养的作用。间质的血管多少对肿瘤生长速度有决定性影响，生长缓慢的肿瘤其间质血管较少；而生长迅速的肿瘤其间质血管较丰富。肿瘤间质中往往有数量不等的淋巴细胞和单核细胞浸润，可能与机体对肿瘤组织的免疫反应有关。间质中还可出现肌成纤维细胞，此种细胞的增生、收缩和形成胶原纤维包绕肿瘤细胞，能在一定程度上遏止肿瘤细胞的生长和扩散。而恶性肿瘤细胞能产生肿瘤血管生成因子，刺激间质毛细血管增生，后者又为肿瘤细胞提供支持和营养。

肿瘤的实质和间质都是肿瘤整体不可分割的两个部分。肿瘤的性质由实质决定，但肿瘤的生长则与间质和机体的免疫状态有关。

二、肿瘤的异型性

肿瘤组织无论在细胞形态和组织结构上，都与其起源的正常组织有不同程度的差异，这种差异称为异型性。肿瘤组织异型性的大小反映出肿瘤组织的成熟程度（即分化程度）。异型性小者，说明它和正常组织相似，肿瘤组织成熟程度高（分化程度高）；异型性大者，表示瘤组织成熟程度低（分化程度低），往往其恶性程度高。异型性的大小在病理学上是诊断肿瘤和确定其良、恶性的主要组织学依据。

（一）肿瘤组织结构的异型性

肿瘤组织结构的异型性是指瘤组织在空间排列方式上（包括极向、器官样结构及其与间质的关系等方面）与其起源的正常组织的差异。良性肿瘤细胞的异型性不明显，一般与其起源组织相似，这些肿瘤的诊断有赖于组织结构的异型性。如子宫平滑肌瘤的肿瘤细胞和正常子宫平滑肌细胞很相似，只是其排列与正常组织不同，呈编织状。恶性肿瘤的组织结构异型性明显，瘤细胞排列紊乱，失去正常的层次（极性消失）与结构。如腺癌的腺体大小和形状十分不规则，排列也较乱，甚至不形成腺腔，腺上皮细胞排列紧密重叠或呈多层，极性丧失。

（二）肿瘤细胞的异型性

良性肿瘤细胞异型性小，一般与起源的正常细胞相似。恶性肿瘤细胞常具有明显的异型性（图11-2、图11-3），表现为以下特点：

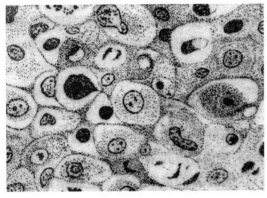

图11-2 癌细胞的异型性

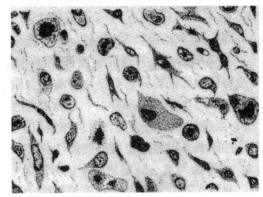

图11-3 肉瘤细胞的异型性

1. 瘤细胞的多形性 恶性肿瘤细胞一般比正常细胞大，各个瘤细胞的大小和形态又很不一致，有时可出现形态各异的瘤巨细胞。但少数分化很差的肿瘤，其瘤细胞较正常细胞小、圆形，大小也比较一致，常为缺乏分化的高度恶性肿瘤细胞。

2. 细胞核的多形性 表现为瘤细胞核的体积增大，胞核与细胞质的比例较正常情况增大（正常为1:4～1:6，恶性肿瘤细胞则接近1:1），核的大小、形状和染色不一，并可出现巨核、双核、多核或奇异形核。核染色加深（DNA增多），染色质呈粗颗粒状，分布不均匀，常堆积在核膜下，使核膜显得增厚。核仁肥大，数目也常增多（可达3～5个）。有丝分裂象增多，特别是出现不对称性、多极性、顿挫性等病理性有丝分裂象时，对于诊断恶性肿瘤具有重要意义。

3. 细胞质的改变 由于瘤细胞细胞质内核蛋白体增多而多呈嗜碱性。有些肿瘤细胞可产生异常的分泌物或代谢产物（如激素、黏液、糖原、脂质、角蛋白和色素等），可用特殊染色显示，常有助于判断肿瘤的组织来源。

三、肿瘤细胞的代谢特点

肿瘤组织的代谢比正常组织旺盛，恶性肿瘤更为明显，其代谢特点与正常组织相比并无质的差别，但仍在一定程度上反映肿瘤细胞生长旺盛和分化不成熟。

1. 核酸代谢 肿瘤细胞合成DNA和RNA的能力增强，分解代谢明显降低，故DNA和RNA的含量均明显增高。DNA与细胞的分裂和繁殖有关，RNA与细胞的蛋白质及酶的合成有关。因此，核酸增多为肿瘤迅速生长提供了物质基础。

2. 蛋白质代谢 肿瘤细胞的蛋白质合成及分解代谢都增强。但合成代谢超过分解代谢，甚至可夺取正常组织的蛋白质分解产物用于合成肿瘤本身所需要的蛋白质，这是造成机体恶病质的重要原因。肿瘤组织还可以合成肿瘤蛋白，作为肿瘤的特异性抗原或相关抗原，引起机体的免疫反应。肿瘤蛋白已成为肿瘤标记物中重要的一类，检测这些蛋白，不仅有助于肿瘤的诊断，而且对研究肿瘤的病因和发病机制也有重要意义。

3. 酶系统 肿瘤组织酶活性的改变是复杂的。一般在恶性肿瘤组织内氧化酶是减少的，蛋白分解酶是增加的，但同正常组织相比只是含量的改变或活性的改变，并非是质的改变。其他酶类的改变则不同肿瘤有所不同，如前列腺癌组织中酸性磷酸酶明显增加，骨肉瘤组织中碱性磷酸酶增加等。

4. 糖代谢 大多数正常组织在有氧时通过糖的有氧分解获取能量，只在缺氧时才进行无氧糖酵解。而肿瘤组织，尤其是恶性肿瘤，即使在有氧条件下，也主要以无氧糖酵解方式获取能量。无氧酵解亢进是肿瘤组织代谢最显著的特点之一。其机理比较复杂，可能是由于癌细胞线粒体的功能障碍，或者是瘤细胞酶谱变化所致。

四、肿瘤的生长与扩散

（一）肿瘤的生长

1. 肿瘤的生长速度 因肿瘤性质不同，其生长速度差异非常明显。一般来说，分化好、成熟度高的良性肿瘤，通常都生长缓慢，甚至生长到一定程度还可以停止。凡分化差或未分化、成熟度低的恶性肿瘤，生长都比较迅速，在较短时间内即能形成明显的肿块，并且由于血液和营养供应相对不足，易发生坏死、出血等继发性病变。

2. 肿瘤的生长方式 主要有以下三种：

（1）膨胀性生长。膨胀性生长是大多数良性肿瘤的生长方式。由于良性肿瘤分化良好，生长缓慢，瘤体在组织内像吹气球一般逐渐增大，推开和挤压周围正常组织。肿瘤多呈结节状、分叶状，与周围组织分界清楚，常有完整包膜。触诊时，瘤体可移动，边界清楚，手术易摘除干净，术后不易复发。

（2）浸润性生长。浸润性生长是多数恶性肿瘤的生长方式。由于瘤细胞分化差，生长速度快，宛如树根长入泥土一样，浸润并破坏周围正常组织，与周围组织界限不清，无包膜。触诊时，瘤体固定，手术不易切除干净，术后易复发。

（3）外生性生长。发生在体表、体腔或自然管道（如消化道）内面的肿瘤多呈外生性生长，形成突起的乳头状、息肉状、菜花状或蕈伞状肿物，这种生长方式称为外生性生长。良、恶性肿瘤皆可呈外生性生长。只是恶性肿瘤在外生性生长的同时，基底部也向内呈浸润式生长，其表面由于生长迅速，血供不足，易发生坏死脱落而形成溃疡。

（二）肿瘤的扩散

肿瘤的扩散是恶性肿瘤的重要特征之一，它不仅在原发部位浸润式生长，而且可以通过各种途径扩散至身体的其他部位继续生长。肿瘤的扩散包括直接蔓延和转移。

1. 直接蔓延 恶性肿瘤由原发部位沿组织间隙、血管、淋巴管或神经束侵入和破坏临近正常器官或组织，并继续生长，称为肿瘤的直接蔓延。例如，晚期的宫颈癌可蔓延到直肠和膀胱。

2. 肿瘤的转移 恶性肿瘤细胞由原发部位侵入淋巴管、血管或体腔，迁徙到他处而继续生长，形成与原发瘤同类型的肿瘤的过程，称为肿瘤的转移。所形成的肿瘤称为转移瘤或继发瘤。一般良性肿瘤不发生转移，只有恶性肿瘤才发生转移。常见的转移途径有以下几种：

（1）淋巴道转移。癌通常通过淋巴道转移。癌细胞侵入淋巴管后，随淋巴液流到局部淋巴结，形成转移癌。首先是浸润到肿瘤周围的健康组织的淋巴管中，并继续沿淋巴管通路不断地增殖和蔓延，形成所谓的淋巴管渗透，又称癌性淋巴管炎。浸润到淋巴管内的瘤细胞，易因某些机械力的作用脱落下来形成瘤栓，瘤栓随淋巴液流动而到达淋巴结。进入淋巴流中的瘤细胞，经过与机体免疫抗癌力的相互斗争之后，只有那些未被杀伤的瘤细胞才能存于淋巴结内，而获得了增殖的机会和形成转移瘤。

由于淋巴管与静脉之间有交通支存在，因此，在癌症晚期，原不开放的淋巴-静脉交通支一旦开放，肿瘤有可能发生血道转移。

（2）血道转移。肉瘤通常通过血道转移，大多数是随静脉的流向转移。瘤细胞先浸润毛细血管中，形成含瘤细胞群的瘤栓，瘤栓可不断地脱落和随血流发生转移。如经静脉入肺易形成多发性子瘤；瘤细胞通过肺血管进入体循环，而在脑、肝，特别是在骨髓内发生转移瘤；胃肠的肿瘤则经门静脉转移至肝，骨盆腔内的恶性肿瘤如胚胎性癌、精原细胞瘤等易发生肝内转移。

在血管内生存适应的瘤细胞紧贴处可使血管通透性升高，继发白细胞浸润，瘤细胞本身产生浸润物质等。瘤细胞可穿透血管周围的组织而发生转移。

（3）种植性转移。位于浆膜腔的恶性肿瘤细胞脱落原瘤后，可以发生瘤细胞的接种现象，即这种瘤细胞黏附在临近或远处的浆膜上，发展成为新的瘤结节，这一过程称为种植性转移或接种性转移。如鸡卵巢癌在腹腔器官形成多发性癌。

五、肿瘤对机体的影响

肿瘤机体的危害程度主要与肿瘤的性质、生长时间、生长部位和肿瘤的大小等有关。

（一）良性肿瘤对机体的影响

局部压迫和阻塞是良性肿瘤对机体的主要影响。例如，消化道的良性肿瘤（突出于肠腔的平滑肌瘤等）可引起肠梗阻或肠套叠；颅内或椎管内的良性肿瘤压迫神经组织，阻塞脑脊液循环而引起颅内高压、脑积水及相应的神经系统症状，甚至可导致动物死亡。良性肿瘤有时可引起继发性病变，亦可对机体造成不同程度的影响，如子宫黏膜下肌瘤常伴有浅表糜烂或溃疡，可引起出血和感染。此外，内分泌腺的良性肿瘤可引起某种激素过度分泌而引起相应的症状，如胰岛细胞瘤分泌过多的胰岛素可引起血糖过低。

（二）恶性肿瘤对机体的影响

恶性肿瘤除引起局部压迫和阻塞外，还可有以下危害：

1. 破坏器官的结构和功能　恶性肿瘤（包括原发与转移）生长到一定程度，都可能破坏器官的结构和功能。例如，肝癌可广泛破坏肝组织，引起肝功能障碍；白血病可破坏骨髓造成严重出血及贫血。

2. 出血与感染　恶性肿瘤常因瘤细胞的侵袭破坏作用或缺血性坏死而发生出血。例如，直肠癌可出现便血、肺癌出现痰中带血等。肿瘤组织坏死、出血可继发感染，常排出恶臭分泌物，如晚期子宫颈癌、阴茎癌等。

3. 疼痛　恶性肿瘤晚期，由于肿瘤的侵袭或压迫神经常引起顽固性疼痛。例如，肝癌时的肝区疼痛。

4. 发热　肿瘤代谢产物、坏死分解产物或继发感染等毒性产物被吸收都可以引起发热。

5. 恶病质　恶性肿瘤的晚期，动物出现的严重消瘦、无力、贫血和全身衰竭状态，称为恶病质。其发生机制尚未阐明，可能与患畜食欲减退、消化吸收功能障碍、出血、感染、发热、肿瘤组织坏死所产生的毒性代谢产物引起机体代谢紊乱等诸多因素有关。此外，恶性肿瘤生长迅速，消耗机体大量营养物质，以及晚期癌瘤引起疼痛影响进食与睡眠等，也是导致恶病质的重要因素。

第三节 良性肿瘤和恶性肿瘤的区别

良性肿瘤和恶性肿瘤在生物学特点上存在着明显的不同，因而对机体的影响也不同。良性肿瘤易于治疗，一般对机体危害较小；而恶性肿瘤难以治疗且疗效较差，可危及动物生命，对机体危害大。如果将良性肿瘤误诊为恶性肿瘤，就会延误治疗，或治疗不彻底造成复发、转移，甚至危及生命；相反，把恶性肿瘤误诊为良性肿瘤，会使患畜受到不适当的破坏性治疗而遭受不必要的痛苦和损害。因此，区别肿瘤的良、恶性对于正确的诊断和治疗具有重要的临床意义。现将良性肿瘤和恶性肿瘤的区别简要归纳于下（表11-1）。

表11-1 良性肿瘤与恶性肿瘤的区别

区别点	良性肿瘤	恶性肿瘤
分化程度	分化程度高，异型性小，与来源组织形态相似，核分裂象很少或无	分化程度低，异型性大，与来源组织形态差别大，核分裂象多，可见病理性核分裂象
生长速度	缓慢	迅速
生长方式	多呈膨胀性或外生性生长，常有包膜，边界清楚，移动性大	多呈浸润性或外生性生长，一般无包膜，边界不清，移动性差
继发病变	很少发生	常发生坏死、出血、溃疡及感染
转移	不转移	常有转移
复发	手术摘除后通常不复发	手术摘除后常有复发
对机体影响	较小，主要对局部起到压迫和阻塞作用，但在脑、脊髓等重要器官也可造成严重后果	较大，除对局部起到压迫和阻塞作用外，可破坏组织，引起坏死、出血、合并感染，晚期常出现恶病质，多以死亡告终

必须指出，良性肿瘤和恶性肿瘤的区别并不是绝对的。如血管瘤虽为良性，但无包膜，常呈侵袭性生长。因为有一些肿瘤其表现介乎于两者之间，称为交界性肿瘤，此类肿瘤有恶变倾向，在一定条件下可逐渐向恶性发展。在恶性肿瘤中，其恶性程度亦各不相同，发生转移有的较早，有的较晚，有的则很少转移。此外，肿瘤的良、恶性并非一成不变，有些良性肿瘤如不及时治疗，有时可转变为恶性肿瘤，称为癌变；而个别的恶性肿瘤由于机体免疫力加强等原因有时停止生长甚至完全自然消退。因此，对于肿瘤的诊断，必须进行全面了解、综合分析、跟踪观察，最终才能作出正确的诊断。

在恶性肿瘤中，癌和肉瘤最为常见，二者虽都呈恶性，但具有许多不同的特点。临床上可根据这些特点对癌和肉瘤进行诊断（表11-2）。

表11-2 癌和肉瘤的主要区别

区别点	癌	肉瘤
发病年龄	较多发于成年或老龄动物	较多发于幼年或年轻动物
眼观特点	形状常不规则（组织肿厚，菜花状，局部糜烂），质地较硬，切面色灰白且较干燥	形状较规则（如结节状），界限较明确，质地较软，切面多呈灰红色，湿润

(续)

区别点	癌	肉瘤
组织来源	上皮组织	间叶组织
转移途径	多经淋巴道转移	多经血道转移
组织特点	癌细胞连片，常形成癌巢，实质与间质界限明确，癌细胞间多无网状纤维	癌细胞散在，实质与间质界限明确，癌细胞间多有网状纤维，间质血管较多，但结缔组织较少（纤维肉瘤除外）

第四节 肿瘤的命名和分类

（一）肿瘤的命名

动物机体任何部位、器官和组织几乎都可以发生肿瘤，因此肿瘤的种类繁多，命名复杂。肿瘤的命名应以能表明肿瘤的性质（良性或恶性）、组织来源和发生部位为原则。

1. 良性肿瘤的命名 起源于任何组织的良性肿瘤一般称为"瘤"。其命名的方式为：肿瘤的生长部位＋组织来源＋瘤。如来源于子宫平滑肌的良性肿瘤称为子宫平滑肌瘤，来源于甲状腺腺上皮的良性肿瘤称为甲状腺腺瘤等。有时还可结合肿瘤的形态特点来命名，如结肠息肉状腺瘤、皮肤乳头状瘤等。

2. 恶性肿瘤的命名 根据起源组织的不同，常见的有癌和肉瘤，尤以癌多见。

（1）癌。凡来源于上皮组织的恶性肿瘤统称为癌。其命名方式为：部位＋组织来源＋癌。如子宫鳞状细胞癌、胃腺癌、肝癌、膀胱移行细胞癌等。

（2）肉瘤。凡起源于间叶组织（包括纤维组织、肌肉、脂肪、血管、骨、软骨、淋巴造血组织以及滑膜组织等）的恶性肿瘤统称为肉瘤。其命名方式为：部位＋组织来源＋肉瘤。如股部纤维肉瘤、股骨肉瘤、小肠平滑肌肉瘤等。

3. 较特殊肿瘤的命名

（1）以"母细胞瘤"命名的肿瘤。来源于幼稚组织的肿瘤称为母细胞瘤，其中大多数是恶性肿瘤，如肾母细胞瘤、神经母细胞瘤等；良性者有肌母细胞瘤、骨母细胞瘤、软骨母细胞瘤等。

（2）在肿瘤名称之前冠以"恶性"二字。有些恶性肿瘤因其成分复杂或由于习惯沿袭，则在肿瘤的名称前加以"恶性"二字，如恶性畸胎瘤、恶性黑色素瘤等。

（3）以人名命名的肿瘤。有些恶性肿瘤冠以人名，如马立克氏病、何杰金氏病等。

（4）沿用习惯名称命名的肿瘤。少数采用习惯名称的恶性肿瘤，虽然称为"瘤"或"病"，实际上都是恶性肿瘤，如精原细胞瘤、骨髓瘤、白血病等。

（二）肿瘤的分类

肿瘤通常以其发生组织为依据可分为五大类，而每一大类又按其分化成熟程度以及对机体的影响程度不同分为良性肿瘤和恶性肿瘤（表11-3）。

表 11-3 肿瘤的分类

组织来源		良性肿瘤	恶性肿瘤
上皮组织	鳞状上皮	乳头状瘤	鳞状细胞癌
	基底细胞	基底细胞瘤	基底细胞癌
	腺上皮	腺瘤、囊腺瘤	腺癌、囊腺癌
	移行上皮	乳头状瘤	移行上皮癌
间叶组织	纤维结缔组织	纤维素瘤	纤维肉瘤
	脂肪组织	脂肪瘤	脂肪肉瘤
	黏液组织	黏液瘤	黏液肉瘤
	软骨组织	软骨瘤	软骨肉瘤
	骨组织	骨瘤	骨肉瘤
	血管	血管瘤	血管肉瘤（内皮瘤、外皮瘤）
	淋巴管	淋巴管瘤	淋巴管肉瘤
	间皮	间皮瘤	恶性间皮癌
	淋巴组织	淋巴瘤	淋巴肉瘤
	骨髓	骨髓瘤、网状细胞瘤	骨髓肉瘤、网状细胞肉瘤
	平滑肌组织	平滑肌瘤	平滑肌肉瘤
	横纹肌组织	横纹肌瘤	横纹肌肉瘤
	淋巴组织		淋巴（肉）瘤
	造血组织		白血病，骨髓瘤
神经组织及其间质	神经胶质细胞	神经胶质细胞瘤	神经胶质母细胞瘤
	神经鞘细胞	神经鞘瘤	恶性神经鞘瘤
	脑膜	脑膜瘤	恶性脑膜瘤
	神经鞘膜组织	神经纤维瘤	神经纤维肉瘤
其他	三个胚叶组织	畸胎瘤	恶性畸胎瘤
	多种组织成分	混合瘤	恶性混合瘤
	黑色素细胞	黑色素瘤	恶性黑色素瘤
	生殖细胞		精原细胞瘤、无性细胞瘤

第五节 肿瘤的原因

肿瘤发生的原因称为致癌因素或致癌原，辅助或促进肿瘤发生的因素称为促癌因素或辅致癌原。肿瘤是一大类病变，种类极为繁多，病因也不尽相同。绝大多数种类的肿瘤其发生原因目前还不清楚，很多在形态上和临诊上极其相似的肿瘤，可能由不同的致癌因素引起；同一种致癌因素又可能引发多种不同类型的肿瘤。

虽然肿瘤的病因极为复杂，不过可以肯定的是，引起肿瘤发生的原因和引起其他疾病的原因一样，也涉及外因和内因两个方面的相互关系，现就肿瘤的外因和内因两方面略述如下：

第十一章 肿　　瘤

一、肿瘤的外因

(一) 化学性致癌因素

据估计，外界环境中的致癌因素90%以上是化学性的。它们可以在环境中自发产生，也可以人工合成。多数的肿瘤可能与外界环境中的致癌物质有关。通过动物实验，现在已知有致癌作用的化合物达1 000种以上。根据其化学结构可以分为下述几种类型（这种分类有助于研究各类化合物致癌的作用原理及增加预见新化合物致癌的可能性）：

1. 多环芳香烃类　是指由多个苯环缩合而成的化合物及其衍生物，它们对多种动物均有致癌性，皮肤涂擦可致鳞状细胞癌，皮下注射可致纤维肉瘤，注射入不同器官可引起各器官某些特定的肿瘤。这类化合物不溶于水，而溶于脂肪或有机溶媒。在一般情况下相当稳定。3,4-苯并芘、1,2,5,6-双苯并蒽、3-甲基胆蒽、9,10-二甲基苯蒽等是这类致癌化合物的代表，其中，3,4-苯并芘在自然界中分布极广，煤焦油、沥青燃烧物、烟草燃烧物、不完全燃烧的脂肪、煤和石油以及烟熏制食品中均可含有苯并芘。不仅人类肿瘤（特别是肺癌）的增多与工业污染有关，动物的肿瘤发生也可能与此有一定的关系。

2. 芳香胺类与氨基偶氮染料　19世纪后期及20世纪初期不少国家都注意到染料厂的工人中膀胱癌高发，以后通过实验性诱发犬的膀胱癌而成功地证实了苯胺染料的致癌性。重要的芳香胺类染料有α-萘胺、联苯胺、4-硝基联苯及氨基联苯等。染料厂周围饲养的动物极易得癌与此相关性很大。

3. 亚硝胺类　在近100种亚硝胺类化合物中已有70种以上被证明有致癌作用。亚硝胺因其结构不同，能够选择性地引起某些器官发生肿瘤，主要是肝癌和食管癌。亚硝胺类化合物在自然界分布很广，除已形成的亚硝胺化合物外，广泛存在于水、土壤及食物中的亚硝胺前体物硝酸盐与亚硝酸盐以及胺类化合物，在一定条件下也能转变为亚硝胺化合物。例如，土壤中的亚硝酸盐可因水土流失而进入河流及水源；硝酸盐化肥施用后可在植物中积聚并很容易在植物体内转变为亚硝酸盐，硝酸盐也可在细菌和唾液的还原作用下转变为亚硝酸盐；饲料贮藏加工不当时也会有较多的亚硝酸盐。亚硝酸盐被动物摄入后可在胃内与二级胺合成亚硝胺而发挥致癌作用。这是一类重要的致癌物，这类致癌物可引起多种动物的癌、瘤，而且可以由非致癌前体物（如二级胺和亚硝酸）在体内合成，而这类前体物在环境中广泛存在。

4. 黄曲霉毒素　黄曲霉毒素的致癌作用是近年才被发现的。它是强烈的肝毒素，既可以引起中毒性肝炎，又可以引起肝癌。黄曲霉毒素是黄曲霉和寄生曲霉产毒菌株的代谢产物。这些霉菌分布极为广泛，可在未收割的谷物及贮藏的饲料上，特别是在玉米、花生、生饼或花生粉、棉籽等饲料上生长。虽然从不少饲料及食品中均可分离到黄曲霉，但并非所有的黄曲霉都产毒。这与菌株及培养条件的不同有关。从自然界分离到的黄曲霉菌株有10%能产生黄曲霉毒素，大多数并不产毒。

研究表明，黄曲霉产生的黄曲霉毒素，其致癌强度比二甲基亚硝胺大75倍。经口采食黄曲霉毒素能引起肝细胞性肝癌以及肾的腺癌和胃肠的腺癌等。不同种类及年龄的动物对黄曲霉毒素的易感性不同，其中幼犬对黄曲霉毒素的敏感性较强。其他霉菌毒素，如镰刀菌毒素可引起小肠腺癌、白血病和淋巴肉瘤。

5. 其他可能的化学致癌原　某些烷化剂被证明是有致癌作用的，如氮芥、硫芥、环氧化物及内酯类、卤醚类中的一些化合物等。实验表明某些有机氯农药具有致癌性，如将

DDT 或六六六经口投予小鼠均可诱发肝细胞肿瘤。但这种致癌性在大鼠中却尚未能得到证实。此外，某些无金属元素如铍、镉、镍、铅、锡、砷及其化合物等也可能具有一定的致癌性。

（二）物理性致癌因素

目前已肯定，一些物理性因素如电离辐射与日光照射等对动物及人类有致癌作用。已证实物理性致癌因素主要是离子辐射，包括 X 射线、γ 射线、亚原子微粒（β 粒子、质子、中子或 α 粒子）的辐射、紫外线照射及热辐射等。大量事实证明，长期接触 X 射线及镭、铀、氡、钴、锶等放射性同位素，可以引起多种恶性肿瘤。其中又以白血病、骨肉瘤、皮肤癌及肺癌等多见。在动物试验中用 X 射线、铀及氡可引起地鼠、大鼠及猴的皮肤、骨、肺或造血组织的肿瘤。辐射能使染色体断裂、易位和发生突变，因而激活癌基因或者灭活肿瘤抑制基因。由于与辐射有关的肿瘤的潜伏期较长，肿瘤最终可能当辐射所损伤的细胞的后代又受到其他环境因素（如化学致癌剂或病毒等）所致的附加突变之后才会出现。

波长 270～340nm 的紫外光谱对动物或人的皮肤有致癌作用。动物实验和临诊观察均证实，阳光中紫外线长期过度照射可引起外露皮肤的鳞状细胞癌、基底细胞癌和恶性黑色素瘤，如犬的下腹部无色素和无毛区域以及白猫的耳翼和外耳易得皮肤癌。

（三）生物性致癌因素

1. 病毒 病毒在动物肿瘤的发生中具有非常重要的作用，其致瘤作用是最先在动物中得到证实的，现已发现的 600 多种动物病毒中，1/4 以上具有致癌性，其中大约 1/3 为 DNA 病毒，2/3 为 RNA 病毒。它们可能引起包括两栖类、鸟类及哺乳类动物的多种肿瘤。对病毒性动物肿瘤，特别是针对一些对畜禽危害较大的病毒性肿瘤的研究，如鸡马立克氏病、鸡白血病、鹅血病及牛乳头状瘤病的研究，以及某些抗病毒性肿瘤疫苗的成功研制和应用，不但对畜牧业具有重要意义，而且也大大地推动了肿瘤学研究的进程，鼓舞并促进了人类肿瘤的病毒病病因学研究。现已发现，某些人类肿瘤的发生似乎也与某些病毒因子有关。

2. 寄生虫 某些肿瘤的发生较多地出现在某些寄生虫病的流行地区，或较多地出现在被寄生虫侵袭的器官，使人们自然地怀疑寄生虫致癌的可能性，但关于寄生虫与肿瘤发生之间的因果关系尚未完全阐明（寄生虫学说）。这其中食管虫可引起犬的肿瘤在国外有过报道，而在肝片吸虫与犬、猫胆管癌、血红旋尾线虫与犬食道和胃肿瘤及猫绦虫与肝肉瘤的关系研究中也发现，寄生虫的寄生可能与相应器官的肿瘤发生有一定的因果关系，但其详细的发病机理还有待进一步的研究证实。

（四）机械性因素

人们早就注意到长期慢性机械性刺激和炎症刺激与肿瘤的发生似有一定的关系（刺激学说）。如口舌的肿瘤常发生在龋齿、断齿的摩擦处；长期不愈合的慢性皮肤溃疡有时可并发皮肤的鳞状细胞癌。但是两者之间是否有必然的因果关系尚无定论。有人认为慢性刺激造成的过度增生能成为正常细胞发生癌性转化的先决条件。也有人通过试验证实，慢性刺激作用部位的细胞组织对致癌因素的敏感性升高，但不是所有慢性机械性刺激，在任何情况下都能引起肿瘤发生。所以在肿瘤发生过程中不能排除其他致癌因素作用的可能性。

二、肿瘤的内因

肿瘤发生和发展是一个十分复杂的过程，虽然引起肿瘤发生的外界致瘤因素的确很重要，但除了外界致癌因素的作用外，机体的内在因素也起着重要的作用。后者包括宿主对肿瘤的反应以及肿瘤对宿主的影响。这些因素包括遗传、年龄、品种及免疫状态等，其中许多问题至今尚未明了，还有待进一步研究。

1. 品种因素 肿瘤的类型和发病率可因动物的品种或品系的不同而有显著的差异，这种差异取决于体内、外许多因素。

临床上犬的肿瘤特别多见，其中以皮肤肿瘤的比例最高。在犬的全部肿瘤中，母犬乳腺癌和公犬肛周腺肿瘤约占1/3；而体格高大的犬种，可能由于其生长快或其骨骼易受损伤之缘故，其骨肉瘤的发生率要比小种犬高得多。在猫的肿瘤发生中，主要为造血组织和上皮组织肿瘤。

2. 年龄因素 肿瘤的发生的年龄差异是比较明显的。一般地说，老龄动物的肿瘤（如肝癌、卵巢瘤等）发生率比较高，这可能与老龄动物的机体已长期接触致癌因素以及老龄机体对突变细胞的免疫监视功能减弱有关，如鳞状细胞癌多发于6～9岁老年犬；犬的乳腺肿瘤平均发生年龄为10～11岁；但某些肿瘤，特别是一些母细胞瘤、造血和淋巴组织肿瘤（如白血病）则常见于幼龄动物，并且猫较犬敏感。

3. 性别因素 动物某些肿瘤的发生还具有明显的性别差异，这多半与激素的作用相关。激素在肿瘤发生上的作用包括两个方面：一是固有的性激素与肿瘤的好多器官有明显的相关性；二是内分泌紊乱与某些器官肿瘤的发生发展有密切关系。人们早就注意到雌性动物多见生殖器官和乳腺的肿瘤，如成年母犬易发生脂肪瘤；另一方面，雄性动物的某些肿瘤要比雌性多，如公犬的肛周腺肿瘤比母犬多5～10倍，这可能与睾丸雄激素的作用有关，而母犬生殖器官和乳腺肿瘤的出现或许是由肾上腺网状带细胞产生的雄激素引起的。在猫的肿瘤中，淋巴肉瘤/白血病较多见于雄性。

4. 遗传因素 遗传因素同肿瘤的发生关系，早就受到医学工作者的重视。遗传因素并不导致肿瘤本身的遗传，而是能在不同程度上决定宿主对致瘤因素的敏感性。机体对致瘤因素的遗传易感性或倾向性称为肿瘤素质。素质的遗传因子可能同性染色体或常染色体有关，可以按照显性也可以按照隐性的方式被遗传。

遗传易感性主要表现为动物发生肿瘤的风险率存在品种间的差异，如犬的甲状腺癌多见于金猎犬和垂耳矮犬，而睾丸瘤则以法国灰毛猎犬和锡特兰牧羊犬的风险率最高。不同品系的动物对肿瘤易感性的差异，在一定程度上反映了动物不同的遗传特性在肿瘤发生上的意义。这一事实提示了利用遗传育种途径培育抗癌品种或品系的可能性。

5. 免疫状态 机体的免疫状态与肿瘤的发生、发展和结局有密切关系。研究发现，有先天免疫缺陷或免疫功能低下的人或动物，恶性肿瘤的发病率明显增高，这说明免疫缺陷与肿瘤形成之间有关系。

6. 毛色因素 临床上皮肤颜色较深及明显色素沉着的犬黑色素瘤的发病率较高，如英国小猎犬和德国牧羊犬，这可能与体内色素代谢失调有关。

从上述引起肿瘤发生的病因中可以看出，肿瘤的发生并不是某种单一的因素作用，而是多种因素协同作用的结果。

第六节 动物常见肿瘤

（一）动物常见良性肿瘤

1. 乳头状瘤 是由被覆上皮发生的呈外生性生长的良性肿瘤，呈乳头状或疣状。光镜下，乳头中央为肿瘤间质，乳头表面为增生的分化成熟的被覆上皮（图11-4）。常发生于头、颈、外阴、乳房等皮肤和口腔、食道、膀胱等黏膜。各种动物均可发生，尤以马、牛、羊、兔较为常见。

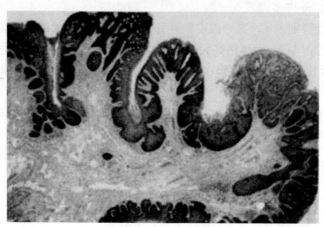

图11-4 乳头状瘤

2. 脂肪瘤 发生于脂肪组织的肿瘤。眼观，瘤体大小不等，常为单发性或多发性，有完整的包膜。如发生于肠系膜、肠壁等处，则具有较长的蒂。手术切除不复发。镜检，瘤组织由分化成熟的脂肪瘤细胞和少量纤维组织构成，与正常组织的区别是脂肪肿瘤细胞比正常脂肪细胞大一些，细胞排列不规则，肿瘤有完整的纤维包膜（图11-5）。

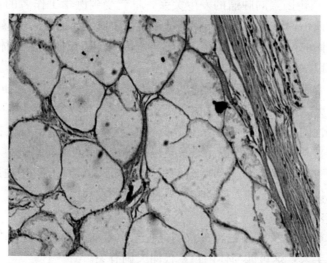

图11-5 脂肪瘤

3. 腺瘤 是由腺上皮发生的良性肿瘤。多见于肝、卵巢、肾上腺、甲状腺、乳腺等。眼观，腺瘤常呈圆球形或结节状，外有包膜。可分为囊腺瘤和纤维腺瘤。纤维腺瘤，多见于乳腺；囊腺瘤切面有囊腔，囊内有多量液体，常见于卵巢。

（二）动物常见恶性肿瘤

1. 纤维肉瘤 是纤维组织发生的恶性肿瘤。多发生于四肢的皮下组织或深部组织。特别多发生于犬、猫、黄牛和水牛。眼观，肿瘤呈结节状或不规则肿块，切面灰红色，质地脆弱，呈鱼肉状。光镜下，分化好的肿瘤细胞呈长梭形、异型性小，有丝分裂象少，称高分化纤维肉瘤，恶性程度低；分化差的纤维肉瘤，异型性明显，有丝分裂象多，称低分化纤维肉瘤。后者恶性程度高，易发生转移（图11-6）。

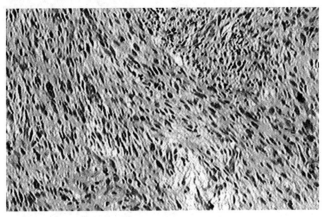

图11-6 纤维肉瘤

2. 鳞状细胞癌 简称鳞癌（图11-7），多发于食道、皮肤、口腔、阴道和阴茎等处。眼观，多呈不规则的团块状，其四周呈树根状向周围生长，分界不清，切面为灰白色，粗颗粒状，干燥、无光泽、无包膜，可见出血和坏死。镜检，鳞癌组织结构的特点是癌细胞呈巢状排列，大小不等的癌细胞呈多边形、短梭形或不规则形，核大，细胞质少，核染色质丰富，深染，低分化癌细胞有丝分裂象多，高分化癌细胞在癌巢中可出现层状的角质化物，称为角质化珠或癌珠，是鳞癌的重要特征。

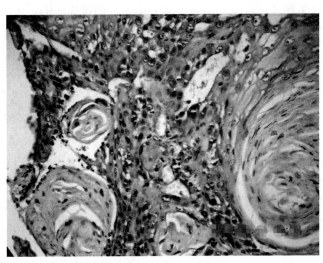

图11-7 鳞状细胞癌

3. 肾母细胞瘤 又称胚胎性肾瘤。最常见于兔、猪和鸡，也见于牛和绵羊。肿瘤外观呈白色，分叶状，外面有一层厚的包膜，瘤块多连着皮质部，压迫实质。瘤块的切面结构均匀，柔软，呈灰白色如肉瘤状。镜检，可见肿瘤含有多种组织的混合物，包括结缔组织和上皮性成分。从包膜发出的结缔组织束伸入瘤实质，把实质分隔成各种大小形状的团块。有些区域的实质呈肉瘤状，而另一些区域则呈腺瘤状结构。肉瘤状区域的细胞为圆形、卵圆或梭形，如成纤维细胞。腺瘤状区域的细胞形成腺泡和不规则、分支的盲管，偶尔也形成肾小球样的结构物（图11-8）。

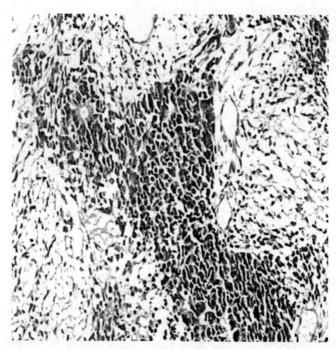

图11-8 肾母细胞瘤

4. 鸡卵巢腺癌 是母鸡最常见的一种生殖系统肿瘤。卵巢形成多量乳头状结节。有的卵巢腺癌由于腺腔中含有多量液体，形成大量大小不一的透明卵泡，大的可达鸽蛋大，充满于腹腔内。镜检，索状的腺泡，衬着单层立方上皮细胞，在大的腺泡腔内有蛋白样的屑物，如腺泡数量很多，排列致密，以致相互挤压形成髓样癌。肿瘤中无腺泡结构的部分主要是结缔组织和肌肉组织。

5. 淋巴肉瘤 是来源于淋巴造血组织的恶性肿瘤。在牛、猪和鸡发生率较高。眼观，淋巴结核器官肿大，呈结节状或弥漫性生长。淋巴结呈灰白色，质地柔软或坚实，切面像鱼肉状，有时伴有出血或坏死。肿瘤早期有包膜，互相粘连或融合在一起。内脏器官（如胃、肝、肾等）的淋巴肉瘤有两种形式：结节型和浸润型。结节型为器官内形成大小不一的肿瘤结节，灰白色，与周围正常组织之间分界清楚，切面上可见无结构的、均质的肿瘤组织，外观如淋巴组织；浸润型肿瘤组织呈弥漫性浸润在正常组织之间，外观仅见器官（如肝）显著肿大或增厚，而不见肿瘤结节。镜检，原发部位的淋巴组织的正常结构破坏消失，被大量分化不成熟、大小不等、染色不均的淋巴细胞样瘤细胞所代替，多见有丝分裂象。

6. 马立克氏病 是鸡的一种由B群疱疹病毒感染引起的淋巴组织增生性疾病。其特征为外周神经、性腺、内脏器官、虹膜、肌肉以及皮肤发生淋巴肉瘤细胞增生浸润和形成肿瘤病灶。可分为神经型、内脏型、眼型和皮肤型四种。

（1）神经型。最常见的病变是腹腔神经丛、臂神经丛、坐骨神经丛及内脏大神经等部位，外观神经粗大，比正常增大好几倍，呈灰白色或黄色，水肿。病变的神经多为一侧性。

（2）内脏型。最常见的是一种器官或多种器官（性腺、脾、心脏、肾、肝、肺、胰腺、腺胃、肠道、肾上腺、骨骼肌等）发生淋巴肉瘤病灶。增生的淋巴肉瘤组织呈结节状肿块或弥漫性浸润在器官的实质内。结节型病变为在器官表面或实质内形成灰白色的肿瘤结节，切面平滑；弥漫型病变为器官弥漫性肿大，器官色泽变淡。

（3）皮肤型。病变为皮肤上形成肿瘤结节，主要在毛囊部分。皮肤病灶外面如疥癣状，表面有结痂形成，遍布皮肤各处。

（4）眼型。特征为虹膜发生环状或斑点状褪色，以致呈弥漫性灰白色、混浊不透明。瞳孔先是边缘不整齐，严重病例见瞳孔变成小的针孔状。

镜检，以血管周围、外周神经、内脏各个器官及皮肤等组织以淋巴肉瘤细胞、浆细胞、网状内皮细胞及少量巨噬细胞的增生浸润为基本特征。

7. 恶性黑色素瘤　是由产黑色素的细胞形成的一种恶性肿瘤。常发生于动物的尾根、肛门周围和会阴部。主要见于马和骡。眼观，黑色素瘤为单发或多发，大小及硬度不一，呈深黑色或棕黑色，切面干燥。光镜下，瘤细胞排列致密，间质成分很少。瘤细胞呈圆形、椭圆形或不规则形。大多数瘤细胞的细胞质内充满黑色素颗粒或团块，呈棕黑色。瘤细胞细胞质中，黑色素颗粒少时，可见到细胞核和嗜碱性细胞质；黑色素颗粒多时，细胞核和细胞质常被掩盖，极似墨滴（图11-9）。

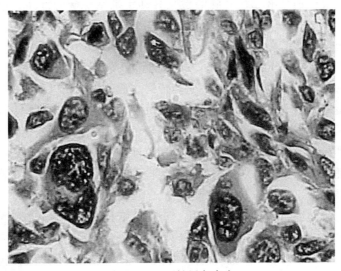

图11-9　恶性黑色素瘤

复习思考题

1. 简述常见肿瘤的一般形态。
2. 简述常见肿瘤的一般结构。
3. 良性肿瘤和恶性肿瘤怎么区分？
4. 肿瘤的转移方式有哪些？
5. 肿瘤是如何分类和命名的？其依据是什么？

第十二章 造血系统病理

【学习目标】
1. 熟悉：造血系统疾病的发生原因。
2. 理解：造血系统疾病对机体的影响。
3. 能正确分析淋巴结炎、脾炎的病理变化，判定其类型及常见病因。

造血系统包括骨髓、脾、淋巴结以及分布于全身的淋巴-网状内皮组织，如胸腺、扁桃体、呼吸道及消化道等处的淋巴组织以及禽类的腔上囊和兔的圆小囊等。造血系统除具有制造血液的有形成分（血细胞和血小板）以外，还是机体重要的免疫器官。在进行动物剖检时，通过对造血系统特别是淋巴结和脾的检查有助于确定疾病的性质、程度以及疾病的发生、发展状况。

淋巴结病理包括淋巴结炎、淋巴结循环障碍、淋巴结萎缩和异物沉积等。淋巴结循环障碍包括充血、瘀血、水肿和出血变化，可发生于全身、局部血液循环障碍和淋巴结炎症过程中；淋巴结萎缩常见于慢性消耗性疾病、营养障碍、放射性损伤以及恶病质等疾病时，其病理变化与全身性萎缩时的变化一致；淋巴结异物沉积常见的有炭末沉积、脂肪沉积、含铁血黄素沉积和黑色素沉积等。眼观，淋巴结呈现淡灰色、淡黄色、铁锈色、灰黑色；镜检，淋巴结组织内可见到相应的物质。淋巴结炎症包括急性淋巴结炎和慢性淋巴结炎两大类，是淋巴结最常见的病理；临床上，特别是肉食品卫生检疫中，必须检验主要的淋巴结或淋巴器官如扁桃体、颌下淋巴结、腹股沟淋巴结等。

脾病理包括血液循环障碍、损伤性变化、退行性变化和脾炎等。脾血液循环障碍主要包括充血、瘀血、出血、血栓形成与梗死，其病理变化可参见第三章局部血液循环障碍；脾损伤性变化较多，可发生于外伤、剧烈运动、滑倒、拥挤或继发于其他疾病，常见的有脾破裂、脾扭转和脾移位；脾的退行性变化有萎缩、变性、异物沉积等，其异物沉积常见有粉尘、脂肪和含铁血黄素；脾炎是脾最常见的一种病理过程，由于脾既是免疫应答的重要场所，又是位于血液循环通路中的滤过器官，在吞噬、处理和清除血液中的病原体过程中，本身也容易遭受刺激和损伤，从而引起炎症。

本章重点介绍临床常见的淋巴结炎和脾炎。

第一节 淋巴结炎

淋巴结炎是指淋巴结的炎症，按其经过分为急性和慢性两种。急性淋巴结炎常见的有浆液性淋巴结炎、出血性淋巴结炎、化脓性淋巴结炎、坏死性淋巴结炎；慢性淋巴结炎初期为细胞增生性淋巴结炎，后期发展为纤维增生性淋巴结炎。

第十二章 造血系统病理

一、急性淋巴结炎

急性淋巴结炎多见于猪瘟、炭疽、猪丹毒、猪巴氏杆菌病等急性传染病，或当某一器官、组织感染发炎时，相应的淋巴结也可发生同样变化。

（一）浆液性淋巴结炎

1. 常见原因 浆液性淋巴结炎多发生于急性传染病的初期，或邻近组织有急性炎症时，其相应的淋巴结发生浆液性炎。

2. 病理变化 眼观，发炎淋巴结肿大，被膜紧张，质地柔软，呈潮红色或紫红色；切面外翻，颜色暗红，湿润多汁。

镜检，可见淋巴结中毛细血管扩张、充血；淋巴窦明显扩张，内含浆液，窦壁细胞肿大、增生，并有许多脱落后成为巨噬细胞（此变化称为窦卡他）。扩张的淋巴窦内，通常可见不同数量的中性粒细胞、淋巴细胞和浆细胞，而巨噬细胞内常有被吞噬的致病菌、红细胞、白细胞。还可见淋巴小结的生发中心扩张，并有细胞分裂象，淋巴小结周围、髓索和副皮质区处有淋巴细胞增生等。

3. 结局与影响 浆液性淋巴结炎是急性淋巴结炎的早期变化，通常病因消除可完全，如炎症进一步发展，则可发展为其他类型的淋巴结炎。

（二）出血性淋巴结炎

1. 常见原因 出血性淋巴结炎通常由浆液性淋巴结炎发展而来，常见于猪瘟、猪丹毒、猪肺疫等。

2. 病理变化 眼观，淋巴结肿大，呈暗红或黑红色，被膜紧张，质地稍硬；切面湿润，稍隆突并含多量血液，呈弥漫性暗红色或大理石样花纹（出血部暗红，淋巴组织呈灰白色），如败血症猪瘟淋巴结的变化，沿被膜和小梁出现紫红色条纹，又称淋巴结边缘出血；严重时，整个淋巴结切面呈暗紫色，含有大量血液，甚至呈血瘤样，如非洲猪瘟内脏淋巴结的变化。

镜检，除一般急性炎症的变化外，最明显的变化是出血，此时淋巴组织中可见充血和散在的红细胞或灶状出血，淋巴窦内及淋巴组织周围有大量红细胞浸润，输入淋巴管及输出淋巴管内也聚集大量红细胞。淋巴组织出现坏死或萎缩。淋巴结内的血液除了出血性炎症引起大量红细胞渗出之外，也可能由于附近组织发生出血，红细胞随淋巴流入淋巴窦而引起，这种属于单纯性血液循环障碍，不是炎症变化，缺乏炎性细胞浸润、网状细胞增生及淋巴组织增生等炎症变化，应注意区别。例如，有几种人为的淋巴结单纯性出血：

（1）电麻性出血。用电麻方法屠杀动物时，机体常因电击而异常兴奋，导致血管痉挛性收缩，血管受损后通透性增大，引起红细胞外渗。此时，淋巴结虽呈明显的出血，但一般不肿大，也没有炎性变化，出血点多为鲜红色。

（2）屠宰性出血。当刺颈屠杀动物时，短时间内（通常为数秒钟）大量血液可流入胸部的淋巴结内，使淋巴结被染成鲜红色，但淋巴结的周围组织以及结构形态均无异常变化。

（3）创伤性出血。若淋巴结附近的组织因损伤而出血，或淋巴结前部的组织发生出血时，红细胞常能通过毛细淋巴管的间隙或受损淋巴管的断端而随淋巴液流入淋巴结，使淋巴窦内充满红细胞，这种变化称为血液吸收，易与出血性淋巴结炎相混淆。

3. 结局与影响 出血性淋巴结炎程度轻微者，病因消除可恢复正常。若发展严重，如发生炭疽，则可转化为坏死性淋巴结炎，淋巴结呈干燥的砖红色，质地硬，切面可见在砖红色背景上出现稍微凹陷的黑红色坏死灶。

(三) 化脓性淋巴结炎

1. 常见原因 化脓性淋巴结炎是淋巴结的化脓性炎症过程。其特征是大量中性粒细胞渗出并伴发组织的脓性溶解。它多继发于所属组织和器官的化脓性炎症，是化脓菌沿血流或淋巴流侵入淋巴结的结果。

2. 病理变化 眼观，淋巴结肿大，有黄白色化脓灶，切面有脓汁流出，脓汁的颜色和性状因化脓菌的种类而异。严重时整个淋巴结可全部被脓汁取代，形成脓肿，周围由结缔组织包围，淋巴组织全部消失，触压有波动感。

镜检，炎症初期淋巴窦内聚集浆液和大量中性粒细胞，窦壁细胞增生、肿大，进而中性粒细胞变性、崩解，局部组织随之溶解形成脓液。时间稍久则见化脓灶周围有纤维组织增生并形成包囊。

3. 结局与影响 化脓性淋巴结炎的结局取决于病原性质、作用强度以及机体的状态。较小的化脓灶可吸收、修复或机化形成脓肿；较大的化脓灶则形成脓肿，外有结缔组织包膜，其中脓汁逐渐浓缩进而钙化；发生在体表淋巴结的化脓性炎症可穿透被膜向体表排脓，形成局部溃疡，脓汁流经组织的通道称为窦道；淋巴结化脓性炎也可向周围组织发展，或通过淋巴管、血管转移到其他淋巴结和全身其他器官，形成脓毒败血症。

(四) 坏死性淋巴结炎

1. 常见原因 坏死性淋巴结炎是以淋巴结的实质发生坏死为特征的炎症。可见于猪弓形虫病、坏死杆菌病、仔猪副伤寒等。

2. 病理变化 眼观，淋巴结肿大，如猪弓形虫病，淋巴结可肿大至板栗大甚至核桃大；呈灰红色或暗红色，切面湿润，隆突，边缘外翻，散在灰白色或灰黄色坏死灶和暗红色出血灶，坏死灶周围组织充血、出血；质地坚硬，淋巴结周围常呈胶冻样浸润。

镜检，淋巴结部分或大部分发生坏死，坏死区淋巴组织结构被破坏不易辨认，细胞核崩解，呈蓝染的颗粒，并有充血和出血，并可见中性粒细胞和巨噬细胞浸润；淋巴窦扩张，其中有多量巨噬细胞和红细胞，也可见白细胞和组织坏死崩解产物。淋巴结周围组织明显水肿和白细胞浸润。猪弓形虫病时在淋巴窦内的巨噬细胞中可见弓形虫的滋养体及伪膜。

3. 结局与影响 坏死性淋巴结炎的结局取决于病变程度及机体的状态。较轻的坏死性炎，坏死成分少，病因消除可恢复正常；如坏死性淋巴结炎较严重，坏死灶可发生机化或包囊形成；如淋巴结组织广泛坏死，可导致淋巴结纤维化而完全失去功能。

二、慢性淋巴结炎

慢性淋巴结炎多由急性淋巴结炎转变而来，也可由致病因素反复或持续作用而引起。常见于某些慢性疾病，如结核病、布鲁氏菌病、猪支原体肺炎等。

(一) 细胞增生性淋巴结炎

1. 病理变化 眼观，发炎淋巴结肿大，灰红或灰白色，质地变硬；切面干燥，隆突，常因淋巴小结增生而呈颗粒状。后期淋巴结往往缩小，质地硬，切面可见增生的结缔组织不规则交错，淋巴结固有结构消失。如仔猪副伤寒的肠系膜淋巴结、咽后淋巴结等均明显肿大，切面呈灰白色，常散在灰黄色坏死灶。

镜检，可见淋巴细胞、网状细胞显著增生；淋巴小结肿大，生发中心明显；淋巴小结与髓索及淋巴窦间界限消失，淋巴细胞弥漫性分布于整个淋巴结内。网状细胞肿大、变圆，散在于淋巴细胞间。仔猪副伤寒时，淋巴结中有局灶状坏死，同时可见由带有淡染细胞核的大型网状细胞和上皮样细胞组成的副伤寒结节，其中有少量中性粒细胞和红细胞。

2. 结局与影响 在发生结核病及布鲁氏菌病时，会形成特异性增生性淋巴结炎。此时淋巴结内除有淋巴细胞、网状细胞增殖外，可见由上皮样细胞和多核巨细胞构成的特殊性肉芽组织，形成特异性的结节，如结核结节、鼻疽结节、布鲁氏菌病结节及放线菌病结节等。严重时整个淋巴结几乎充满上皮样细胞和多核巨细胞。

（二）纤维性淋巴结炎

主要见于细胞增生性淋巴结炎和化脓性淋巴结炎的后期，特征是淋巴结内结缔组织增生和网状纤维胶原化。

1. 病理变化 眼观，淋巴结体积变小，质地坚硬，表面高低不平，切面灰白色条索状不规则地交错排列，淋巴结固有结构被破坏。

镜检，被膜、小梁及血管外膜结缔组织显著增生，小梁、被膜变厚增粗，原来的细胞成分因受增生的胶原纤维及成纤维细胞挤压而萎缩，数量减少；网状纤维变粗，有些可进一步转变成胶原纤维；时间长的，胶原纤维可肿胀融合，丧失纤维结构，变成无结构、均质的玻璃样物质；整个淋巴结也可变成纤维性结缔组织。

2. 结局与影响 以特异性肉芽组织增生为主的增生性淋巴结炎的结局取决于原发病。若病情加剧，上皮样细胞则发生坏死、崩解，坏死灶扩大，最后常发生钙化；若疾病走向痊愈，则上皮样细胞消失或转为成纤维细胞，纤维结缔组织增多，最后以纤维化为结局。慢性淋巴结炎可保持很长时间，能导致淋巴结功能减弱甚至消失，也可使血管壁硬化。严重时，整个淋巴结可变为纤维结缔组织小体。

【附】淋巴结炎常见疾病类型

1. 炭疽 主要发生出血性淋巴结炎。猪患急性型炭疽时，咽喉和颈部皮下呈出血性胶样浸润，头颈部淋巴结特别是颌下淋巴结呈急剧肿大，被膜增厚，质地变硬，切面干燥，切面因严重充血、出血而呈樱桃红色或砖红色，并存有中央凹陷的黑红色坏死灶。病程经久者坏死灶周围常有包囊形成，或继发化脓菌感染而形成脓肿，脓汁吸收后变成干酪样或碎屑状颗粒。镜检，淋巴组织严重出血、坏死和被覆纤维素样伪膜。

2. 猪瘟 全身性出血性淋巴结炎的变化表现得非常突出，颌下、腮、咽后、支气管、纵隔、肠系膜、胃门和肾门等淋巴结的病变不仅出现的早而且明显。眼观，淋巴结的体积肿大，暗红色，切面湿润多汁，隆突，边缘的髓质呈暗红色，围绕淋巴结中央的皮质向皮质内延展，出血的髓质与未出血的皮质镶嵌，形成大理石样花纹。镜检，主要病变是淋巴窦出血和淋巴小结萎缩及有不同程度的坏死。

3. 猪丹毒 在急性或败血型猪丹毒时，全身淋巴结发生浆液性出血性淋巴结炎。外观肿大，呈紫红色；切面隆突，湿润多汁，常伴发斑点状出血。镜检，淋巴组织内的血管高度充血、出血，淋巴窦扩张，其中充满浆液、白细胞和红细胞。淋巴组织与网状组织有不同程度的坏死。

4. 猪肺疫 在猪肺疫（猪巴氏杆菌病）时，全身淋巴结发生浆液性出血性淋巴结炎。淋巴结明显充血、出血和水肿，也可发生淋巴结坏死。颌下、咽后及颈部淋巴结表现最为明显。

5. 伪狂犬病 全身淋巴结发生浆液性出血性淋巴结炎，特别是支气管淋巴结肿大、多汁，少数伴发出血。镜检，淋巴结周围有不同程度的出血和淋巴细胞增生，有些淋巴结还伴发凝固性坏死和中性粒细胞浸润。接近生发中心和淋巴窦内的网状细胞出现有核内包含体。

6. 猪地方流行性肺炎 表现为增生性坏死性淋巴结炎，肺门淋巴结和纵隔淋巴结显著肿大，切面湿润，呈均匀的灰白色，质地变实。镜检，淋巴小结生发中心增大，淋巴结内的毛细血管内皮细胞肿胀、增生，淋巴窦水肿、扩张，充满渗出液。

7. 弓形虫病 淋巴结初期表现为浆液性淋巴结炎，很快转变为坏死性淋巴结炎。全身淋巴结，特别是肠系膜和胃、肾、肝等内脏淋巴结呈急性肿胀，淋巴结质地变硬，切面湿润，并有出血点和灰白色粟粒大小的坏死灶。急性期耐过之后，出现以淋巴细胞和浆细胞增生为主的增生性淋巴结炎。

8. 沙门氏菌病 表现增生性坏死性淋巴结炎，猪肠系膜淋巴结、咽后淋巴结和肝门淋巴结肿大，切面散在灰黄色坏死灶，有时形成大块干酪样坏死物。镜检，巨噬细胞浸润和网状细胞增生，有时可见到副伤寒结节。

9. 牛病毒性腹泻 表现坏死性淋巴结炎，肠黏膜集合淋巴小结出血、坏死，形成局灶性糜烂，有时其表面覆血色黏液。消化道所属淋巴结肿胀、充血、出血和水肿。颈部和咽后淋巴结亦肿大，呈急性淋巴结炎变化。淋巴结除表现充血、出血和水肿外，最为突出的变化是淋巴小结的出血和坏死。

10. 牛恶性卡他热 表现坏死性淋巴结炎，全身淋巴结肿大，尤以头颈部、咽部及肺淋巴结最为明显，棕红色，其周围胶冻样浸润；切面隆突、多汁和有点状出血，偶见坏死灶。镜检，淋巴样细胞及网状内皮细胞增生。淋巴结的髓质窦充满单核细胞，髓索浆细胞增多，并见瘀血、水肿和血管炎，外层皮质变薄，缺乏淋巴小结和生发中心。部分病例表现为网状结缔组织的增生和坏死反应。

11. 水牛热 表现坏死性淋巴结炎，全身淋巴结肿大明显，体表淋巴结常突出于体表肿大至拳头大。淋巴结周围的疏松结缔组织高度水肿与出血，切面湿润，有多量渗出液流出，实质充血和灶状出血，有大量灰白色或灰黄色的坏死灶，大小不一，小的如粟粒大，坏死严重时，常融合成大片干酪样坏死灶；内脏淋巴结如肺、肝、肾等淋巴结也肿大明显，表现为水肿、充血和实质坏死等变化。淋巴结的坏死变化主要是皮质部分，特别多是紧靠被膜的皮质浅层。髓质的变化不如皮质严重，坏死灶也较少，通常见淋巴窦扩张、水肿、充血和炎性细胞浸润。

12. 牛林氏放线菌病 表现为化脓性淋巴结炎，最常见于下颌淋巴结以及软腭、咽黏膜下的淋巴组织。受害淋巴结肿大、坚硬，切面可见黄色或橘黄色小肉芽结节，其中有含"硫黄颗粒"的脓汁。病变淋巴结周围组织易发生增生性炎症，导致淋巴结与其被覆的皮肤或黏膜粘连，并可向表面形成排脓管道。镜检，林氏放线菌病的典型病变是出现脓性肉芽肿性炎症。

13. 绵羊干酪性淋巴结炎 主要表现化脓性淋巴结炎，肩前淋巴结和股前淋巴结最早发病，其次是支气管淋巴结和纵隔淋巴结，腹腔淋巴结则以肠系膜淋巴结受侵害较常见。病原菌侵入淋巴结后，聚集于一处繁殖，并被白细胞包围，白细胞崩解后，形成淡绿色无臭乳酪状的脓汁。新鲜的脓汁较软，以后变干成颗粒状干酪样，往往使整个淋巴结变为一个大的脓肿，周围环绕结缔组织包囊。陈旧的脓肿常有钙盐沉着而变为灰白色或白色，切面见钙化的干酪样脓汁呈同心的轮层状，在脓肿的周围有厚层结缔组织性包囊。脓肿一般比淋巴结大数倍。镜检，最初变化是在感染局部有多量中性粒细胞聚集，随即固有组织和白细胞坏死、崩解，变为均质无结构形象，嗜染伊红；经时较久有钙盐沉积。在坏死灶的外围为巨噬细胞或上皮样细胞区带或富有淋巴细胞的结缔组织包囊，随后这层新生的肉芽组织又发生干酪样坏死，又被巨噬细胞或上皮样细胞与结缔组织性包囊环绕，如此反复使干酪样坏死物呈同心圆性排列。

第二节 脾 炎

脾的炎症称为脾炎，是脾最常见的一种病理过程，多伴发于各种传染病，也可见于寄生虫病和某些非传染性疾病。脾炎根据其病变特征和病程缓急可分为急性炎性脾肿、坏死性脾炎和慢性脾炎三种类型。

（一）急性炎性脾肿

1. 常见原因 急性炎性脾肿又称为急性脾肿、败血脾，是指伴有脾明显肿大的急性脾炎，多见于炭疽、弓形虫病、急性猪丹毒、急性副伤寒、急性链球菌病等。也可见于牛泰勒虫病、马梨形虫病等急性经过的血液原虫病。

2. 病理变化 眼观，脾体积显著增大，但程度不同，一般比正常大2~3倍，有时甚至可达5~10倍；被膜紧张，边缘钝圆；切开时流出血样液体，切面隆起并富有血液，明显肿大时犹如血肿，呈暗红色或黑红色，白髓和脾小梁固有纹理模糊，脾髓质软，用刀轻刮切面，可刮下大量富含血液而软化的脾髓；高度肿大时，可发生破裂而出血。

镜检，脾实质细胞（淋巴细胞、网状细胞）弥漫性坏死、崩解而明显减少，脾髓内含有大量血液；白髓几乎完全消失，仅在中央动脉周围残留少量淋巴细胞；红髓中固有的细胞成分也大为减少，有时在小梁或被膜附近可见一些被血液排挤的淋巴组织。脾含血量增多是脾体积增大的主要组织学基础，也是急性炎性脾肿最突出的病变。脾内大量血液充盈是炎性充血和血液淤积的结果，其发生与血液循环障碍和植物性神经机能障碍所致脾被膜、小梁内平滑肌松弛以及上述支持组织中平滑肌、弹性纤维、胶原纤维的损伤有直接联系。脾的网状细胞、淋巴细胞、血管壁和小梁平滑肌的变性坏死是脾质地松软、脾髓软化的主要原因。在充血的脾髓中还可见散在的炎性坏死灶和病原菌，前者由渗出的浆液、中性粒细胞和坏死崩解的脾实质细胞混杂在一起组成，其大小不一，形状不规则。

3. 结局与影响 急性炎性脾肿的病因消除后，炎症过程逐渐消散，局部血液循环可恢复正常，充血消失，坏死的细胞崩解，随同渗出物被吸收。此时脾实质成分减少，结果使脾皱缩，质地松弛，切面干燥呈褐红色。随后通过淋巴组织再生和支持组织的修复，脾一般都可以完全恢复其正常的形态结构和功能。有些因机体状况不良而再生能力弱；脾实质破坏严重可发生脾萎缩，脾体积缩小，质地松软，由于结缔组织增生，被膜和小梁增厚、变粗。

（二）坏死性脾炎

1. 常见原因 坏死性脾炎是指脾实质坏死明显而渗出和增生变化轻微的炎症过程，多见于出血性败血症。如猪瘟、鸡新城疫、禽霍乱、巴氏杆菌病、结核病、牛坏死杆菌病及弓形虫病等。

2. 病理变化 眼观，脾体积不肿大或轻微肿大，其外形、色彩、质度与正常脾无明显的差别，透过被膜可见分布不均的灰白色坏死小点。

镜检，脾充血和出血现象不明显，实质细胞坏死特别明显，在白髓和红髓均可见散在的坏死灶，其中多数淋巴细胞和网状细胞已坏死，其细胞核溶解或破碎，细胞质肿胀、崩解；少数细胞尚具有淡染而肿胀的细胞核。坏死灶内同时见中性粒细胞浸润和浆液渗出，有些粒细胞也发生核破碎。被膜和小梁均见变质性变化。

当发生鸡新城疫和鸡霍乱时，病理表现即为坏死性脾炎，坏死主要发生在鞘动脉的网状细胞，并可扩大波及周围淋巴组织。此时鞘动脉的内皮细胞稍肿胀，尚可辨认，而外围的网状细胞都发生坏死，其细胞核溶解，细胞质肿胀、崩解。猪瘟的一些病例中，脾白髓内出现灶状出血，甚至整个白髓的淋巴细胞几乎全被红细胞替代。鸡结核时，脾呈现干酪样坏死。

3. 结局与影响 坏死性脾炎的病因消除后，随着坏死液化物质和渗出物的吸收，淋巴细胞和网状细胞的再生，脾的结构和功能一般可以完全恢复。如果脾实质和支架结构遭受严重损伤，脾则不能完全恢复，此时实质成分减少，出现纤维化，小梁和被膜由于结缔组织增生而增粗和增厚。

（三）慢性脾炎

1. 常见原因 慢性脾炎是指伴有脾肿大的慢性增生性脾炎。多见于慢性传染病和寄生虫病，如结核、鼻疽、布鲁氏菌病、副伤寒、牛传染性胸膜肺炎、锥虫病、梨形虫病、亚急性或慢性马传染性贫血等。

2. 病理变化 眼观，脾轻度肿大或比正常大1~2倍，被膜增厚，边缘稍显钝圆，质地硬实，切面平整或稍隆突，在暗红色红髓的背景上可见灰白色增大的淋巴小结呈颗粒状向外突出；但有时这种现象不明显，只见整个脾切面色彩变淡，呈灰红色；若脾有较大的结核病灶时，则可见到大小不等、中心干酪样的结核结节。

镜检，增生是慢性脾炎的特征，此时淋巴细胞和巨噬细胞都可呈现分裂增殖，但在不同的传染病过程中有的以淋巴细胞增生为主，有的以巨噬细胞增生为主，有的淋巴细胞和巨噬细胞都明显增生。一些慢性脾炎，还可见支持组织内结缔组织增生，因而使被膜增厚和小梁变粗。与此同时，脾髓中也见散在的细胞变性和坏死。如仔猪副伤寒时，脾中出现散在的小坏死灶，一些坏死灶便是网状细胞增生取代坏死组织而形成的副伤寒结节；在结核病、放线菌病、鼻疽和布鲁氏菌病等过程中，脾除上述细胞增殖外，还可见到特异性肉芽肿的形成，即形成结核结节、放线菌肿或鼻疽结节，结节中心多发生坏死，结节最外层多有纤维结缔组织包裹形成包囊。

3. 结局与影响 病因消除或疾病缓解后，大部分慢性脾炎可逐渐恢复正常；但若病程较长，由于间质的增生，而使慢性脾炎通常以不同程度的纤维化为结局，脾中增生的淋巴细胞逐渐减少，局部网状纤维胶原化，上皮样细胞转变为成纤维细胞，从而纤维化；纤维化的脾被膜、小梁也因结缔组织增生而增厚、变粗，体积缩小、质度变硬，称为硬结性脾炎。

复习思考题

1. 淋巴系统疾病对机体的影响如何？
2. 脾炎、淋巴结炎各分几种类型？分别有何病理特征？

第十三章 心血管系统病理

【学习目标】
1. 掌握：心包炎、心肌炎和心内膜炎的发生原因及机理。
2. 熟悉：心包炎、心肌炎和心内膜炎的类型及其病理特征。
3. 能识别心包炎、心肌炎和心内膜炎的病变特征，会分析其发生的机理。

心血管系统由心脏、血管（动脉、静脉和毛细血管）和血液组成。心血管系统执行着动物有机体的运输机能，它一方面把营养物质和氧气运到全身各组织细胞，供应生理活动需要；另一方面又把组织、细胞产生的代谢产物，运到肺、肾和皮肤等处排出体外。同时还把激素运到全身，对机体的生长发育、生理活动起调节作用。在心血管系统中，心脏起泵的作用，是血液循环的推动器官；如果心脏的机能、结构发生改变，就会导致全身血液循环障碍和其他器官系统机能发生障碍，导致严重后果。

第一节 心 包 炎

心包炎是指心包的壁层和脏层浆膜的炎症。心包炎时心包腔内常蓄积多量的炎性渗出物。根据渗出物的性质不同，可将其分为浆液性、浆液-纤维素性、化脓性、浆液-出血性等类型。按发生原因可分传染性心包炎和创伤性心包炎。本病多见于猪、牛和禽类。

(一) 传染性心包炎

1. 原因和发生机理

（1）原因。此类心包炎主要是由病原微生物感染引起的，如巴氏杆菌、链球菌、大肠杆菌、鸡伤寒沙门氏菌、猪丹毒杆菌、结核杆菌、猪传染性胸膜肺炎放线杆菌、支原体等。

（2）发生机理。病原微生物经过血液进入心包或者通过邻近组织（心肌、胸膜等）直接蔓延到达心包，引起炎症。

2. 病理变化 眼观，心包增厚（程度不一），扩张。心包腔内有大量淡黄色浆液性渗出物，若混有脱落的间皮细胞和白细胞则变混浊。心外膜混浊、粗糙、充血、出血，渗出的纤维素凝结为黄白色絮状或薄膜状物，分布于心包内和心外膜表面或悬浮于心包腔中。如果炎症持续较久，覆盖在心外膜表面的纤维素，因心脏搏动而形成绒毛状外观，称为"绒毛心"。

镜检，心外膜附着渗出物（浆液、纤维素、变性坏死的细胞、白细胞、红细胞等）外膜间皮细胞消失，外膜下水肿，出血，炎性细胞浸润，膜下肌纤维变性，严重时深层肌纤维化脓性炎。

（二）创伤性心包炎

1. 原因和发生机理

（1）原因。此类心包炎主要见于牛，是锐利异物穿透网胃、横膈，刺伤心包，使心包受到机械性损伤所致。如牛、羊采食时，将铁钉、铁丝误咽入胃。

（2）发生机理。由于网胃的前部仅以薄层的横膈与心包相邻，在网胃收缩时，异物可穿刺胃壁、膈肌并刺入心包或心脏，此时胃内的微生物也随之侵入，而引起创伤性心包炎。

2. 病理变化　眼观，可见心包腔高度充盈，心包膜显著增厚，失去原有的透明光泽。心包腔内积聚污秽的脓性或纤维素性渗出物，有时内含气泡，并伴有恶臭。心外膜变粗糙肥厚，心壁及心包上可见刺入的异物。创伤性心包炎发生的同时，还可见创伤性网胃炎和膈肌炎。

镜检，渗出物含有浆液、纤维素、变性坏死的白细胞、红细胞以及其他坏死崩解的细胞等，心外膜间皮细胞消失，其下方结缔组织水肿、充血、出血和白细胞浸润。慢性经过时，渗出物往往浓缩而变为干酪样并可发生机化，造成心包粘连。心肌受损时，则呈化脓性心肌炎的变化。

（三）结局和对机体的影响

心包炎病情较轻的病例，可因渗出物的液化、吸收而痊愈。当渗出物溶解吸收缓慢或困难时，可由新生肉芽组织将其机化导致心包增厚，甚至壁层与脏层发生粘连。当尖锐异物损及心肌时，可引起创伤性心肌炎，多转变为腐败性脓肿。创伤性心包炎，特别当并发胸膜炎、肺炎、心肌炎、中毒和心力衰竭时，常可导致病畜死亡。

心包炎的发展常取慢性经过。初期心包内积液较少，血液循环障碍通常不明显。随着疾病的发展，如果心包内蓄积大量渗出液使心包内压显著升高时，心脏舒张受到限制（尤其是右心房），引起静脉血回流减少，临床上常见动物体循环瘀血，牛的肉垂、颈、胸、腹部皮下出现明显水肿。当心包壁层与脏层发生广泛粘连时，心脏的舒张与收缩均受限制，可导致心排血量减少而发生心功能不全。

第二节　心　肌　炎

心肌炎是指各种原因引起的心肌的炎症。动物原发性心肌炎较少，通常伴发于某些全身性疾病的过程中，特别是传染病、寄生虫病、中毒和过敏反应等。根据心肌炎的发生部位和性质，可分为实质性心肌炎、间质性心肌炎和化脓性心肌炎。

（一）实质性心肌炎

实质性心肌炎以心肌纤维的变性变化为主，而渗出和增生过程轻微，常呈急性经过。

1. 原因和发生机理

（1）原因。常见于某些细菌性传染病（巴氏杆菌病、猪丹毒、鸡沙门氏菌病、链球菌病等）、病毒性传染病（口蹄疫、流感等）和中毒病（砷、磷、有机汞中毒等）的伴发病变。

（2）发生机理。在传染病过程中，病原体及毒素可通过血源途径侵害心肌，可直接破坏心肌细胞引起实质性心肌炎；也可由心内膜炎或心外膜炎蔓延而来。

2. 病理变化　眼观，可见心肌呈灰白色煮肉状，质地松脆，心脏扩张，特别是右心室。炎症多为局灶性，心脏横切面有围绕心脏的灰黄或灰白色斑条状纹，外观形似虎皮，故称

"虎斑心"。

镜检,可见心肌纤维呈颗粒变性、脂肪变性。严重时,呈水泡变性或蜡样坏死,甚至崩解。间质及肌纤维坏死都有程度不同的浆液渗出和中性粒细胞、淋巴细胞、组织细胞及浆细胞浸润。

(二) 间质性心肌炎

间质性心肌炎是心肌间质的渗出与增生性变化占优势的炎症,心肌纤维变性变化相对比较轻微。

1. 原因和发生机理

(1) 原因。某些寄生虫感染和变态反应可引起间质性心肌炎,间质性心肌炎也发生于传染性和中毒性疾病过程中。

(2) 机理。寄生虫感染时,如猪感染弓浆虫时,寄生于心肌纤维内的弓浆虫的滋养体和包囊可导致心肌纤维的变质性变化,但以后转变为以间质炎性细胞浸润为主的过程。变态反应性心肌炎的发生和机体先前的致敏作用有关(尤其是传染病时),心肌的免疫性病理损伤,在一定程度上可能与细胞介导的细胞毒型变态反应和迟发型变态反应有关。

2. 病理变化 眼观,外观上,间质性心肌炎与实质性心肌炎相似。

镜检,可见心肌纤维表现为不同程度的变性和坏死,主要病变集中在间质内,间质内可见充血、出血、浆液性渗出和大量炎性细胞浸润与增生,主要是单核细胞、淋巴细胞和浆细胞。变态反应性心肌炎除具有上述共性变化外,可见心肌间小血管壁发生纤维素样坏死,在间质内还有较多嗜酸性粒细胞浸润。

(三) 化脓性心肌炎

化脓性心肌炎通常由机体其他部位(肺、子宫等)化脓性栓子经血液转移而来或继发于心肌创伤。化脓性心肌炎多为局灶性。

1. 原因和发生机理

(1) 原因。常由化脓性细菌引起,如葡萄球菌、链球菌等。化脓性细菌可来源于脓毒败血症的转移性细菌栓子,见于子宫炎、乳房炎、关节炎等化脓性炎症。

(2) 机理。化脓性细菌栓子经血液转移至心脏,在心肌内形成化脓性栓塞,引起心肌脓肿或化脓性心肌炎。此外,化脓性心肌炎也可由创伤性心包炎或溃疡性心内膜炎与化脓性心外膜炎的炎症过程蔓延到心肌而引起。

2. 病理变化 眼观,可见心肌有大小不一的脓肿。慢性时,化脓灶的外面形成包囊。脓汁的颜色可因化脓菌的种类不同而异。

镜检,可见初期血管栓塞部呈出血性浸润,继而发展为纤维素性化脓性渗出,其周围出现充血、出血和中性粒细胞组成的炎性反应带。化脓灶内及其周围的心肌纤维变性。慢性时,化脓灶周围有纤维结缔组织增生。

(四) 结局和对机体的影响

心肌炎是一种剧烈的病理过程,对机体影响较大。非化脓性心肌炎的病灶可发生机化,最后以心肌纤维化告终,故可形成灰白色斑块状凹陷区,使心肌收缩力明显减弱。化脓性心肌炎往往以发生钙化、包囊形成或纤维化为结局。有时发生于心肌中的脓肿可向心脏内破溃,脓汁混入血液播散全身可能引起脓毒败血症。

心肌炎可影响心脏的自律性、兴奋性、传导性和收缩性,临床上表现为心律失常,如窦性心动过速，各种形式的期外收缩和传导阻滞。严重时，因心肌广泛变性和坏死以及传导障碍而发展为心力衰竭。

第三节　心内膜炎

心内膜炎是指心内膜的炎症。按发生部位不同，可分为瓣膜性、心壁性、腱索性和乳头肌性心内膜炎，其中以瓣膜性心内膜炎最为常见。常以瓣膜血栓形成和结缔组织的纤维素样坏死为特征。根据病变特点可将其分为疣状血栓性心内膜炎和溃疡性心内膜炎。

（一）疣状血栓性心内膜炎

疣状血栓性心内膜炎是以心瓣膜形成疣状血栓为特征的炎症，疣状赘生物常发生于二尖瓣心房面和主动脉瓣的心室面的游离缘。

1. 原因和发生机理　引起疣状血栓性心内膜炎的主要原因是细菌感染，最常见于慢性猪丹毒疾病经过中。它的发生机理是免疫损伤。一般认为，在某些细菌感染后，菌体蛋白与内皮下层胶原纤维的黏多糖结合，形成复合性抗原，刺激机体产生相应的抗体，通过抗原抗体反应，并激活补体，引起局部损伤，使瓣膜遭受损伤，并在此基础上形成螯合物。

2. 病理变化　眼观，可见早期炎症局部增厚而失去光泽，继而游离缘可见黄白色小结节，以后逐渐增大形成大小不等的疣状物，表面粗糙，质脆易碎。后期疣状物可发生机化，形成椰菜花样不易剥离的赘生物。

镜检，可见初期疣状物主要是以血小板、纤维蛋白为主构成的白色血栓。后期可见结缔组织增生和炎性细胞浸润。

（二）溃疡性心内膜炎

溃疡性心内膜炎亦称败血性心内膜炎，是以瓣膜受损较严重、炎症侵及瓣膜深层、发生明显的局灶性坏死为特征的炎症。

1. 原因和发生机理　引起溃疡性心内膜炎的主要原因是毒力较强的化脓菌感染，常见的有溶血性链球菌、金黄色葡萄球菌、化脓棒状杆菌等。当机体发生脓毒败血症，或者心脏临近组织的化脓性炎症发生蔓延时，上述致病力强的细菌可经心脏血液直接侵袭心瓣膜，损伤内皮细胞而导致炎症。此外在疣性心内膜炎的发展过程中，瓣膜继发细菌感染，也可以引起溃疡性心内膜炎。

2. 病理变化　眼观，初期瓣膜上形成大小不等的淡黄色坏死斑点，以后逐渐融合，并发生脓性溶解，形成溃疡，而疣状血栓发生脓性分解后，亦可形成溃疡，严重时可继发瓣膜穿孔。溃疡表面附有灰黄色凝固物，周围常有出血及炎性反应，并有结缔组织增生，使边缘稍隆起。

镜检，可见瓣膜深层组织发生坏死，局部有明显的炎性渗出、中性粒细胞浸润及肉芽组织增生，表面附着由大量纤维素、崩解的细胞与细菌团块组成的血栓凝块。

（三）结局和对机体的影响

心内膜炎通常呈进行性发展，可反复形成血栓和机化。一方面，血栓可在血流的冲击下脱落，成为栓子，随血流运行而阻塞血管，造成脏器梗死；化脓性栓子，可引起转移性化脓灶。另一方面，由于瓣膜的损伤、机化，可使瓣膜狭窄或闭锁不全，影响心脏功能。

复习思考题

1. 简述心血管系统疾患对动物机体的影响。
2. 试述心包炎、心肌炎、心内膜炎的类型及病变特征。

第十四章 呼吸系统病理

> 【学习目标】
> 1. 掌握：支气管肺炎、纤维素性肺炎、间质性肺炎的原因、病理变化特征
> 2. 熟悉：肺炎的发生机理。
> 3. 能识别肺脏炎症的眼观病理变化。

呼吸系统可分为导管部和呼吸部，是机体进行气体流通、出入、气血交换的场所。由于呼吸器官直接与外界相通，所以外环境中的有害物质，均可随空气直接侵入而受到损害。此外，机体其他器官系统的病变也可以通过血液循环与神经、体液调节紊乱等方式而损害呼吸器官，常见的有肺炎、肺气肿和肺萎陷。

第一节 肺　　炎

肺炎是肺最常见的病变，可发生于各种动物，且往往是死亡的原因。

由于致病因子和机体的反应性不同，肺炎的性质和严重程度也不同。按照病因可分为细菌性肺炎、病毒性肺炎、支原体性肺炎、霉菌性肺炎、寄生虫性肺炎、中毒性肺炎和吸入性肺炎等。按照病变范围可分为支气管肺炎、纤维素性肺炎和间质性肺炎。

一、支气管肺炎

支气管肺炎是炎症始于细支气管和肺泡连接部的肺炎，是支气管炎的蔓延，单个小叶或一群小叶不规则地受侵犯，故又称为小叶性肺炎。支气管肺炎是动物肺炎的基本形式。其炎性渗出物以浆液和脱落的上皮细胞为主，所以，也称为卡他性肺炎。

1. 病因和发生机理　引起支气管肺炎的原因主要是细菌（巴氏杆菌、沙门氏菌、葡萄球菌、链球菌、支原体和霉菌等），在有害因子（寒冷、感冒、过劳、长途运输和B族维生素缺乏等）影响下，机体抵抗力降低，特别是呼吸道防御能力减弱，进入呼吸道的病原菌可大量繁殖，引起支气管炎，炎症沿支气管蔓延，引起支气管周围的肺泡发炎。

另外，病原菌也可经血流运行至肺，引起间质发炎，继而波及支气管和肺泡，引起支气管肺炎。

2. 病理变化　支气管肺炎好发于肺的尖叶、心叶和膈叶的前下部，病变为一侧性或两侧性。

眼观，发炎的肺组织呈暗红色岛屿状，病灶中心为支气管，局限于一个小叶内，从支气管内可挤出黏液或脓性渗出物，严重时管腔可被渗出物堵塞。病变部位质地变实（坚实并能沉于水）。实变区色暗红至淡灰红到灰色不等，病变多呈镶嵌状，中心部灰白至黄色、周围

为红色的实变区以及充血和萎陷，外围为正常乃至气肿的苍白区。

镜检，病变的核心是在支气管-肺泡连接处。细支气管壁充血、水肿，有较多中性粒细胞浸润，管腔中有较多的浆液，并混有数量不等的炎性细胞和脱落的上皮细胞。肺泡壁毛细血管扩张充血，肺泡内充满浆液，并有少量中性粒细胞、肺泡上皮细胞等（图14-1）。

3. 结局和对机体的影响 支气管肺炎的结局取决于炎症的病因、病变程度和机体的状态。如及时消除病因，渗出物可被吸收，受损组织逐渐修复；如病因持续存在或机体状态恶化，可转变为化脓或腐败，或转变为慢性支气管炎，如猪喘气病时在两侧肺边缘形成对称性的肺肉变。

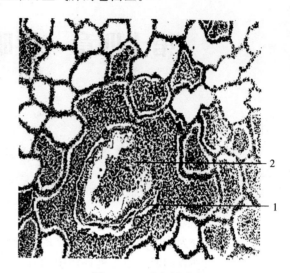

图14-1 支气管肺炎
1. 细支气管壁充血、水肿，中性粒细胞浸润
2. 细支气管腔和肺泡腔内充满大量中性粒细胞的炎性渗出物

支气管肺炎对机体的影响取决于病变的范围大小。炎性渗出物充满肺泡腔和细支气管，使呼吸面积减小发生外呼吸障碍。炎症范围越大，对呼吸影响越大。当发生化脓或坏疽性支气管肺炎时，不仅呼吸面积减小，而且腐败分解产物吸收可引起自体中毒。

二、纤维素性肺炎

纤维素性肺炎是以细支气管和肺泡内充满大量纤维素性渗出物为特征的急性炎症。此型肺炎常侵犯一个或几个大叶、一侧肺叶或全肺，所以又称为大叶性肺炎。

（一）病因和发生机理

纤维素性肺炎见于传染病，如巴氏杆菌病、牛传染性胸膜肺炎等，这些病的病原体可随血液、呼吸道和淋巴液侵入肺，在机体抵抗力降低时（感冒、过劳、长途运输和吸入刺激性气体等），病原体大量繁殖，沿支气管、血管周围的淋巴管扩散，炎症迅速扩展至整个肺叶及胸膜。由于毛细血管壁遭受损伤，可引起纤维素渗出、出血等变化。

（二）病理变化

纤维素性肺炎按病变发展过程可分为四个期，但整个病变过程实际上是一个连续发展的过程，不能机械性地将其分开。

1. 充血水肿期 本期特征是肺泡壁毛细血管显著扩张充血，肺泡腔内含大量浆液性渗出液。

眼观，可见肺稍肿大，质量增加，半沉于水中，质地稍变实，呈暗红色，切面平滑，按压时流出大量血样泡沫液体。

镜检，可见肺泡壁毛细血管显著扩张充血，肺泡腔内有大量浆液性水肿液，少量红细胞、中性粒细胞和巨噬细胞等（图14-2）。

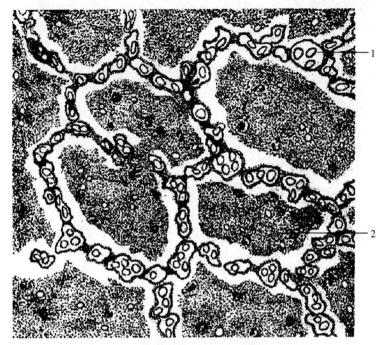

图 14-2 纤维素性肺炎（充血水肿期）
1. 肺泡壁毛细血管高度充血 2. 肺泡内充满浆液，其中混有少量红细胞、白细胞和肺泡上皮细胞

2. 红色肝变期 由充血水肿期发展而来，特征是肺泡壁毛细血管高度扩张充血，肺泡腔内含有大量纤维素、白细胞和红细胞。

眼观，可见肺体积肿大，呈暗红色，质地坚实如肝，故称"肝变"，切面干燥，呈不很明显的细颗粒状，肝变部不含气，入水下沉。肺间质增宽（有半透明胶样液体蓄积），呈灰白色条纹。

镜检，可见肺泡壁毛细血管极度扩张充血，支气管和肺泡腔内有多量交织成网的纤维素，网眼内有多量的红细胞，少量的中性粒细胞，巨噬细胞和脱落上皮细胞。间质有浆液性浸润，淋巴管扩张，含多量纤维蛋白（图 14-3）。

3. 灰色肝变期 特征是肺泡壁充血减弱或消退，肺泡腔中有大量中性粒细胞。

眼观，可见肺呈灰红色，质地坚实如肝，切面干燥，呈细颗粒状。间质变化同上期。

镜检，可见肺泡壁毛细血管充血消退，肺泡腔中白细胞和纤维蛋白增多，红细胞溶解消失（图 14-4）。

4. 消散期 特征是中性粒细胞坏死崩解、纤维素溶解和肺泡上皮再生。

眼观，可见肺体积较前期变小，色略带灰红色或正常色，质地柔软，切面湿润。

镜检，可见肺泡壁毛细血管重新扩张，肺泡腔中的中性粒细胞坏死、崩解，纤维素被溶解，成为微细颗粒。巨噬细胞增多，并可吞噬坏死细胞和崩解产物（图 14-5）。

（三）结局和对机体的影响

动物发生纤维素性肺炎时很少能完全恢复，渗出物、坏死组织常被机化，使肺组织致密而坚实，呈肉样色彩，故称"肉变"。若继发感染，则可形成大小不一的脓肿或腐败分解。严重时，形成空洞或继发脓毒败血症，常伴发纤维素性胸膜炎、心包炎，病程较长时可有胸膜、心包和肺的粘连，纤维素性肺炎可很快引起动物呼吸和心功能障碍而死亡。

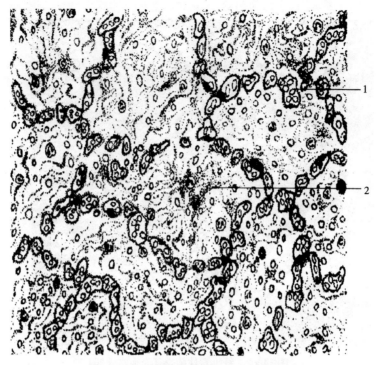

图14-3 纤维素性肺炎（红色肝变期）
1. 肺泡壁仍高度充血　2. 肺泡内含大量纤维素、红细胞和少量中性粒细胞

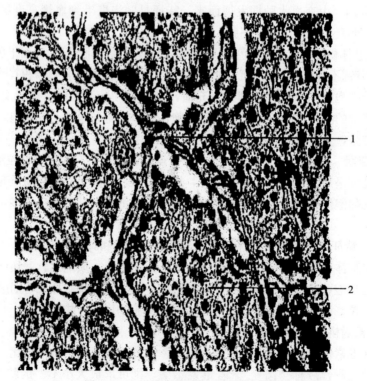

图14-4 纤维素性肺炎（灰色肝变期）
1. 肺泡壁充血消失　2. 肺泡内含大量中性粒细胞和纤维素

图 14-5 纤维素性肺炎（消散期）
1. 肺泡内含巨噬细胞、坏死的中性粒细胞及纤维素碎片　2. 肺泡内又出现充血

三、间质性肺炎

间质性肺炎是指主要侵犯肺泡中隔的炎症，特征是间质炎性细胞浸润和结缔组织增生。

1. 病因和发生机理　引起间质性肺炎的原因很多，常见的有微生物（病毒、支原体等）、寄生虫（如弓形虫），此外，过敏反应、某些化学性因素都可引起间质性肺炎。病因可直接或间接损伤肺泡壁毛细血管，引起通透性升高，渗出物特别是纤维素增多。在病原体及毒物作用下，肺泡上皮增生，同时间质结缔组织增生和单核细胞、淋巴细胞等浸润。

2. 病理变化　眼观，间质性肺炎常呈局灶性分布，可见病变区灰白或灰红色，质地稍硬，切面平整，炎灶大小不一，病程较久时，则可纤维化而变硬。病灶周围常有肺气肿。

镜检，可见支气管周围、血管周围，肺小叶间隔和肺泡壁及胸膜，有不同程度水肿和淋巴细胞、单核细胞浸润，结缔组织轻度增生，间质增宽。肺泡腔闭塞，有时渗出的血浆成分在肺泡内形成透明膜。

3. 结局和对机体的影响　急性间质性肺炎在病因消除后能完全消散。慢性时常以纤维化而告终，可持久地引起呼吸障碍。

第二节　肺　气　肿

肺气肿是指肺组织含气量异常增多而致体积过度膨大。肺泡内空气增多，称肺泡性肺气肿；如果肺泡破裂，空气进入肺间质而引起肺膨胀，称间质性肺气肿。

（一）病因和发生机理

1. 急性肺泡性肺气肿 多见于吸气量急剧增加，肺内压升高，肺泡扩张。

（1）呼吸急剧加强。濒死或代偿性呼吸增强时深度吸气，肺泡内气体急剧增加。

（2）剧烈咳嗽时。深吸气，肺内压升高，肺含气量增加，肺泡扩张。

（3）支气管不全阻塞。支气管炎时，渗出物增多，如肺丝虫寄生等，阻塞物好似活塞，吸气时肺扩张，支气管管径扩大，空气可进入肺泡；呼气时则闭塞，空气不能呼出而蓄积在肺泡中（图14-6）。

2. 慢性肺泡性肺气肿

（1）弹性纤维萎缩。老龄动物肺弹性纤维萎缩，肺泡壁的弹性回缩力降低，常处于膨胀状态而使肺泡扩张。

（2）过度使役。长期过度使役，需气量增多，呼吸加强，肺泡长期处于扩张状态，毛细血管受压、闭锁，肺泡营养不良，弹性纤维断裂，回缩力降低。

（3）慢性支气管炎。支气管管腔狭窄，气体不能呼出；或由于肺泡炎性渗出物及肺泡上皮的破坏，表面活性物质减少，使肺泡表面张力降低，回缩力下降，吸气时易扩张。

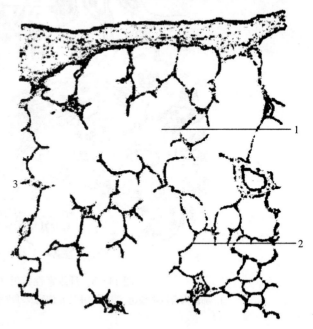

图14-6 肺泡性肺气肿
1. 肺泡极度扩张，且互相融合
2. 肺泡壁变薄，其中毛细血管闭塞

3. 间质性肺气肿 多伴发于肺泡性肺气肿，肺泡或细支气管破裂，气体进入间质，使其扩张，常见于牛甘薯黑斑病中毒。

（二）病理变化

1. 急性肺泡性肺气肿 眼观，可见肺体积增大，常充满胸腔，色泽苍白，质地松软，按压后凹陷慢慢复平，并有捻发音，切面干燥。

镜检，可见肺泡强度扩张，间隔变薄，毛细血管闭塞，肺泡隔常发生破裂，融合成大的囊腔。

2. 慢性肺泡性肺气肿 眼观，可见肺膨大，肺表面有肋骨压痕，肺切面有气囊泡，切开时有破裂声。

镜检，其病变与急性肺泡性肺气肿相同，但肺泡弹性纤维减少，间质结缔组织增多。

3. 间质性肺气肿 眼观，可见肺小叶间质增宽，内有成串的大气泡，许多单个气泡形成完整的条索，使肺呈网状。牛和猪因肺间质丰富而疏松，故间质性气肿非常明显。

（三）结局和对机体的影响

急性肺气肿在病因消除后，肺组织弹性恢复，可完全恢复正常。慢性肺泡性肺气肿由于破坏严重，部分发生纤维化，不能完全恢复。肺气肿可使胸内压升高，静脉回流障碍，肺泡壁毛细血管闭锁，肺动脉压升高，加重右心负荷，引起右心肥大，重者可引起呼吸及心脏功能不全。

第三节 肺萎陷

肺萎陷也称肺膨胀不全或肺不张，是指肺泡内气体含量减少或不含气体而致肺泡塌陷的过程。最初仅指动物出生时胎肺不完全充气即先天性肺膨胀不全；现在也用于已充过气的肺实质膨胀不全，即获得性肺膨胀不全，又称为肺萎陷或肺不张。

(一) 病因

1. 压迫性肺膨胀不全 肺外压力升高，如气胸、水胸、胸腔肿瘤、肺肿瘤、寄生虫、腹内压升高时，都可压迫肺，使其扩张受阻。

2. 阻塞性肺膨胀不全 支气管管腔不通，主要是支气管炎时渗出物增多、黏膜肿胀、虫体、肿瘤等均可阻塞支气管，气体不能进入，原有的氧气逐渐被吸收而形成肺膨胀不全。

3. 先天性肺膨胀不全 早产动物呼吸运动、呼吸中枢受损，肺泡表面活性物质减少或缺乏，呼吸道被羊水、胎粪、黏液等阻塞而妨碍气体进入肺泡时，可引起新生仔畜肺膨胀不全。

(二) 病理变化

眼观，可见肺病变部位体积缩小，表面塌陷，呈暗红色或紫红色，无弹性，质地如肉，切面平滑。

镜检，可见肺泡壁平行排列，彼此相接，毛细血管充血，萎陷的肺泡腔内有脱落的肺泡上皮细胞（图14-7）。

(三) 结局和对机体的影响

病因消除后，可有良好结局。如果病因持续存在，萎陷部可发生瘀血、水肿、肺泡壁细胞变性，间质结缔组织增生，最后纤维化，肺组织变硬；若继发感染，可发生肺炎。

图14-7 肺萎陷
1. 肺泡变狭窄或消失
2. 肺泡壁略显增厚，毛细血管可明显见到

复习思考题

1. 描述支气管肺炎眼观和显微镜下的形态学变化特征。
2. 引起纤维素性肺炎的原因有哪些？描述其不同阶段的病理形态特征。
3. 简述肺气肿的病变特征。
4. 简述肺萎陷的病变特征。

第十五章 消化系统病理

【学习目标】
1. 掌握：胃炎、肠炎的常见类型、发生原因、机制及病理变化；肝炎的概念、原因、类型及病理变化；肝硬变的概念及病理变化
2. 熟悉：肝硬变的发生原因及类型。
3. 了解：肝炎和肝硬变的结局及对机体的影响。
4. 能识别胃炎、肠炎、肝炎和肝硬变的病变特征。

第一节 胃 炎

胃炎是指胃壁表层和深层组织的炎症。胃炎病变特征是胃黏膜上皮细胞变性、坏死脱落，血管充血或出血，黏膜层或黏膜下层有炎性细胞浸润或炎性渗出。胃炎按病程可分为急性胃炎和慢性胃炎两种。

（一）急性胃炎

急性胃炎病程短，发病急，症状重，炎症变化剧烈，渗出现象明显；根据渗出物的性质和病变特点，急性胃炎又可分为急性卡他性胃炎、出血性胃炎和纤维素性-坏死性胃炎。

1. 急性卡他性胃炎 是常见的一种胃炎类型，以胃黏膜表面被覆多量黏液和黏膜上皮脱落为特征。

（1）病因和机理。包括生物性（细菌、病毒、寄生虫等）因素、机械性（粗硬饲料、尖锐异物刺激等）因素、物理性（冷、热刺激等）因素、化学性（酸性或碱性物质、霉败饲料、化学药物等）因素以及剧烈的应激等。其中以生物性因素最为常见，损害最严重。例如，猪瘟、猪丹毒、猪传染性胃肠炎、猪伪狂犬病、仔猪水肿病、犬瘟热、犬细小病毒性肠炎、鸡新城疫、禽霍乱等传染性疾病均可引起急性卡他性胃炎。

（2）病理变化。眼观，胃黏膜特别是胃底腺部黏膜呈现弥漫性充血、潮红、肿胀，黏膜表面被覆多量浆液性、浆液-黏液性、脓性甚至血性分泌物，并常伴有散发斑点状出血和糜烂。

镜检，可见胃黏膜上皮细胞变性、坏死、脱落，有时局部出现浅层糜烂；黏膜固有层、黏膜下层毛细血管扩张、充血，甚至出血；固有层内淋巴小结肿胀，有时见其生发中心扩大或发生新生淋巴小结；组织间隙有大量浆液渗出及炎性细胞浸润，杯状细胞增多并脱落；黏膜下层有轻度充血和水肿。

2. 出血性胃炎 以胃黏膜弥漫性或斑块状、点状出血为特征。

（1）病因。包括各种原因造成的剧烈呕吐、强烈的机械性刺激、毒物中毒及某些传染病。如灭鼠药、重金属（砷）、农药中毒，霉败饲料的刺激，鸡新城疫、鸡法氏囊病、禽流

感、猪瘟、犬瘟热、犬细小病毒性肠炎、兔巴氏杆菌病、兔瘟、败血性猪丹毒、绵羊真胃内的捻转胃虫侵袭等均可引起胃黏膜出血性炎。

（2）病理变化。眼观，胃黏膜失去光泽，肿胀，呈弥漫性、斑块状或点状出血，黏膜表面或胃内容物含有游离的血液。时间稍久，血液渐呈棕黑色，与黏液混在一起，成为一种淡棕色的黏稠物，附着在胃黏膜表面。

镜检，可见黏膜固有层、黏膜下层毛细血管扩张、充血，红细胞局灶性或弥漫分布于整个黏膜内。

3. 纤维素性-坏死性胃炎 以胃黏膜糜烂坏死甚至形成溃疡，并在黏膜表面覆盖大量纤维素性渗出物为特征。

（1）病因。由较强烈的致病刺激物、应激、寄生虫感染等因素引起，如误咽腐蚀性药物，猪应激性溃疡（合群打斗、运输等），牛、羊真胃内奥斯特线虫寄生。也常见于某些传染病过程中，如猪瘟、鸡新城疫、畜禽沙门氏菌病、坏死杆菌及化脓性细菌感染等。

（2）病理变化。眼观，胃黏膜表面被覆一层灰白色、灰黄色纤维素性薄膜。浮膜性炎，伪膜易剥离，剥离后，黏膜显示充血、肿胀、出血、光滑无缺损或呈轻度糜烂；固膜性炎，纤维素膜与组织结合牢固，不易剥离，强行剥离后黏膜则见溃疡形成。若继发感染了化脓性细菌（化脓棒状杆菌、化脓性链球菌、绿脓杆菌等），则转为化脓性胃炎，黏膜表面覆盖大量的黄白色的脓性分泌物。

镜检，胃黏膜见均质无结构的坏死区，黏膜表面、黏膜固有层甚至黏膜下层有大量纤维素渗出物，并有不同程度的炎性细胞浸润，其中以中性粒细胞多见。

（二）慢性胃炎

慢性胃炎是以黏膜固有层和黏膜下层结缔组织显著增生为特征的炎症。慢性胃炎病情缓和、病程较长。慢性胃炎常常是由急性胃炎转化而来。根据病变的不同，可分为慢性萎缩性胃炎和慢性肥厚性胃炎。

1. 病因和机理 多由急性胃炎发展转变而来，少数由寄生虫（猪蛔虫，马胃蝇的幼虫，牛、羊真胃捻转血矛线虫等）寄生所致。

2. 病理变化 眼观，胃黏膜表面被覆大量灰白色、灰黄色黏稠的液体，皱褶显著增厚。由于增生性变化，使全胃或幽门部黏膜肥厚，称肥厚性胃炎；有的胃黏膜由于增生不均匀，黏膜表面呈高低不平的颗粒状，称颗粒性胃炎，它较多发生于胃底腺部。随着病变的发展，增生的结缔组织逐渐衰老而发生瘢痕性收缩，致使黏膜腺体萎缩或消失，肌层、胃黏膜萎缩变薄，胃壁由厚变薄，皱襞减少，称萎缩性胃炎。

镜检，肥厚性胃炎时，黏膜固有层和黏膜下层腺体、结缔组织增生，并有多量炎性细胞浸润，固有层的部分腺体受增生的结缔组织压迫而萎缩，部分存活的腺体则呈代偿性增生。腺体的排泄管因受增生的结缔组织压迫而变得狭长，形成闭塞的小囊泡。颗粒性胃炎时，黏膜固有层腺体与黏膜下层的结缔组织呈不均匀的增生。后期，胃黏膜腺体、肌层、胃黏膜萎缩致使胃壁变薄，伸展性下降，发展为萎缩性胃炎。

第二节 肠 炎

肠炎是指某段肠道或整个肠道的炎症。临床上，很多肠炎与胃炎往往同时发生，故称胃肠炎。根据发病部位可将肠炎分为十二指肠炎、空肠炎、回肠炎、盲肠炎、结肠炎和直肠炎等。但肠炎并不局限于某一固定区段，往往表现为不同肠段同时发生或相继发生炎症，因此临床上常有小肠-结肠炎、盲肠-结肠炎之称。根据病程长短可将肠炎分为急性肠炎和慢性肠炎两种。

（一）急性肠炎

急性肠炎根据渗出物的性质和病变特点，常分为急性卡他性肠炎、出血性肠炎、化脓性肠炎和纤维素性肠炎四种类型。

1. 急性卡他性肠炎　为临床上最常见的一种肠炎类型，多为各类型肠炎的早期变化，以肠黏膜急性充血和分泌大量浆液、黏液为特征。

（1）病因和机理。卡他性肠炎病因很多，有营养性、中毒性、生物性因素等几大类。如饲料粗糙、霉败、搭配不合理，饮水过冷、不洁，误食有毒植物，滥用抗生素导致肠道正常菌群失调及霉菌（黄曲霉毒素）导致的霉菌毒素中毒（黄曲霉毒素中毒），病毒、细菌、寄生虫感染引起的猪瘟、伪狂犬病、犬细小病毒性肠炎、传染性胃肠炎、鸡新城疫、禽流感、传染性法氏囊病、牛黏膜病、仔猪黄痢、仔猪白痢、仔猪副伤寒、鸡白痢、伤寒、副伤寒、禽霍乱、鸡盲肠肝炎等。

（2）病理变化。眼观，肠管松弛、扩张，肠黏膜表面（或肠腔中）有大量半透明无色浆液或灰白色、灰黄色黏液，刮去覆盖物可见肠黏膜潮红、充血、肿胀，很少看到出血病变。肠壁孤立淋巴滤泡和淋巴集结肿胀，形成灰白色结节，呈半球状凸起。

镜检，肠黏膜上皮变性、脱落，杯状细胞显著增多，黏液分泌增多。黏膜固有层毛细血管扩张、充血，并有大量浆液渗出和大量中性粒细胞及数量不等的组织细胞、淋巴细胞浸润，有时可见出血性变化。当有化脓性细菌（链球菌、绿脓杆菌等）感染时，可形成大量脓性分泌物被覆于肠黏膜表面，黏膜上皮坏死，大量中性粒细胞浸润，坏死变化严重。

2. 出血性肠炎　以肠黏膜严重损伤并有明显出血为特征。

（1）病因和机理。主要有化学毒物引起的中毒（如牛、羊误食夹竹桃叶子），微生物感染（炭疽、钩端螺旋体病、犬细小病毒性肠炎、急性猪丹毒、仔猪红痢、猪痢疾、羊肠毒血症、禽霍乱、禽流感等）或寄生虫侵袭（鸡、兔球虫病等）。

（2）病理变化。眼观，肠黏膜水肿增厚，有点状、斑块状或弥漫性出血，黏膜表面覆盖多量红褐色黏液，有时有暗红色血凝块。肠内容物中混有血液，呈淡红色或暗红色。

镜检，肠黏膜上皮和腺上皮变性、坏死和脱落，黏膜固有层和黏膜下层血管明显扩张充血、出血，并伴有大量的炎性渗出。

3. 化脓性肠炎　是由化脓菌引起的以中性粒细胞渗出和肠壁组织脓性分解为特征的肠炎。

（1）病因和机理。主要由各种化脓菌引起，如沙门氏菌、链球菌、志贺氏杆菌等，多经肠黏膜损伤部或溃疡面侵入。

（2）病理变化。眼观，肠黏膜表面被覆多量黄白色、黄绿色脓性渗出物，有时形成大片糜烂和溃疡。

镜检，肠黏膜固有层和肠腔内有大量中性粒细胞，毛细血管充血、水肿，黏膜上皮细胞发生变性、坏死和大量脱落等变化。

4. 纤维素性肠炎　是以肠黏膜表面被覆纤维素性渗出物为特征的炎症，临床上多呈急性或亚急性经过。根据病变特点可分为浮膜性肠炎和固膜性肠炎。

(1) 病因和机理。多数与病原微生物感染有关，如猪瘟、仔猪副伤寒、鸡沙门氏菌病、猪坏死性肠炎、鸡新城疫、小鹅瘟等。

(2) 病理变化。眼观，初期肠黏膜充血、出血和水肿，黏膜表面有多量灰白色、灰黄色絮状、片状、糠麸样纤维素性渗出物，多量的渗出物形成薄膜被覆于黏膜表面。如果肠黏膜仅有轻度坏死，纤维素性薄膜在肠黏膜上易于剥离，则称为浮膜性肠炎，薄膜剥离后肠黏膜充血、水肿，表面光滑，有时可见轻度糜烂，肠内容物稀薄如水，常混有纤维素碎片；如果肠黏膜发生深层坏死，渗出的纤维蛋白与黏膜深部组织牢固结合，不易剥离，若强行剥离后，可见黏膜有出血和较深的溃疡形成，则称为固膜性肠炎，也称纤维素坏死性肠炎，以亚急性、慢性猪瘟在大肠黏膜表面形成的"扣状肿"最为典型。

镜检，病变部位肠黏膜上皮脱落，渗出物中有大量的纤维素和黏液、中性粒细胞，黏膜层、黏膜下层小血管充血、水肿和炎性细胞浸润。固膜性肠炎坏死严重，大量渗出的纤维蛋白和坏死组织融合在一起，黏膜及黏膜下层可见均质红染无结构的坏死区，坏死组织周围有明显充血、出血和炎性细胞（中性粒细胞、浆细胞、淋巴细胞等）浸润。

(二) 慢性肠炎

慢性肠炎是以肠黏膜和黏膜下层结缔组织增生及炎性细胞（淋巴细胞为主，还有浆细胞、组织细胞）浸润为特征的炎症。

1. 病因和机理 慢性肠炎主要由急性肠炎发展而来，也可由长期饲喂不当，肠内有大量寄生虫或其他致病因子所引起。

2. 病理变化 眼观，肠管变粗，肠壁因结缔组织增生而增厚，或有时结缔组织增生不均，使黏膜面呈现高低不平的颗粒状或形成脑回样皱褶，肠黏膜呈黄白色，表面常覆盖多量灰白色黏液，肠管因蠕动减弱、排气不畅而发生臌气。此外，病程较长时，黏膜萎缩，增生的结缔组织收缩，肠壁变薄，即萎缩性肠炎。

镜检，黏膜上皮细胞变性、脱落，肠腺间结缔组织增生，肠腺萎缩或完全消失，杯状细胞肿胀、分泌亢进；有时结缔组织侵及肌层及浆膜，并有淋巴细胞、浆细胞、组织细胞浸润，有时有嗜酸性粒细胞浸润。

第三节 肝 炎

肝炎是指肝在某些致病因素作用下发生的以肝细胞变性坏死或间质增生为主要特征的一种炎症过程。肝炎是许多动物的常见疾病。其发生原因有传染性、中毒性和寄生虫性几类。按疾病进程分为急性肝炎和慢性肝炎两种。病理类型则有实质性肝炎与间质性肝炎之分。现按病因分类，结合疾病进程和病理类型特点将肝炎分为传染性肝炎和中毒性肝炎。

(一) 传染性肝炎

动物的传染性肝炎由病毒、细菌、霉菌和寄生虫引起。

1. 病毒性肝炎

(1) 病因和发生机理。病毒性肝炎由对肝有亲嗜性的病毒（如雏鸭肝炎病毒、鸡包含体肝炎病毒、犬传染性肝炎病毒等）引起，某些不以肝为主要侵害靶器官的病毒引起的疾病（如牛恶性卡他热、鸭瘟、马传染性贫血等）也可引起肝炎。

(2) 病理变化。眼观，肝呈不同程度肿大，被膜紧张，质量增加，边缘钝圆，表面呈暗红色或土黄色，有时可见灰白色或灰黄色的坏死灶以及出血斑点。

镜检，肝小叶中央静脉和窦状隙扩张、充血，小叶内见出血和肝细胞坏死。肝细胞发生广泛性的颗粒变性、水泡变性、气球样变、脂肪变性等，出现以淋巴细胞为主的炎细胞浸润，小叶间组织、汇管区内小胆管和卵圆形细胞增殖。部分病毒所致肝炎在肝细胞的细胞核或细胞质内可出现特异性包含体，病程过久，因结缔组织增生导致肝硬化。

(3) 动物常见病毒性肝炎。

①鸭病毒性肝炎。这是雏鸭的一种高度致死性的急性传染病，主要发生于3周龄以下的雏鸭，成年鸭不发病，病原属于小核糖核酸病毒群的一种嗜肝性病毒。眼观，肝肿大，质地柔软，呈淡红色或外观显斑驳状，表面有出血点或出血斑，有些病例有坏死灶。胆囊扩张，充满胆汁。肾充血肿胀，其他器官无明显变化。

镜检，肝细胞广泛发生颗粒变性和脂肪变性，以至发生局灶性坏死，坏死灶周围有炎性细胞浸润。小叶间胆管上皮增生，小血管周围有淋巴细胞浸润，散在出血区。

②鸡包含体肝炎。主要发生于肉用仔鸡和青年产蛋鸡的一种急性传染病，病原是禽腺病毒属的病毒。眼观，病鸡的肝肿大，质脆，呈淡黄白色，表面和切面上可见出血斑点，并有胆汁淤积形成的斑纹。

镜检，肝细胞广泛发生空泡变性或脂肪变性和凝固性坏死，很多肝细胞的细胞核肿大，染色质消失，核内含有苏木素-伊红染色呈红色的嗜酸性包含体，少数为呈紫色的嗜碱性包含体。包含体的形体很大，充满细胞核内，数量很多，一个视野内常能见到多个细胞含有核内包含体，肝内有散在出血灶和胆管组织增生变化。

③犬传染性肝炎。这是犬属动物的一种传染病，主要发生于青年犬，病原是一种腺病毒。眼观，皮下水肿，腹腔蓄积澄清或血样液体，胃、肠、胆囊和膈肌浆膜下出血。肝肿大，质脆，呈黄色斑驳状，胆囊水肿。

镜检，肝实质严重变性和坏死，坏死灶多位于肝小叶中心，为许多嗜伊红染色的凝固性坏死灶，周围有淋巴细胞、单核细胞浸润，并有少量胆色素沉积。在坏死灶附近变性的肝细胞中可见到明显的核内包含体，细胞核极度肿大，染色质过集，包含体的体积很大，几乎占据整个胞核内脏，嗜伊红染色，轮廓清晰，枯否氏细胞肿大，也可见到相同的核内包含体，这是本病在组织学上的病变特征。

2. 细菌性肝炎

(1) 病因和发生机理。引起此型肝炎的细菌种类很多，如巴氏杆菌、沙门氏菌、坏死杆菌、钩端螺旋体和各种化脓性细菌等。细菌性肝炎以组织变质、坏死、形成脓肿或肉芽肿为主要病理特征。

(2) 病理变化。

①以变质为主要表现的细菌性肝炎。眼观，肝肿大，肝内充血阶段可见肝呈暗红色；有黄疸者为土黄色或橙黄色。常见点状出血与斑状出血，以及灰白色或灰黄色的坏死病灶。禽类的许多细菌性肝炎，还见肝被膜上有呈条索样或膜样的纤维素性渗出物（纤维素性肝周炎）。

镜检，中央静脉和肝窦扩张，充血或出血。肝细胞广泛颗粒变性、脂肪变性或水泡变性。坏死灶多位于肝小叶内，大小不一，也可发生弥漫性坏死，坏死灶外围有以中性粒细胞为主的炎症细胞浸润。毛细胆管因充盈胆汁而扩张。

②以化脓为主要表现的细菌性肝炎。化脓性感染特别是化脓棒状杆菌引起的化脓性肝炎（肝脓肿），在牛很常见，病菌一般经由门静脉血流进入肝，也可能由于网胃里的异物直接刺入肝，或是由于创伤性网胃炎的化脓病灶直接蔓延到肝所致。眼观，脓肿为单发或多发，多数发生在左肝叶。脓肿具有包膜，内含黏稠的黄绿色脓液。肝表面的脓肿常引起纤维素性肝周围炎，因而发生粘连。

③禽霍乱。常发生于鸡、鸭、鹅的巴氏杆菌病的肝，有点状坏死和实质性炎症，在急性型病例具有诊断意义。眼观，肝稍肿大，由于瘀血而大部分呈暗红色，表面和切面上可见散在大量针头大的灰白色坏死点。坏死灶周围不见充血带，因此在肝变性显著的病例，由于肝实质肿胀发黄而将坏死点掩盖，不易分辨。

镜检，局部肝细胞发生凝固性坏死，并有多量白细胞浸润。

④沙门氏菌引起的各种动物（主要是鸡、猪和牛）的沙门氏菌病。常发生肝炎症病变，眼观，肝中出现多数局灶性坏死，坏死灶的范围不大，小的仅为少数。

镜检，肝细胞凝固性坏死，或是由于单核细胞增生而形成小的细胞性肉芽肿，中央也可能坏死，肝小叶间往往也有单核细胞浸润。在眼观时这种肉芽肿和凝固性坏死灶均呈淡灰黄色的小点。

⑤鸡弯杆菌性肝炎。鸡的一种由空肠弯杆菌引起的传染病，多见于产蛋鸡和小母鸡，呈亚急性或慢性经过。眼观，肝肿大，由于充血而呈桃花芯木色泽，有时因胆汁浸染呈黄色，肝表面和实质内有大的融合性坏死灶，有的坏死灶外观呈星状或椰菜花状。坏死灶数量不一，少时仅见几个，多时可见肝布满大小不等的黄色坏死灶，有的病鸡肝破裂，肝包膜下形成血肿，有时血肿破裂发生内出血。常见发生腹膜炎，胆囊肿大，心包积液，病程长的病鸡可以发生肝硬化。

镜检，肝充血和出血，肝细胞广泛颗粒变性、脂肪变性和坏死，坏死区大小和形状不等，灶内有淋巴细胞和中性粒细胞浸润，汇管区和肝窦内也有同样的白细胞浸润，胆管增生。慢性病例的肝汇管区和肝小叶内有明显的结缔组织增生和淋巴细胞浸润。

⑥以肉芽肿形成为主要表现的细菌性肝炎。常为肝内感染某些慢性传染病的病原体如结核杆菌、鼻疽杆菌、放线菌等所致。肝内出现大小不等的肉芽肿性结节状病变。此类肉芽肿的组织结构大致相同，肉芽肿结节中心为黄白色干酪样坏死物，如有钙化时质地比较硬固，刀切时闻磨砂声。

镜检，可见结节中心为均质无结构坏死物质，有钙盐沉着时可见蓝色颗粒状钙盐；坏死灶周围为多量上皮样细胞浸润，其间还见几个胞体很大的多核巨细胞，它们的细胞核位于细胞质的一侧边缘，呈马蹄状排列；周围有多量淋巴细胞浸润，外围见数量不等的结缔组织环绕。结节与周围组织分界清楚。

3. 霉菌性肝炎

（1）病因和发生机理。其病原体常见有烟曲霉菌、黄曲霉菌、灰绿曲霉和构巢曲霉等致病性真菌。

（2）病理变化。眼观，肝显著肿大，边缘钝圆，切面隆突，呈土黄色，质脆易碎，有明显黄疸。

镜检，肝细胞脂肪变性、出血、坏死和淋巴细胞增生，间质小胆管增生。慢性病例则形成肉芽肿结节，其组织结构与其他特异性肉芽肿相似，但可发现大量菌丝。

4. 寄生虫性肝炎

(1) 病因和发生机理。此型肝炎常在肝内某些寄生虫在肝实质中（如组织滴虫）或肝内胆管（如肝片吸虫）寄生繁殖，或某些寄生虫的幼虫（如猪蛔虫的幼虫）移行于肝时而发生。

(2) 病理变化。

①鸡盲肠肝炎。鸡盲肠肝炎又称黑头病，病原体是火鸡组织滴虫，特征为引起盲肠和肝的特异性坏死性炎症。有些病鸡的面部皮肤变紫蓝色或黑色，所以俗称"黑头病"。眼观，可见一侧或两侧盲肠发生出血性坏死性炎症。肝肿大，表面形成圆形或不规则形的、稍稍凹陷的溃疡病灶，溃疡呈淡黄色或淡绿色，边缘稍隆起。

镜检，坏死灶为肝实质凝固性坏死，有炎性细胞浸润，包括巨噬细胞、淋巴细胞和中性粒细胞，在坏死区周围可以看到圆形的组织滴虫，大小不一，染成红色。

②兔球虫病。这是家兔的一种常见病，病原为艾美耳属球虫。种类很多，大多寄生于肠道黏膜上皮细胞，其中的斯蒂德艾美耳球虫寄生于肝内胆管系统的黏膜层内，引起肝产生典型的球虫性肝炎病变。眼观，肝肿大，表面有米粒至豌豆大的黄白色结节，还可见弯曲的灰白色条索状物，均为增生和扩大的胆管。

镜检，初期为胆管黏膜上皮脱落，呈卡他性胆管炎，以后由于胆管上皮增生，使胆管显著扩张，黏膜上皮呈乳头状或树枝状突出于胆管腔内，在这种增生的上皮层内可以看到球虫卵囊、裂殖体等。在慢性病例，胆管周围及肝小叶间有多量结缔组织增生，附近的肝实质组织萎缩。

③由某些寄生虫（如蛔虫和肾虫）的幼虫移行肝时发生的肝炎。眼观，肝表面有大量形态不一的白斑散布，白斑质地致密和硬固，有时高出被膜位置。此俗称"乳斑肝"。

镜检，可见许多肝小叶内有局灶性坏死病灶，其周围有大量嗜酸性粒细胞以及少量中性粒细胞和淋巴细胞浸润，小叶间和汇管区结缔组织增生。肝寄生虫幼虫移行的坏死病灶，形成有上皮样细胞围绕和炎性细胞浸润以及结缔组织增生的肉芽肿。

（二）中毒性肝炎

由于环境污染日益严重，以及各种化学性制剂（农药、药物、添加剂）的广泛使用和人工配合饲料的某些缺陷等原因，动物中的中毒性肝炎已日渐多见，在集约化和封闭式饲养的饲养业中，常有大规模发生的特点。

1. 病因和发生机理 引起中毒的各种化学性物质大多是所谓的亲肝性毒物，例如有机氯化合物中的氯丹、敌草晴、五氯酚钠、多氯联苯胺等，有机磷化合物中的双硫磷和有机汞化合物中的赛力散等。这类用作农药的物质在使用不当时可污染饲料而使动物受害。

引起中毒的药物种类也很多。药物与毒物之间并无严格的界限，当超量使用或用法不当时，可对机体（包括肝）起毒性作用；有不少药物对肝组织能产生直接毒害的影响，如汞剂、硫酸亚铁、氯仿、酒精、甲醛、磷、铜、砷、氟化物和煤酚等。近年还不断发现某些临床上经常使用的解热镇痛药如烃基保泰松、消炎痛，某些抗生素和呋喃类化合物如先锋毒素Ⅰ、杆菌肽、麻醉药氟烷和免疫抑制药硫唑嘌呤以及种类繁多的环境消毒药等，在过量或持久使用的情况下对动物的肝均有一定的毒性，有的很快引起转氨酶升高。在动物已有肝疾患时，其毒性更为明显。

因机体本身患有某些疾病引起物质代谢障碍，毒性代谢产物在体内蓄积过多，以及严重的胃肠炎、肠梗阻和肠穿孔导致的腹膜炎，也能发生这一类型的肝炎。

2. 病理变化　急性中毒性肝炎的主要病理变化是肝组织发生重度的营养不良性病变以至坏死，同时还伴有充血、水肿和出血。

眼观，肝呈不同程度肿大，潮红充血或可见出血点与出血斑，水肿明显时肝湿润和质量增加，切面多汁。在重度肝细胞脂肪变性时，肝肿大、质脆，呈黄褐色。如瘀血兼有脂肪变性时，肝在黄褐色或灰黄色的背景上，见暗红色的条纹，呈类似于槟榔切面的斑纹；同时常可于肝的表面和切面发现有灰白色的坏死灶。急性中毒性肝炎，由于大量肝细胞坏死、崩解和伴有脂肪变性，肝的体积通常缩小，肝叶边缘变为锐薄，呈黄色。

镜检，肝小叶中央静脉扩大，肝窦瘀血和出血，肝细胞重度颗粒变性、水泡变性和脂肪变性，小叶周边、中央静脉周围或散在的肝细胞坏死。严重病例坏死灶遍及整个小叶呈弥漫性坏死；坏死细胞呈深染伊红的透明圆球状，未完全坏死溶解的肝细胞见胞核固缩或碎裂。肝小叶内或间质中炎性细胞渗出现象一般微弱，有时仅见少许淋巴细胞。

（三）结局和对机体的影响

由于引起中毒的毒物种类较多，且中毒的程度轻重不一，上述这些变化有时差异颇大。耐过的一些急性中毒性肝炎可转为慢性。变性轻微的肝细胞逆转恢复正常，较小的坏死灶通过纤维组织增生而疤痕化，肝实质萎缩，肝被膜、小叶间和汇管区结缔组织不同程度增生而出现肝硬化。

第四节　肝硬化

各种原因引起肝细胞严重变性和坏死后，出现肝细胞结节状再生和间质结缔组织广泛增生，使肝变硬、变形的过程称为肝硬化。

（一）原因和发生机理

引起肝硬化的原因有很多，常见的有以下几种：

1. 门脉性肝硬化　见于病毒性肝炎、黄曲霉毒素中毒、营养缺乏，如缺乏胆碱或蛋氨酸等，肝长期脂变、坏死，被结缔组织取代，肝小叶结构改变。其特征是汇管区和小叶间纤维结缔组织增生，但胆管增生不明显，假小叶形成，导致肝硬化。此型肝硬化时叶下静脉受压，肝窦状隙内血液排出受阻，门静脉血液注入肝内出现障碍，导致门静脉高压。眼观，可见肝体积缩小，质硬，表面颗粒状小结节，肝细胞因脂肪变性而成土黄色或黄褐色，发生胆汁瘀滞时，肝呈黄绿色。

镜检，肝小叶正常结构破坏，肝小叶被结缔组织分割形成大小不一的"假小叶"团块，无中央静脉，细胞排列紊乱，细胞较大。肝表面有结节形成，相当于小结节型肝硬化。

2. 坏死后肝硬化　此种肝硬化是在肝实质大片坏死的基础上形成的。肝坏死区内结缔组织广泛增生和肝细胞结节状再生而形成的，常见于病原微生物感染和黄曲霉毒素、四氯化碳中毒等。眼观，肝体积缩小，质地坚实，被膜增厚，表面因形成大小不一的结节而凹凸不平，色变浅，呈灰黄色或灰白色。与门脉型肝硬化不同之处在于"假小叶"间的纤维间隔较宽，炎性细胞浸润，小胆管增生显著。

3. 瘀血性肝硬化　此种肝硬化是因为长期心脏功能不全，肝瘀血、缺氧，肝细胞变性、坏死，网状纤维胶原化，间质因缺氧及代谢产物的刺激而发生结缔组织增生。特点是肝体积稍缩小，色红褐，表面呈细颗粒状。

4. 寄生虫性肝硬化 这是最常见的肝硬化。可以是寄生虫幼虫移行时破坏肝（如猪蛔虫病），或是虫卵沉着在肝内（如牛、羊血吸虫），或是成虫寄生于胆管内（如牛、羊肝片吸虫），或由原虫寄生于肝细胞内，引起肝细胞坏死（如兔肝球虫病）。此型肝硬化的特点是在肝内形成较多的寄生虫结节，肝实质损害严重，导致结缔组织增生，并有嗜酸性粒细胞浸润。

5. 胆汁性肝硬化 由于胆道阻塞，肝内胆汁瘀滞而引起。肿瘤、结石、虫体可压迫或阻塞胆管，使胆汁瘀滞。肝被胆汁染成绿色或绿褐色。肝体积增大，表面平滑或颗粒状，硬度中等。

镜检，可见肝细胞细胞质内胆色素沉积、变性坏死；毛细胆管淤积胆汁、胆栓形成。胆汁外溢，充满坏死区成为"胆汁湖"。汇管区小胆管增生，因纤维组织增生而增大。

（二）病理变化

肝硬化由于发生原因不同，其形态结构变化也有所差异，但基本变化是一致的。

眼观，肝常见缩小，边缘锐薄，质地坚硬，表面呈凹凸不平或颗粒状、结节状隆起，色彩斑驳，常染有胆汁；肝被膜变厚。切面上可见十分明显的淡灰色结缔组织条索围绕着淡黄色圆形的肝实质。肝内胆管明显，胆管壁增厚。

镜检，可见以下特征变化：

（1）结缔组织广泛增生。结缔组织在肝小叶内及间质中增生，炎性细胞以淋巴细胞浸润为主。

（2）假性肝小叶形成。增生的结缔组织包围或分割肝小叶，使肝小叶形成大小不等的圆形小岛，称假性肝小叶。假小叶内缺乏中央静脉或中央静脉偏位，肝细胞大小不一，排列紊乱。

（3）假胆管。在增生的结缔组织中有新生毛细血管和假胆管。假胆管是由两条立方形细胞形成的条索，但无腔，故称"假胆管"。

（4）肝细胞结节形成。病程长时，残存肝细胞再生，由于没有网状纤维作支架，故再生肝细胞排列紊乱，聚集成团形成结节状，且无中央静脉。再生的肝细胞体积较大，细胞核可能有两个或两个以上，细胞质着染良好。

（三）结局和对机体的影响

肝硬化是一渐进性病理过程，即使病因消除也不能恢复正常。肝细胞的再生和代偿能力都很强，早期可通过功能代偿而在相当长的时间内不出现明显症状。但后期由于代偿失调，就可出现一系列症状，主要为门脉性高压症和肝功能障碍。

1. 门脉性高压症 肝硬化时，门静脉压升高，引起门静脉所属器官（胃、肠、脾）瘀血和水肿，影响胃肠道蠕动和分泌功能，进一步引起慢性胃肠炎，所以临床上有食欲不振和消化不良。肝硬化后期可引起腹水。腹水的形成主要是由门静脉高压和血浆胶体渗透压下降所引起的。

2. 肝功能障碍

（1）合成功能改变。肝硬化时，肝合成蛋白质的能力降低，血浆蛋白含量减少，血浆胶体渗透压降低。另外，肝合成纤维蛋白原和凝血酶原的作用降低，故有出血倾向。

(2) 灭活功能降低。肝硬化时，肝对某些激素特别是醛固酮和加压素灭活发生障碍，使其在体内蓄积，引起腹水。

(3) 胆色素代谢障碍。肝细胞受损和胆汁排出受阻，血中直接胆红素及间接胆红素均增加。

(4) 酶活性改变。肝细胞受损，某些酶如谷丙转氨酶、谷草转氨酶等进入血液，因而肝功能检查时，这些酶活性升高。

(5) 肝性脑病。是肝功能衰竭的一种表现。肝硬化时，肝屏障及解毒功能降低，不能有效地清除血液中有毒代谢产物，如血氨及酚类，造成自体中毒，特别是氨中毒。

复习思考题

1. 试述胃炎的类型和各类型的病变特点。
2. 肠炎有哪些类型？试述各类型肠炎的病理变化特点。
3. 描述肝炎的种类及病理变化特征。
4. 肝硬化的发生原因怎样？其病理形态学变化特征如何？

第十六章 泌尿系统病理

【学习目标】
1. 掌握：肾炎和肾病的发生原因及机理；肾炎和肾病的类型及其病理特征。
2. 能识别各型肾炎和肾病的病理变化，会分析其发生的机理。

泌尿系统包括肾、输尿管、膀胱和尿道，泌尿系统的功能是将动物体内代谢过程中产生的废物和毒物，通过尿的形式排出体外，以调节机体 pH 和水盐代谢，维持其内环境的相对稳定。泌尿系统的疾病较多见于肾和膀胱，尤以肾的疾病常见和重要。

第一节 肾 炎

肾炎是指以肾小球、肾小管和间质的炎症变化为特征的疾病。根据发生部位和性质，通常把肾炎分为肾小球肾炎、间质性肾炎和化脓性肾炎。

一、肾小球肾炎

肾小球肾炎是以肾小球的炎症为主的肾炎。炎症过程常常始于肾小球，然后逐渐波及肾球囊、肾小管和间质。根据病变波及的范围，肾小球肾炎可分为弥漫性和局灶性两类。病变累及两侧肾几乎全部肾小球者，为弥漫性肾小球肾炎；仅有散在的部分肾小球受累者，为局灶性肾小球肾炎。

（一）原因和发生机理

引起肾小球肾炎的原因尚不完全明确，随着对肾结构和功能认识的提高和免疫学的进展，对肾小球肾炎的病因和发病机理的认识也有了进一步的提高。近年来，应用免疫电镜和免疫荧光技术证实肾炎的发生主要通过两种方式：一种是血液循环内的免疫复合物沉着在肾小球基底膜上引起的，称为免疫复合物性肾小球肾炎；另一种是抗肾小球基底膜抗体与宿主肾小球基底膜发生免疫反应引起的，称为抗肾小球基底膜抗体型肾小球肾炎。

1. 免疫复合物性肾小球肾炎 免疫复合物性肾小球肾炎的发生是由于机体在外源性抗原（如链球菌的细胞质膜抗原或异种蛋白等）或内源性抗原（如由于感染或其他原因引起的自身组织破坏而产生的变性物质等）刺激下产生相应的抗体，抗原和抗体在血液循环内形成抗原抗体复合物并在肾小球滤过膜的一定部位沉积而致。大分子抗原抗体复合物常被巨噬细胞吞噬和清除，小分子可溶性抗原抗体复合物容易通过肾小球滤过膜随尿排出，只有中等大小的可溶性抗原抗体复合物能在血液循环中保持较长时间，并在通过肾小球时沉积在肾小球毛细血管壁的基底膜与脏层上皮细胞之间。如用免疫荧光法检查，沿毛细血管基底膜表面见有大小不等不连续的颗粒状物质。此型肾炎属Ⅲ型变态反应。

2. 抗肾小球基底膜抗体型肾小球肾炎 抗肾小球基底膜抗体型肾小球肾炎的发生是由于某些抗原物质的刺激致使机体产生抗自身肾小球基底膜抗体，并沿基底膜内侧沉积而致。引起此种肾炎的原因可以是：在感染或其他因素作用下，细菌或病毒的某种成分与肾小球基底膜结合，形成自身抗原，刺激机体产生抗自身肾小球基底膜的抗体，在感染后机体内某些成分发生改变，或某些细菌成分与肾小球毛细血管基底膜有共同抗原性，这些抗原刺激机体产生的抗体，既可与该抗原性物质起反应，也可与肾小球基底膜起反应，即存在交叉免疫反应。用荧光法检查时，抗肾小球基底膜抗体呈均匀连续的线状分布于基底膜内皮细胞一侧，称为线型荧光型肾炎，属于Ⅱ型变态反应。

（二）类型与病理变化

肾小球肾炎的分类方法很多，分类的基础和依据各不相同。根据肾小球肾炎的病程和病理变化，一般将肾小球肾炎分为急性、亚急性和慢性三大类。

1. 急性肾小球肾炎 急性肾小球肾炎常发生于急性感染之后，起病急，病程较短。病理变化主要在肾小球毛细血管网和肾球囊内，通常开始以血管球毛细血管变化为主，以后肾球囊内也出现明显病变。病变性质包括变质、渗出和增生三种变化，但不同病例，有时以增生为主，有时以渗出为主。

眼观，急性肾小球肾炎早期变化不明显，以后肾轻度或中度肿大，充血，质地柔软，被膜紧张，易剥离，表面与切面潮红，所以称"大红肾"。若肾小球毛细血管破裂出血，肾表面和切面散布针尖状大小的红点，形如蚤咬，称"蚤咬肾"。肾切面可见皮质由于炎性水肿而变宽，纹理模糊，与髓质分界清楚。

镜检，主要病变是肾小球内细胞增生。早期，肾小球毛细血管扩张充血，内皮细胞和系膜细胞肿胀增生，毛细血管通透性增加，血浆蛋白滤入肾球囊内，肾小球内有少量白细胞浸润。随后肾小球内系膜细胞严重增生，这些增生细胞压迫毛细血管，使毛细血管管腔狭窄甚至阻塞，肾小球呈缺血状。此时，肾小球内往往有多量炎性细胞浸润，肾小球内细胞增多，肾小球体积增大，膨大的肾小球毛细血管网几乎占据整个肾球囊腔。囊腔内有渗出的白细胞、红细胞和浆液。病理变化较严重者，毛细血管腔内有血栓形成，导致毛细血管发生纤维素样坏死，坏死的毛细血管破裂出血，致使大量红细胞进入肾球囊腔。不同的病例，病变的表现形式不同，有的以渗出为主，称为急性渗出性肾小球肾炎；有些以系膜细胞的增生为主，称为急性增生性肾小球肾炎；伴有严重大量出血者称为急性出血性肾小球肾炎。肾小管上皮常有颗粒变性、玻璃样变性和脂肪变性。管腔内含有从肾小球滤过的蛋白、红细胞、白细胞和脱落的上皮细胞。这些物质在肾小管内凝集成各种管型。由蛋白凝固而成的称为透明管型，由许多细胞聚集而成的称为细胞管型。肾间质内常有不同程度的充血、水肿及少量淋巴细胞和中性粒细胞浸润。

2. 亚急性肾小球肾炎 亚急性肾小球肾炎可由急性肾小球肾炎转化而来，或由于病因作用较弱，病势一开始就呈亚急性经过。

眼观，肾体积增大，被膜紧张，质度柔软，颜色苍白或淡黄色，俗称"大白肾"。若皮质有无数瘀点，表示曾有急性发作。切面隆起，皮质增宽，苍白色、混浊，与颜色正常的髓质分界明显。

镜检，突出的病变为大部分肾球囊内有新月体形成。新月体主要由壁层上皮细胞增生和渗出的单核细胞组成。扁平的上皮细胞肿大，呈梭形或立方形，堆积成层，在肾球囊内毛细血管丛周围形成新月体或环状体。新月体内的上皮细胞间可见红细胞、中性粒细胞和纤维素性渗出物。早期新月体主要由细胞构成，称为细胞性新月体。上皮细胞之间逐渐出现新生的纤维细胞，纤维组织逐渐增多形成纤维-细胞性新月体。最后新月体内的上皮细胞和渗出物完全由纤维组织替代，形成纤维性新月体。新月体形成一方面压迫毛细血管丛，另一方面使肾小囊闭塞，致使肾小球的结构和功能严重破坏，影响血浆从肾小球滤过，最后毛细血管丛萎缩、纤维化，整个肾小球呈纤维化玻璃样变。肾小管上皮细胞广泛颗粒变性，由于蛋白的吸收形成细胞内玻璃样变。病变肾单位所属肾小管上皮细胞萎缩甚至消失。间质水肿，炎性细胞浸润，后期发生纤维化。

3. 慢性肾小球肾炎 慢性肾小球肾炎可以由急性和亚急性肾小球肾炎演变而来，也可以一开始就呈慢性经过。慢性肾小球肾炎起病缓慢，病程长，常反复发作，是各型肾小球肾炎发展到晚期的一种综合性病理类型。

眼观，由于肾组织纤维化、瘢痕收缩和残存肾单位的代偿性肥大，肾体积缩小，表面高低不平，呈弥漫性细颗粒状，质地变硬，肾皮质常与肾被膜发生粘连，颜色苍白，故称"颗粒性固缩肾"或"皱缩肾"，切面见皮质变薄，纹理模糊不清，皮质与髓质分界不明显。

镜检，大量肾小球纤维化，玻璃样变，所属的肾小管也萎缩消失，纤维化。由于萎缩部有纤维化组织增生，继而发生收缩，致使玻璃样变的肾小球互相靠近，这种现象称为"肾小球集中"。有些纤维化的肾小球消失于周围增生的结缔组织之中。残存的肾单位发生代偿性肥大，表现为肾小球体积增大，肾小管扩张。扩张的肾小管管腔内常有各种管型。间质纤维组织明显增生，并有大量淋巴细胞和浆细胞浸润。

二、间质性肾炎

间质性肾炎是在肾间质发生的以淋巴细胞、单核细胞浸润和结缔组织增生为原发病变的非化脓性肾炎。

（一）原因和发生机理

本病原因尚不完全清楚，一般认为与感染、中毒性因素有关。某些细菌或病毒性传染病如布鲁氏菌病、钩端螺旋体病、副伤寒、犬瘟热、猪大肠杆菌病等多有间质性肾炎的病变，青霉素类、先锋霉素、磺胺类药物过敏及寄生虫感染等都可引起间质性肾炎。

间质性肾炎常同时发生于两侧肾，表明其发生是毒性物质在排泄过程中经血源性途径侵入肾而引起的。炎症首先从肾小管间的间质开始，表现为淋巴细胞和单核细胞浸润，并有成纤维细胞增生。由于间质中增生和浸润的细胞压迫肾小管和肾小球，可使肾小管和肾小球发生萎缩和崩解消失。若大量的肾单位被破坏，患畜往往死于尿毒症。

（二）类型与病理变化

根据间质性肾炎炎症波及的范围不同可将其分为两种类型：

1. 弥漫性间质性肾炎 是幼年家畜中常见的一种病变，往往是某些全身性感染的一种伴发病。在感染高峰时两侧肾均受损，表示病因经由血源途径而来。可分为急性弥漫性间质性肾炎和慢性弥漫性间质性肾炎。

（1）急性弥漫性间质性肾炎。眼观，肾稍肿大，被膜紧张容易剥离，被膜下皮质表面和切面上可见清晰的灰白色斑纹，这是白细胞稠密浸润的小病区，这些病区与周围无明显分界，轮廓模糊。切面上灰白色的斑纹，呈辐射状条纹，波及整个皮质和髓质外带。

镜检，病变主要集中在间质，间质小血管扩张充血，结缔组织水肿，白细胞浸润，浸润的白细胞为单核细胞、淋巴细胞和浆细胞，浸润细胞波及整个肾间质。肾小管及肾小球变化多不明显。

（2）慢性弥漫性间质性肾炎。眼观，亚急性和慢性弥漫性间质性肾炎的肾体积缩小，质度变硬，肾表面凹凸不平，呈淡灰色或黄褐色，被膜增厚，与皮质粘连，剥离困难，切面皮质变薄，皮质与髓质分界不清，这种肾炎眼观和显微镜下与慢性肾小球肾炎都不易区别。

镜检，慢性弥漫性间质性肾炎时，间质发生纤维组织广泛增生，随着纤维组织逐渐成熟，炎性细胞数量逐渐减少。许多肾小管发生颗粒变性、萎缩消失，并被纤维组织所代替，残留的肾小管则发生扩张和肥大。肾小囊发生纤维性肥厚或者囊腔扩张，以后肾小球变形或皱缩。在与慢性肾小球肾炎鉴别诊断时，许多肾小球无变化或仅有轻度变化是其主要特点。

2. 局灶性间质性肾炎　眼观，在肾表面及切面皮质部散在多数点状、斑状或结节状病灶。病灶的外观依动物不同而略有差异。在牛，尤其是犊牛，病灶较大（豌豆大到蚕豆大），稍膨隆，呈灰白色，有油脂样光泽，称为白斑肾；犬间质性肾炎病灶较小，为圆形或多形的灰色小结节；马间质性肾炎病灶更小，通常为灰白色针尖大小的小结节，小病灶可以融合成大病灶，严重者也可发展成为弥漫性间质性肾炎。

镜检，肾小球一般正常，肾小管的损害继发于间质的病变。间质的反应很明显，初期为水肿、淋巴细胞和浆细胞中度浸润，随着病情的发展，除仍可见到淋巴细胞和浆细胞外，成纤维细胞的增生则逐渐占优势。随着纤维组织的增生，许多肾小管发生萎缩与消失。有的肾小管也可能扩张，其上皮细胞变扁平，甚至只残留基底膜。

三、化脓性肾炎

化脓性肾炎是指肾实质和肾盂的化脓性炎症，根据病原的感染途径不同可分为以下两种类型：

（一）肾盂肾炎

肾盂肾炎是肾盂和肾组织因化脓菌感染而发生的化脓性炎症。通常是从下端尿路上行的尿源性感染，常与输尿管、膀胱和尿道的炎症有关。

1. 原因和发生机理　细菌感染是肾盂肾炎的主要原因，主要病原菌是棒状杆菌、葡萄球菌、链球菌、绿脓杆菌，大多是混合感染。其他原因，如下部尿道炎症、瘢痕组织收缩、结石形成、寄生虫在尿道内寄生和移动、前列腺炎、分娩时产道创伤、膀胱麻痹等均可诱发肾盂肾炎。尿道狭窄，尿路阻塞，尿液停滞，蓄积的尿液发酵分解，其产物可使黏膜损伤与脱落，防御力降低。潴留的尿及其炎性渗出物成为细菌停留和繁殖的培养基，为感染创造了适宜的条件。

肾盂肾炎感染途径：一种情况为病原体经肾动脉进入肾后，首先引起化脓性肾炎，少数情况下，进入肾的细菌未引起化脓性肾炎，细菌经肾小球滤出后，随原尿进入肾盂，引起肾盂肾炎；另一种情况为循环血液内的细菌通过肾盂动脉血管网进入肾盂。正常情况下，经血源性途径进入肾盂的少数细菌，可被不断分泌的尿液冲洗和排出，不至于引起炎症，只有当尿路阻塞导致尿液蓄积时，病原体大量繁殖，引起炎症，沿尿道逆行蔓延到肾盂，经集合管侵入肾髓质，甚至侵入肾皮质，导致肾盂肾炎。

2. 病理变化　眼观，初期，肾肿大、柔软，被膜容易剥离。肾表面常有略显隆起的灰黄或灰白色斑状化脓灶，脓灶周围肾表面有出血。切面肾盂高度肿胀，黏膜充血水肿，肾盂内充满脓液；髓质部见有自肾乳头伸向皮质的呈放射状的灰白或灰黄色条纹，以后这些条纹融合成楔状的化脓灶，其底面转向肾表面，尖端位于肾乳头，病灶周围有充血、出血，与周围健康组织分界清楚。严重病例肾盂黏膜和肾乳头组织发生化脓、坏死，引起肾组织的进行性脓性溶解，肾盂黏膜形成溃疡。后期肾实质内楔形化脓灶被吸收或机化，形成瘢痕组织，在肾表面出现较大的凹陷，肾体积缩小，形成继发性皱缩肾。

镜检，初期，肾盂黏膜血管扩张、充血、水肿和细胞浸润。浸润的细胞以中性粒细胞为主。黏膜上皮细胞变性、坏死、脱落，形成溃疡。自肾乳头伸向皮质的肾小管（主要是集合管）内充满中性粒细胞，细菌染色可发现大量病原菌，肾小管上皮细胞坏死脱落。间质内常有中性粒细胞浸润、血管充血和水肿。后期转变为亚急性或慢性肾盂肾炎时，肾小管内及间质内的细胞浸润以淋巴细胞和浆细胞为主，形成明显的楔形坏死灶。病变区成纤维细胞广泛增生，形成大量结缔组织，结缔组织纤维化形成瘢痕组织。

（二）栓子性化脓性肾炎

栓子性化脓性肾炎是指发生在肾实质内的一种化脓性炎症，其特征性病理变化是在肾形成多发性脓肿。

1. 原因和发生机理 病原是各种化脓菌，这种化脓菌多来源于机体其他组织器官的化脓性炎症。机体其他组织器官的化脓性炎症的化脓菌团块侵入血流，经血液循环转移到肾，进入肾的化脓菌栓子在肾小球毛细血管及间质的毛细血管内形成栓塞，引起化脓性肾炎。

2. 病理变化 眼观，病变常累及两侧肾，肾体积增大，被膜容易剥离。在肾表面见有多个稍隆起的灰黄色或乳白色圆形小脓肿，周边围以鲜红色或暗红色的炎性反应带。切面上的小脓肿较均匀地散布在皮质部，髓质内的脓肿灶较少。髓质内的病灶往往呈灰黄色条纹状，与髓放线的走向一致，周边也有鲜红色或暗红色的炎性反应带。

镜检，在血管球及间质毛细血管内有细菌团块形成的栓塞，其周围有大量中性粒细胞浸润。在肾小管间也可见到同样的细菌团块和中性粒细胞浸润，以后浸润部肾组织发生坏死和脓性溶解，形成小脓肿，脓肿范围逐渐扩大和融合，形成较大的脓肿，其周围组织充血、出血、炎性水肿及中性粒细胞浸润。

第二节 肾 病

肾病是指以肾小管上皮细胞变性、坏死为主的一类病变，是由于各种内源性毒素和外源性毒物随血液流入肾而引起的。

（一）病因和发病机理

外源性毒物包括重金属（汞、铅、砷、铋和钴等）、有机溶剂（氯仿、四氯化碳等）、抗生素（新霉素、多黏菌素等）、磺胺类及栎树叶与栎树籽实等，内源性毒素是许多疾病过程中产生的并经肾排出的毒素。毒性物质随血流进入肾，可直接损害肾小管上皮细胞，使肾小管上皮细胞变性、坏死。

（二）类型和病变

1. 坏死性肾病 多呈急性经过，多见于急性传染病和中毒病。

眼观，两侧肾轻度或中度肿大，质地柔软，颜色苍白。切面稍隆起，皮质部略有增厚，呈苍白色，髓质瘀血，暗红色。

镜检，急性病例的特征是肾小管上皮细胞变性、坏死、脱落，管腔内出现颗粒管型和透明管型。早期由于肾小管上皮肿胀，肾小管管腔变窄；晚期肾小管中度扩张。经一周时间后，上皮细胞可以再生。肾小管基底膜由新生的扁平上皮细胞覆盖，以后肾小管完全修复不留痕迹，但动物多在大量肾小管上皮细胞变性、坏死时发生肾功能衰竭而死亡。

2. 淀粉样肾病　多见于一些慢性消耗性疾病，多呈慢性经过。

眼观，肾肿大，质地坚硬，色泽灰白，切面呈灰黄色半透明的蜡样或油脂状。

镜检，见肾小球毛细血管、入球动脉和小叶间动脉及肾小管的基底膜上有大量淀粉样物质沉着。所属肾小管上皮细胞发生颗粒变性、透明变性、脂肪变性、水泡变性和坏死。病程久者，间质结缔组织广泛增生。

复习思考题

1. 肾小球肾炎的分类及各类的病理变化有哪些？
2. 简述肾炎和肾病的区别。

第十七章 生殖系统病理

【学习目标】
1. 掌握：子宫内膜炎和乳房炎的致病原因和病理变化
2. 熟悉：卵巢病变和睾丸炎的原因和病理变化
3. 了解：生殖系统病理的基本知识和对生产造成的影响。
4. 能识别子宫内膜炎、乳房炎、卵巢病变、睾丸炎等病变特征。

生殖系统病理包括母畜生殖器官病理和公畜生殖器官病理，临床上常见有卵巢病变、子宫内膜炎、乳腺炎和睾丸炎等。

第一节 卵巢病变

（一）卵巢炎

1. 急性卵巢炎 急性卵巢炎是由于子宫或输卵管的炎症性疾病蔓延到卵巢，或致病性微生物经血液和淋巴液循环进入卵巢引起感染而发炎。粗暴直肠检查也可引起卵巢炎，表现为浆液性、纤维素性、出血性或化脓性炎。眼观，卵巢充血、肿大，并有炎性渗出物，表面有大量纤维素或散在出血斑点，化脓性炎时，可见卵巢表面和实质内有脓肿灶。

2. 慢性卵巢炎 慢性卵巢炎大多是由结核病和布鲁氏菌病病原菌感染所引起的，或由急性卵巢炎转变而来。卵巢实质变性，炎性细胞浸润，结缔组织增生，卵巢白膜增厚，体积缩小，质地变硬，称卵巢硬化。

（二）卵巢囊肿

卵巢组织内未破裂的卵泡或黄体，因其本身发生变性和萎缩，所形成的球形空腔，称卵巢囊肿。可分为卵泡囊肿和黄体囊肿，以黄体囊肿较为多见。

1. 卵泡囊肿 卵泡囊肿是由于卵泡上皮变性，卵泡壁结缔组织增生变厚，卵母细胞死亡，卵泡液未被吸收或增多而形成的。呈单发或多发，囊肿的大小不等。囊肿壁薄而致密，内含透明液体，其中含有少量白蛋白。镜检，囊肿内一般不见卵细胞，囊肿膜萎缩，囊肿内壁为扁平细胞。

2. 黄体囊肿 黄体囊肿是由于未排卵的卵泡壁上皮黄体化而形成的，或是正常排卵后由于某些原因，黄体化不完全，在黄体内形成空腔，腔内聚积体液而形成。多为单侧发生，囊肿呈黄色，有核桃大至拳头大，囊内容物为透明液体，常伴发出血。

第二节 子宫内膜炎

子宫内膜炎是母畜常发疾病之一，大多是在分娩时或产后期间，由于子宫黏膜发生感染而引起的子宫黏膜的炎症过程。

(一)原因

引起子宫内膜炎的原因很多，其中病原微生物感染占有重要地位，主要病原体有化脓性杆菌、葡萄球菌、链球菌、大肠杆菌和布鲁氏菌等引起。动物产后产道黏膜的损伤，子宫内蓄积的恶露等，均为细菌的侵入和繁殖提供了有利的条件。同时，自阴道流出的恶露玷污阴门附近及尾根部的皮毛上，产后阴门松弛，子宫黏膜外露遭污染及摇动尾巴时污物触及阴门等也是构成上行性感染的重要因素。

另外，在反刍动物，由于产后阵缩无力或怀孕期间子宫受到感染，造成胎衣不下，这往往也是继发子宫内膜炎的一种原因。除此之外，某些传染病或局部炎症，致使病原体进入血液，随血液运行转移至子宫，也可引起子宫内膜炎。

(二)类型和病理变化

1. 急性卡他性子宫内膜炎 眼观，外观无明显异常，但切开子宫腔，可见数量不等的渗出液，色泽灰白、混浊、黏稠，混有血液时呈红褐色。内膜充血和水肿，呈弥漫性或局灶性潮红，其中散在出血点或出血斑，子宫子叶及其周边出血尤为明显。若炎症严重，可见体积增大，子宫壁变厚。内膜表面有伪膜形成，伪膜或呈半游离状态，或与内膜深部组织牢固结合不易剥离。炎症可以侵害一侧或两侧的子宫角及其他部分。

镜检，子宫内膜血管扩张充血，有时可见散在性出血和血栓形成。病变轻微时，内膜上皮细胞变性、坏死、剥脱，以致在内膜表面附有含坏死脱落上皮细胞及白细胞的黏液。内膜表层的子宫腺腺管周围有显著的水肿和中性粒细胞、巨噬细胞和淋巴细胞等炎性细胞浸润，腺管内也同样的病理变化。当炎症严重时，内膜组织显著坏死，并混有纤维素和红细胞，子宫肌层甚至浆膜层也有水肿和细胞浸润，肌纤维常发生变性或坏死。

2. 慢性化脓性子宫内膜炎 眼观，外观子宫扩张，体积增大，触之有波动感。子宫膜表面粗糙、污秽、无光泽，内膜多形成糜烂或溃疡灶。因感染的化脓菌种类不同，子宫腔内的脓液的颜色呈现不同变化，可见黄色、黄绿色或红褐色。脓液有时混浊浓稠，有时稀薄如水，或呈干酪样。

镜检，炎症早期，内膜有大量中性粒细胞、淋巴细胞和浆细胞浸润，继之浸润的细胞与内膜组织共同发生坏死脱落和脓性溶解。

3. 慢性非化脓性子宫内膜炎 此型子宫内膜炎的病理变化，依病原体的不同和病程的长短而有不同的临床表现。一般在发病初期呈轻微的急性卡他性子宫内膜炎变化，如子宫内膜充血、水肿和白细胞浸润，继之淋巴细胞和浆细胞浸润，并有成纤维细胞增生，导致内膜肥厚，显著肥厚部分呈息肉状隆起。增生的结缔组织压迫子宫腺排泄管，其分泌物排出受阻而蓄积在腺管内，使腺管呈囊状扩张，眼观，在内膜上出现大小不等的囊肿，呈半球状隆起，内含白色混浊液，称之为慢性囊肿性子宫内膜炎。部分病例随着病变不断发展，黏液腺及增生的结缔组织萎缩，黏膜变薄，称为萎缩性子宫内膜炎。

第三节 乳腺炎

乳腺炎是乳房受到机械、物理、化学和生物学的致病因素作用而引起的炎症性疾病，又称乳房炎。其特征是乳腺发生炎症，同时乳汁发生理化性状的改变。本病为母畜常见疾病，尤其是奶牛和奶山羊最常发生。

(一) 原因

在引起乳腺炎的诸多因素中，病原微生物占有重要比例，主要有葡萄球菌、链球菌、化脓棒状杆菌、大肠杆菌、副伤寒杆菌、绿脓杆菌、产气杆菌等。牛乳腺炎的 80%～90% 是由葡萄球菌和链球菌所引起，尤以金黄色葡萄球菌感染多见。此外，放线菌、结核杆菌、布鲁氏菌及口蹄疫病毒也能引起乳腺炎。

另外，如挤乳技术不够熟练，造成乳头管黏膜损伤；垫草不及时更换，挤乳前未清洗乳房或挤乳员手不干净以及其他污物污染乳头等饲养管理不当也可引起乳腺炎。当乳房遭受打击、冲撞、挤压、蹴踢等机械的作用，或幼畜咬伤乳头等机械损伤，也是引起本病的诱因，或者继发于子宫内膜炎及生殖器官的炎症等。

(二) 类型和病理变化

关于乳腺炎的分类，至今仍存在一定的争议，目前临床上按发病原因和发病机理分为急性弥漫性乳腺炎、慢性弥漫性乳腺炎、化脓性乳腺炎等。

1. 急性弥漫性乳腺炎 又称非特异性弥漫性乳腺炎，是奶牛最常发生的一种乳腺炎，多发于泌乳初期。

眼观，乳腺组织肿大，大小不对称，质地坚硬，脆性增加，易于切开，切面上有渗出性炎变化。乳腺淋巴结肿大，切面灰白色、多汁。浆液性乳腺炎，病变部位肿胀、色泽鲜红，切面湿润有光泽，乳腺小叶呈灰黄色，间质及皮下结缔组织炎性水肿和充血。卡他性乳腺炎，切面较湿润，淡黄色颗粒状，按压时，自切口流出混浊脓样渗出物。出血性乳腺炎，局部皮肤充血、切面平坦，呈暗红色或黑红色，按压时，自切口流出淡红色或血样稀薄液体，有时有絮状血凝块，输乳管和乳池黏膜常见出血点；纤维素性乳腺炎，乳腺组织质地硬实，切面干燥，呈白色或灰黄色；如果在乳池和输乳管内有灰白色脓液，黏膜糜烂或溃疡，则为化脓性炎乳腺炎。

镜检，浆液性乳腺炎时，乳腺腺泡腔内有带脂肪滴的渗出物，并混有少数脱落上皮细胞和中性粒细胞，腺泡上皮细胞呈颗粒变性、脂肪变性和脱落，间质呈现显著的炎性水肿、充血和中性粒细胞浸润。卡他性乳腺炎时，腺泡腔及导管内有多量脱落上皮细胞和白细胞浸润，间质水肿和炎性细胞浸润。出血性乳腺炎时，腺泡腔及导管内蓄积红细胞，上皮细胞变性和脱落，间质内液充满红细胞，血管充血，偶尔可见到血栓形成。纤维素性乳腺炎时，腺泡腔内有纤维素网，上皮细胞变性脱落，并有少量的中性粒细胞和单核细胞浸润。化脓性炎乳腺炎时，管腔内的渗出物中有大量坏死崩解组织、中性粒细胞和脓球，腺泡及导管系统的上皮细胞显著坏死脱落，形成组织缺损，间质内有大量中性粒细胞浸润。

2. 慢性弥漫性乳腺炎 本型乳腺炎多发于牛，主要病原为无乳链球菌和乳腺炎链球菌，以增生变化为主，多呈慢性经过。

眼观，一般情况只侵害一个乳叶，以后侧乳叶多发。初期病变乳叶肿大、质地稍硬、易切开，乳池和输乳管扩张，管腔内充满黄褐色或黄绿色脓样液，常混有血液，或带乳块的浆液黏液性分泌物，乳池及输乳管黏膜显著充血，呈颗粒状，但不肥厚，间质充血和水肿。腺小叶呈灰黄色或灰红色，肿大并突出于切面，按压时流出混浊的脓样液。病变主要是以在导管系统内发生卡他性或化脓性炎症为特征。到后期则转变为增生性炎症，黏膜上皮增生而呈结节状、条纹状或息肉状，其周围乳腺组织逐渐萎缩甚至消失，最后由于结缔组织纤维化，导致病变部乳腺缩小硬化，淋巴结明显肿胀。

镜检，初期在腺泡、输乳管和乳池的渗出物中含脂肪滴，混有中性粒细胞和脱落上皮。间质水肿及单核细胞和中性粒细胞浸润。继之，炎灶内以淋巴细胞、浆细胞为主，并有成纤维细胞增生。输乳管及乳池黏膜因上述的细胞浸润及上皮细胞增生而肥厚，形成皱襞或疣状突起。增生的结缔组织纤维化和收缩，输乳管和乳池被牵引而显著扩张，上皮细胞萎缩或化生为鳞状上皮。

3. 化脓性乳腺炎 主要是有化脓性棒状杆菌和链球菌感染引起。

眼观，可见病变部位乳房轻微肿胀，质地柔软，淋巴结肿大。乳池及输乳管内充满黄白色或黄绿色脓液，黏膜表面粗糙并覆有坏死组织，实质内可见大小不等的脓肿灶，后期脓肿周围形成结缔组织包囊。

镜检，乳房皮下及间质有弥漫性化脓性炎，乳池及输乳管等乳腺组织严重坏死。

第四节 睾丸炎

睾丸炎可发生于多种动物，但以牛、羊、猪多见。根据发生的原因和病程可分为以下类型：

1. 急性睾丸炎 由外伤或经血源感染引起，或由尿道经输精管感染发病。病原菌有化脓菌、坏死杆菌布鲁氏菌和马流产菌等。

眼观，发炎睾丸发红、肿胀，被膜紧张变硬，切面湿润多汁、实质显著隆突，炎症波及被膜，可引起睾丸鞘膜炎，有时见有大小不等的凝固性坏死灶或化脓灶。

镜检，可见细精管内及间质有炎性细胞浸润（中性粒细胞、淋巴细胞及浆细胞等），血管充血和炎性水肿，并见组织坏死。

2. 慢性睾丸炎 多继发于急性炎症，以局灶性或弥漫性肉芽组织增生为特征。睾丸的体积不变或缩小，质地坚硬、表面粗糙，被膜增厚，切面干燥，常有钙盐沉着。伴有鞘膜炎时，因机化使鞘膜脏层和壁层粘连，以致睾丸被固定，不能移动。

此外，结核分枝杆菌、布鲁氏菌、鼻疽杆菌等特定病原菌还可引起特异性睾丸炎，病原多源于血源散播，病程多呈慢性经过。

复习思考题

1. 简述子宫内膜炎和乳腺炎的主要病理变化。
2. 卵巢囊肿包括哪些类型？各有何特点？

第十八章　神经系统病理

> 【学习目标】
> 1. 掌握：神经组织的基本病理变化；脑炎、脑软化的病理变化特点。
> 2. 能够运用本章知识对神经组织的基本病变和脑炎、脑软化等疾病进行病理学诊断。

神经系统是机体重要的调节系统，神经系统患病后其调节机能将出现障碍，这会直接或间接地影响其他各系统器官的生理活动，其他系统器官患病后也可累积到神经系统。故在畜禽疾病中，神经系统的病理现象是比较多见的，本章重点介绍神经组织的基本病变、脑炎和脑软化。

第一节　神经组织的基本病变

神经组织由神经细胞（又称神经元）、胶质细胞和结缔组织组成。在不同的疾病中，神经组织的代谢、功能和形态结构常出现不同的变化，但这些变化具有共同的特点，就是神经组织的基本病变。

一、神经细胞的变化

神经细胞由神经细胞体和神经纤维两部分组成。神经细胞的变化包括神经细胞体的变化和神经纤维的变化。

（一）神经细胞体的变化

1. 染色质溶解　染色质溶解是指神经细胞细胞质中尼氏小体（多聚核糖体和粗面内质网）的溶解。染色质溶解发生在细胞周边，称为周边染色质溶解；发生在细胞核附近，称为中央染色质溶解。尼氏小体溶解是神经细胞变性的形式之一。

周边染色质溶解见于进行性肌麻痹中的脊髓腹角运动神经细胞，某些中毒的早期反应和病毒性感染时，如鸡新城疫也可出现周边染色质溶解。发生周边染色质溶解的神经细胞中央聚集较多的尼氏小体，而周边尼氏小体消失呈空白区，细胞体常缩小变圆。

中央染色质溶解多见于中毒和病毒感染，如铅中毒、禽脑脊髓炎等疾病。脑组织轻度瘀血时也可发生中央染色质溶解。脊髓腹角和脑干中的运动神经细胞的轴突断裂后，胞体的中央染色质溶解，所以也称为轴突反应。中央染色质溶解表现为：神经细胞胞体肿大变圆，核附近的尼氏小体崩解成泡沫状并逐渐消失，核周围为空白区，而细胞周边的尼氏小体仍存在。中央染色质溶解是可复性的变化，但病因持续存在时，神经细胞的病变可进一步发展，甚至坏死。

2. 神经细胞肿胀　神经细胞肿胀多见于缺氧、中毒和感染时的细胞代谢障碍，表现为神经细胞体肿大，树突变粗，细胞质中充满微细的蛋白颗粒，细胞核肿大、淡染、边移、染色质溶解。例如，在乙型脑炎、鸡新城疫和猪瘟等疾病的非化脓性脑炎时可出现神经细胞肿胀。神经细胞肿胀是一种可复性的变化，但如果肿胀持续时间长，则神经细胞逐渐坏死，此时可见核破裂或溶解消失、细胞质淡染或完全溶解。

3. 神经细胞凝固　神经细胞凝固又称缺血性变化，多见于缺血、缺氧、维生素 B_1 缺乏、低血糖以及中毒、外伤和重度癫痫的反复发作之后等。一般发生于大脑皮质的中层、深层核海马的齿状回。病变细胞主要表现为细胞质皱缩，嗜酸性增加，HE 染色呈均匀红色，在细胞体周围出现空隙。细胞核体积缩小，染色加深，与细胞质界线不清，核仁消失。早期属于细胞变性，而后细胞核皱缩、破裂，整个细胞崩解消失。

4. 空泡变性　空泡变性是指神经细胞细胞质内出现小空泡。常见于病毒性脑脊髓炎，如绵羊痒病和牛的海绵状脑病，也见于溶酶体蓄积病、老龄公牛等，主要表现为脑干某些神经核的神经细胞和神经纤维中出现大小不等的圆形或卵圆形的空泡。一般单纯性空泡变性是可复性的，但严重时则细胞发生坏死。

5. 液化性坏死　液化性坏死是指神经细胞坏死后进一步溶解液化的过程，可见于中毒、感染和营养缺乏（维生素 E 或硒缺乏）。病变部位神经细胞坏死，最初核浓缩、破碎甚至溶解消失，细胞体肿胀呈圆形，细胞界限不清。随着时间的延长，坏死细胞细胞质染色变淡，其内有空泡形成，并发生溶解，或细胞体坏死产物被小胶质细胞吞噬，使坏死细胞完全消失。与此同时，神经纤维也发生断裂液化，坏死的神经组织形成软化灶。液化性坏死是神经元变性进一步发展的结果，属于不可复性的变化，坏死部位可由星状角质细胞增生修复。

6. 包含体形成　神经细胞内包含体的形成可见于某些病毒性疾病，是部分病毒在增殖的过程中，使寄主细胞内形成一种蛋白质性质的病变结构，在光学显微镜下可见，多为圆形、卵圆形或不定形。有的包含体位于细胞质中（如天花病毒包含体），有的包含体位于细胞核中（如疱疹病毒），或在细胞质、细胞核中都有（如麻疹病毒）。包含体的大小、形态、染色特性及存在部位，对一些疾病具有诊断意义，如在狂犬病，大脑皮质海马的锥体细胞及小脑的浦金野细胞细胞质中可出现嗜酸性包含体。

（二）神经纤维的变化

神经纤维由轴突和髓鞘组成。当神经纤维损伤时，如切断、挫伤、挤压或过度牵拉时，轴突和髓鞘都发生变化，这种变化过程一般包括轴突变化、髓鞘崩解和细胞反应 3 个阶段。

1. 轴突反应　轴突出现不规则的肿胀、断裂并收缩成椭圆形小体，或崩解形成串珠状，并逐渐被吞噬细胞吞噬消化。

2. 髓鞘崩解　髓鞘崩解，形成单纯的脂质和中性脂肪，称为脱髓鞘现象。脂类成分可被苏丹Ⅲ染成橘红色，在 HE 染色的切片中脂滴溶解成空泡。

3. 细胞反应　在神经纤维损伤处，由血液单核细胞衍生而来的小胶质细胞参与吞噬细胞碎片的过程，并把髓鞘磷脂转化为中性脂肪。通常将含有脂肪滴的小胶质细胞称为格子细胞或泡沫细胞，它们的出现是髓鞘损伤的指征，细胞反应可为消除和消化神经纤维的崩解产物以及神经纤维的再生创造条件。在脑组织缺血、缺氧发生水肿时，星形胶质细胞可发生肥大。

二、神经胶质细胞的变化

神经胶质细胞包括星形胶质细胞、小胶质细胞和少突胶质细胞，在脑组织内起支持、营养和保护作用。现将其病理变化分别叙述如下：

（一）星形胶质细胞的变化

当缺氧、中毒时，星形胶质细胞可出现增生、肥大、变性等变化。星形胶质细胞增生通常是病毒性脑炎的重要特征之一，这种增生是星形胶质细胞对损伤的修复反应，呈弥散性和局灶性混杂的变化，称为胶质增生病。当致病因素作用较弱时，星形细胞表现肥大，即细胞变大、细胞质增多，常出现非常细微的空泡，细胞核增大偏于一侧，并有神经胶质纤维形成。星形细胞变性见于缺血、缺氧和急性炎症病灶等情况，表现为细胞体肿胀呈颗粒状，最后出现核浓缩而死亡。有时可见在星形胶质细胞内出现淀粉样小体。当星形胶质细胞死亡而消失时，淀粉小体仍可残留在脑组织中。

（二）小胶质细胞的变化

小胶质细胞是脑内的巨噬细胞，主要位于脑灰质中，属于单核巨噬细胞系统，在HE切片中仅见圆形或椭圆形的核，细胞质少。在神经细胞变性时，增生的小胶质细胞围绕在变性的神经细胞周围，一般有3~5个细胞，形成所谓的卫星现象。这是小胶质细胞企图处理变性的或正在死亡的神经细胞残体的一种表现。如果神经细胞坏死后，小胶质细胞进入细胞内，吞噬神经细胞残体，这种现象称为嗜神经细胞现象；在吞噬过程中，神经小胶质细胞胞体变大变圆、细胞核暗紫色、圆形或杆状，细胞质具有格子状的空泡或呈泡沫状，故称格子细胞或泡沫样细胞。在坏死的神经细胞处，小胶质细胞还可呈局灶性增生，常见于中枢神经组织的各种炎症过程，特别是病毒性脑炎时，如禽脑脊髓炎、马乙型脑炎、猪瘟等疾病的非化脓性脑炎。

（三）少突胶质细胞的变化

少突胶质细胞正常时大部分在白质纤维间排列成行，少部分位于灰质大神经细胞周围。对缺氧、中毒和高热等损伤很敏感，可发生如下变化：

1. 急性肿胀 表现为细胞体肿大，细胞质内出现空泡，核浓缩，深染。多见于中毒、感染和脑水肿。该变化是可复性的，病因消除后，细胞形态可恢复正常，若体液聚集过多，胞体持续肿胀，可导致细胞破裂崩解。

2. 增生 表现为细胞数量增多。见于脑水肿、破伤风、狂犬病、乙型脑炎等疾病。在慢性增生时，少突胶质细胞也可围绕在神经元周围，形成卫星现象，在白质内的神经纤维内形成长条状的细胞索，或聚集于血管周围。

3. 类黏液样变 脑水肿时，少突胶质细胞细胞质出现黏液样物质，HE染色呈蓝紫色，黏蛋白卡红染色呈鲜红色，同时细胞体肿胀，细胞核偏于一侧。

三、血液循环障碍

脑组织有丰富的血管，在各种病理过程中，常出现脑组织的血液循环障碍。主要包括充血、瘀血、出血、血栓形成、栓塞和梗死等。

1. 充血 多发生于日射病、热射病和感染性疾病。眼观，脑组织色泽红润，血管扩张，有时可见点状出血。镜检，可见小动脉和毛细血管扩张，血管内充满红细胞。

2. 瘀血 多发生于全身性瘀血，主要见于心脏和肺疾病。另外，颈静脉受压也可引起脑组织瘀血，如颈部肿瘤、炎症以及颈环关节变位等均可压迫颈静脉而引起脑瘀血。眼观，脑组织色泽暗红，静脉怒张。镜检，可见小静脉和毛细血管扩张，充满红细胞。

3. 缺血 脑缺血可并发于各种全身性贫血，脑动脉痉挛，血管形成和各种栓塞，以及脑瘤、脑积水等过程中。这些情况均可使动脉管腔狭窄或堵塞，引起脑组织缺血，进而导致脑组织坏死。脑组织对缺血特别敏感，在不同部位的脑组织和不同种类细胞成分，对缺血的敏感性具有一定差异。大脑皮层深层比表层敏感，灰质比白质敏感，特别是大脑皮质部的神经细胞和小脑浦金野细胞对缺血最敏感。神经胶质细胞对缺血具有一定耐受力，其中小胶质细胞的抵抗力最强，在其他细胞坏死后，小胶质细胞仍可存活。

4. 血栓、栓塞和梗死 脑动脉血管内血栓或其他各种栓子引起的栓塞，轻者可导致脑组织缺血，重者可导致脑组织梗死。一般动物的脑血栓很少见。有时在颈动脉形成血栓引起脑组织缺血和梗死，可见于猫。脑动脉栓塞最多见于细菌性栓子和血栓性栓子，如在猪丹毒、巴氏杆菌病和葡萄球菌病时，均可在脑动脉内形成细菌性栓塞。

5. 血管周围管套 在脑组织受到损伤时，血管周围间隙中出现围管性细胞浸润（炎性反应细胞），环绕血管如袖套，称此为管套形成。管套的细胞成分与病因有一定关系。链球菌感染时，以中性粒细胞为主；李氏杆菌感染时，以单核细胞为主；病毒性感染时，以淋巴细胞和浆细胞为主；食盐感染时，以嗜酸性粒细胞为主。管套的厚薄与浸润细胞的数量有关，有的只有一层细胞，有的可达几层或几十层细胞。

管套的细胞成分与病因有一定关系。血管周围管套形成通常是机体在某种病原作用下出现的一种抗损伤反应。

四、脑脊液循环障碍

（一）脑水肿

脑实质水分过多而使脑体积增大。根据病因和发生机理可分为以下两种类型：

1. 血管源性脑水肿 此类脑水肿由血管壁的通透性升高所致。常见于细菌内毒素血症、弥漫性病毒性脑炎、重金属（铅、汞、锡和铋）中毒以及内源性中毒（肝病、妊娠中毒、尿毒症）等。另外，任何占位性病变，如脑内肿瘤、血肿、脓肿、脑包虫等压迫静脉而使脑组织静脉血液回流受阻等，均可引起脑水肿。

脑水肿时表现硬脑膜紧张，脑回扁平，表面湿润，质地较软，色泽苍白，蛛网膜下腔变狭窄或阻塞。切面稍突起，白质变宽，灰质变窄，灰质和白质的界限不清楚，脑室变小或闭塞，小脑因受压而变小。镜下表现血管外周间隙和细胞周围增宽，充满液体，组织疏松。

2. 细胞毒性水肿 此类脑水肿指水肿液聚集在细胞内。毒物引起机体中毒时，细胞内的三磷酸腺苷（ATP）生成障碍，使细胞膜的钠泵供能不足，钠离子蓄积在细胞内，细胞内的渗透压升高，引起细胞毒性脑水肿。另外，低渗性水中毒也可产生细胞毒性水肿，其病理变化类似于血管源性水肿。

（二）脑积水

脑脊液回流受阻而在脑室内聚集过多的现象称为脑积水。

脑积水有先天性的，也有获得性的。先天性脑积水主要见于幼犬、犊牛、马驹和仔猪。获得性脑积水可见于多种动物的脑膜炎、脉络膜炎、室管膜炎、颅内肿瘤、囊尾蚴寄生和某些病毒性感染等。轻度脑积水变化不明显，病因消除后，积水可很快被吸收，对机体影响不大。但严重脑积水可使脑组织受压而逐渐萎缩，甚至引起脑组织血液循环障碍，导致动物死亡。

第二节 脑　　炎

脑炎是指脑实质的炎症。如果同时伴有脑膜炎症，则称为脑膜脑炎；如果同时伴有脑脊髓的炎症，则称为脑脊髓炎。根据炎症性质可将脑炎分为化脓性脑炎和非化脓性脑炎。

（一）化脓性脑炎

化脓性脑炎是指脑组织由于化脓菌感染所引起的以大量中性粒细胞渗出，同时伴有局部组织液化性坏死和脓汁形成为特征的炎症过程。

引起化脓性脑炎的病原主要是细菌，如葡萄球菌、链球菌、棒状杆菌、李氏杆菌、巴氏杆菌、大肠杆菌等。化脓菌侵入脑组织的途径主要有两条：一是血源性感染，即病原体从机体其他部位的化脓灶侵入血液，经血流转移到脑内血管，先引起脑栓塞性血管炎，破坏血脑屏障，进入脑组织，随后有大量中性粒细胞浸润而形成脓肿；二是组织源性感染，即化脓菌在原发感染部位通过直接蔓延进入脑组织，引起化脓性脑炎。

眼观，化脓性脑炎在脑组织中形成大小不等的脓肿，单发或多发，但很少出现大范围的化脓性浸润。蛛网膜下腔内充满奶油状脓液或灰黄色纤维素性脓性渗出物。严重者脑沟、脑回被脓液覆盖而模糊不清。

镜检，蛛网膜下腔的脓性渗出物中有大量的中性粒细胞和脓球。脑实质内也形成有微小的局灶性化脓灶，其中浸润有大量中性粒细胞和脓球。陈旧的脓肿灶周围由神经胶质细胞及结缔组织增生形成包囊。

（二）非化脓性脑炎

非化脓性脑炎是动物脑炎中常见的一种，炎症过程中无大量中性粒细胞浸润，即使有少量中性粒细胞也不会引起脑组织的脓性溶解，而是以脑组织神经细胞变性、坏死，脑血管周围间隙有数量不等的炎性细胞（淋巴细胞、浆细胞或嗜酸性粒细胞）浸润，构成袖套现象为特征。根据发生原因和病理变化特点的不同分为以下两种：

1. 病毒性脑炎　本型脑炎呈典型的非化脓性脑炎，病变主要在脑脊髓实质，脑脊髓膜变化轻微。常见于动物的乙型脑炎、狂犬病、伪狂犬病、猪瘟、犬瘟热、鸡新城疫、禽脑脊髓炎等。

眼观，软脑膜及脑实质充血、水肿，脑回变短、变宽，脑沟变浅，切面充血、水肿，严重者可见点状出血及粟粒至米粒大小的软化灶，软化灶可以散在或聚集成群。

镜检，表现为以下特征：

（1）血管变化。脑血管扩张充血，血液滞留，血管内皮细胞肿胀。血管周围有浆液渗出，间隙增宽，由淋巴细胞、单核细胞等构成袖套。

（2）神经细胞变性、坏死。神经元变性，中心染色质溶解，并逐渐扩展到整个细胞，然后细胞肿胀、苍白，细胞核消失。严重时，神经元凝固、皱缩、变圆，伊红染色深，核固缩或消失。神经元数量减少，如鸡患脑脊髓炎时，小脑浦金野细胞变性、坏死，而且数目明显减少。

(3) 神经胶质细胞增生。神经胶质细胞呈弥漫性或局灶性增生，以小胶质细胞的增生为主。局灶性增生可发生于脑实质的任何部位。在脑炎区，少突胶质细胞发生变性。星型胶质细胞变性或增生。小胶质细胞还可参与构成卫星现象和噬神经现象。变性、坏死的神经元被吞噬后，常为增生的胶质细胞所取代，形成胶质细胞结节。

(4) 脑膜炎。很少出现严重的脑膜炎，但某些病原对脑膜有选择性亲和力。因此，脑膜炎也是原发病的一部分，如犬瘟热等。

血管周围套、神经元变性和神经胶质细胞增生，是中枢神经系统病毒性感染的典型性特征，并且意味着病毒的细胞致病作用和对神经细胞变性的应答。病毒性脑炎不仅有上述共同的病变，并且由于病原的不同，还可出现某些特异病变。如在狂犬病的脑神经细胞细胞质内见有包含体，这是诊断狂犬病的重要依据，包含体为圆形或椭圆形，染色呈嗜伊红性。

2. 嗜酸性粒细胞性脑炎 是由食盐中毒引起的以嗜酸性粒细胞渗出为主的脑炎。本型脑炎多发于鸡、猪，主要由于摄入盐过多而饮水受到限制引起。

眼观，软脑膜充血，脑回变平，脑实质有小出血点，其他病变不明显。

镜检，可见大脑软脑膜充血、水肿，有时出血。脑膜及灰质内血管周围有嗜酸性粒细胞构成的血管套，多者可达十几层。脑实质毛细血管内常形成微血栓，靠近血管的部位也有嗜酸性粒细胞浸润。大脑灰质的另一变化是发生急性层状或假层状坏死与液化，发生在灰质的中层。有时第三、四、六层还可见散在的微细海绵状空腔化区。

第三节　脑　软　化

脑软化是指脑组织坏死后分解液化的过程。因为脑组织富含类脂质和水分，而类脂质对凝固酶有抑制作用，因此脑组织坏死后不易凝固，很快发生液化，变成乳糜状，即形成脑软化。引起脑软化的病因很多，如细菌、病毒等病原微生物感染，维生素缺乏，缺氧等。由于病因不同，脑软化形成的部位、大小及数量具有某些特异性。下面介绍几种脑软化疾病：

(一) 雏鸡脑软化

雏鸡脑软化又称疯狂病，由维生素 E 或微量元素硒缺乏引起。维生素 E 缺乏还可引起雏鸡的渗出性素质和肌肉萎缩。

雏鸡脑软化通常发生于 15～30 日龄，特征为病鸡运动失调、角弓反张，头后仰或向下收缩，有的头颈扭转或向前冲，运动吃力，少数鸡腿发生痉挛性抽搐，最终导致完全衰竭而死亡。

眼观，病变部位主要是小脑、纹状体、大脑、延脑与中脑。小脑软而肿胀。脑膜水肿，表面有微细出血点，脑回平坦。病灶小时，肉眼不能分辩。脑软化症状出现 1～2d 后，坏死区即出现绿黄色不透明外观。纹状体坏死组织常显苍白、肿胀和湿润，早期就与正常组织分界明显。

镜检，病变包括血液循环障碍、脱髓鞘和神经细胞变性。脑膜、小脑、大脑血管充血，并进一步发展为水肿。因毛细血管内微血栓形成而引起坏死。神经细胞变性，尤以浦金野细胞和大运动核里的神经元病变最明显，细胞皱缩并深染，核呈典型的三角形，周边染色质溶解。

（二）维生素 B_1 缺乏引起的脑软化

1. 牛、羊的脑灰质软化病 牛、羊的脑灰质软化病的病变特征是大脑皮层的层状坏死。该病的病因主要是维生素 B_1 缺乏。

眼观，发病早期或急性病例，主要表现为大脑回肿胀变宽，水分含量增多，在白质附近的灰质区常有狭窄的条状坏死区。发病晚期或病程较长的病例病变明显，在大脑灰质区的动脉周围形成坏死灶，有时坏死灶蔓延扩散到大脑半球而呈现弥漫性坏死，出现广泛的去皮质区，使脑沟的白质中心裸露。

镜检，轻微者灰质呈灶状的层状坏死，神经细胞坏死液化，在脑组织形成大小不等的软化灶。严重者出现灰质的弥漫性坏死，初期浅层为海绵状，以后完全液化达深层，甚至可波及白质附近。在病灶周围的血管扩张充血、水肿，小胶质细胞增生，并可见泡沫细胞。

2. 肉食动物的维生素 B_1 缺乏 肉食动物自身不能合成维生素 B_1。如果饲料中维生素 B_1 不足，或受到某些破坏作用，均可导致肉食动物的维生素 B_1 缺乏。发病动物常出现昏迷、麻痹、角弓反张和痉挛等神经症状。

眼观，可见脑部充血、水肿、出血及坏死液化，出现区域多是脑室周围灰质、下丘脑、中脑前庭核和外侧漆状体核，病灶呈双侧对称性。

镜检，可见眼观有病变部位的神经细胞变性坏死并形成软化灶，其周围的小血管扩张充血或出血。如病程缓慢，则可见星形胶质细胞增生，在坏死的基础上形成胶质疤痕。

（三）牛海绵状脑病

牛海绵状脑病，又称疯牛病，是由朊病毒引起的一种具有传染性的人畜共患病。

眼观，该病病理变化主要发生在中枢神经系统，但眼观无明显变化。

镜检，见脑干灰质两侧对称性变性。在脑干的某些神经核的神经元和神经纤维网中散在分布有中等大小呈卵圆形或圆形的空泡，其边缘整齐，很少形成不规则的孔隙。脑干的迷走神经背核、三叉神经束核、孤束核、前庭核、红核网状结构等，在其神经细胞核周围和轴突内含有大空泡，大空泡一个或多个，有时明显扩大致使细胞体呈气球样，使局部呈海绵状结构。延髓、中脑的中央灰质部，下丘脑的室旁核区以及丘脑的中隔区是空泡变性最严重的部位，而小脑、海马、大脑皮层和基底神经节通常很少形成空泡。在神经细胞内尚见类脂质-脂褐素颗粒沉积。此外，神经元变性及丧失使神经元数目减少，还有神经胶质增生、胶质细胞肥大等变化。

（四）羊局灶性对称性脑软化

羊局灶性对称性脑软化多见于羊肠毒血症病例，与产气荚膜梭菌的感染有关。常发生于 2～10 周龄的羔羊或 3～6 月龄的育肥羊。病羊出现运动障碍、共济失调、肌肉痉挛、四肢麻痹等神经症状。

眼观，在纹状体、丘脑、中脑、小脑和颈腰部脊髓的白质常见红色出血病灶，时间稍久变为灰黄色，两侧对称。

镜检，基底神经节、黑质、背侧丘脑、脊髓腹角、内囊、皮质下白质和小脑脚的神经纤维髓鞘脱失，神经细胞坏死液化，并常有明显出血。初期还可见中性粒细胞浸润，以后小胶质细胞增生吞噬坏死组织，逐渐填充坏死灶，在坏死灶的周围毛细血管增生。灰质一般无明显变化。

复习思考题

1. 脑组织损伤及功能障碍对动物机体有何影响?
2. 神经系统的基本病理学变化特点有哪些?
3. 化脓性脑炎与非化脓性脑炎的区别有哪些?

第十九章　代谢病病理

【学习目标】
1. 掌握：白肌病、佝偻病和骨软症的发生原因和机理；发生白肌病、佝偻病和骨软症时的病理特征。
2. 能识别常见代谢病的病理变化，并分析其发生的机理。

第一节　白　肌　病

白肌病是多种家畜、家禽的一种营养物质代谢病，主要见于维生素E及微量元素硒缺乏时。本病主要是幼年动物的疾病，肌肉病变可见于刚出生的犊牛和羔羊，20日龄左右的仔猪。由于我国很多地区为缺硒区，本病在我国的一些省区呈地方流行性，并造成一定的经济损失。

（一）原因和发生机理

白肌病基本上是维生素E及微量元素硒缺乏引起的。饲料中维生素E和硒的缺乏或减少是白肌病的病因。而放牧、增加运动量、兴奋、运输、气候急剧变化（如低温、风雨）、营养不平衡等，则是本病的诱因，有些年份，收割的牧草因遭较长时间的雨淋或因雨水过多，也可能诱发本病。

维生素E是一种重要的脂溶性维生素，在青草等嫩绿食物和糟粕、麦子、麸皮等含量较多，但它在空气和阳光条件下易被氧化破坏，饲料缺乏维生素E、饲料变质或动物性饲料含有不饱和脂肪酸、饲喂酸腐的鱼肝油，均可以引起维生素E缺乏。

研究已表明，植物性饲料中硒含量与土壤、水中水溶性硒含量关系密切，用酸性的低硒土壤生产的饲料喂家畜、家禽，容易引起硒缺乏。

维生素E及微量元素硒都是动物体内的抗氧化剂，在保护细胞膜不受损害上有重要的作用。缺乏维生素E及硒时细胞或亚细胞结构的脂质膜破坏，机体在代谢中产生的内源性过氧化物引起细胞变性、坏死，从而发生白肌样病变，色泽变淡似煮肉样。

（二）病理变化

眼观，白肌病病变常发生于半腱肌、半膜肌、股二头肌、背最长肌、臂三头肌及心肌等。发生病损的骨骼肌呈白色条纹或斑块，严重的整个肌肉呈弥漫性黄白色，切面干燥，似鱼肉样外观，常呈对称性损害。个别病例，变性坏死的肌纤维发生退变，剖面呈线条状，俗称"线猪肉"。心肌的病损主要发生于心内膜、乳头肌及中隔，呈灰白色条纹或斑块，病变可深入心肌，使心肌纤维发生变性、坏死及钙化。当心脏受到严重损害时，可见肺水肿及胸腔积液。

镜检，肌纤维肿胀、断裂、溶解，为典型透明变性或蜡样坏死，有时坏死的肌纤维可发生钙化。部分肌纤维中细胞核消失，肌纤维之间缺乏血管，结缔组织明显增生，并有较多的淋巴细胞浸润。机体其他脏器和淋巴结均无明显的可见病变。

第二节　佝偻病和骨软化症

维生素 D 属脂溶性维生素，在机体的钙、磷代谢中，维生素 D 起重要的调节作用，所以维生素 D 缺乏病的发生与钙、磷代谢有密切的关系，对机体的影响是全身性的，其突出的表现是佝偻病或骨软化症的发生。

（一）原因和发生机理

佝偻病和骨软化症主要是因为维生素 D 缺乏。饲料久贮、霉变，维生素 D 大量破坏，长期饲喂未经过太阳晾晒的草料时会因为维生素 D 摄入不足引起维生素 D 缺乏。光照可以使皮肤内的 7-脱氢胆固醇转化成维生素 D，对于放牧动物维生素 D 的光生物合成比饲料中的来源更重要。蛋白质、脂肪缺乏以及胃肠疾病会影响维生素 D 的吸收。维生素 D 可促进小肠对钙、磷的吸收，调节血液中钙、磷的比例，有利于钙盐（主要是磷酸钙）在骨基质中沉着。因此，维生素 D 缺乏时，特别是饲料中钙、磷比例不平衡的情况下，会导致钙、磷代谢紊乱，使骨基质不能完全钙化而发生佝偻病或骨软化症。

（二）病理变化

1. 佝偻病　佝偻病是幼畜生长过程中由于维生素 D 缺乏引起体内钙、磷代谢紊乱，而使骨骼钙化不良的一种疾病。佝偻病的特征是骨骼骨化过程受阻，长骨因负重而弯曲，骨端膨大，肋软骨交接处出现圆形膨大的佝偻珠。

眼观，关节肿大是佝偻病的典型症状，肿大是由于干骺端外倾和骨骺的纵向生长停滞并为负重所压扁。在佝偻病发生时，类骨质在干骺端滞留，由于类骨质能抵抗吸收，使骨干不能构型。缺乏骨吸收使干骺区呈球拍样增厚，在肋软骨连接处最突出，出现一排珠状干骺端，称为"佝偻珠"。干骺端变扁平呈蘑菇状，边缘呈唇状。

镜检，骨骺软骨细胞肥大，并在局部大量堆积，使软骨带加宽，且软骨细胞突向骨干侧，呈岛屿状或舌状生长，因此，骨骺线变宽且不齐。其他部位骨内膜和骨外膜也见有大量未钙化的骨样组织，软骨细胞增多。

2. 骨软化症　骨软化症的特征为骨内大量类骨质聚积使骨头变软，是成年动物的一种代谢病。

眼观，全身极度消瘦，肌肉退色。肝、脾萎缩。长骨沿长轴泛发性骨膜肥厚，头骨和盆骨骨膜肥厚、变形，肋骨与肋软骨连接处有的形成骨瘤。四肢长骨弯曲，易发骨折。骨密度降低，骨折断面呈海绵状；大关节软骨面严重糜烂，滑液囊肥厚，关节液增多。

镜检，骨软化症发生时，由于已形成的骨组织脱钙，形成大小不等、形态各异的陷窝，使骨组织失去正常的结构。

复习思考题

1. 佝偻病和骨软化症的特征病理变化如何？
2. 硒和维生素 E 缺乏症的特征病理变化是什么？

第二十章 动物尸体剖检技术

【学习目标】
1. 熟悉：剖检前准备工作、剖检注意事项、尸体常见变化。
2. 了解：尸体剖检的一般程序及牛、羊、鸡、猪等动物的尸体剖检术式。
3. 能按操作规范正确剖检病、死动物，并能综合分析病变，对疾病做出初步诊断；会采取、包装、保存、运输各种病理材料；能正确编写剖检记录和填写病理剖检报告；会正确处理动物尸体。
4. 养成科学严谨的工作作风；树立生物安全意识、法制意识；推进生态文明建设。

第一节 尸体剖检概述

动物尸体剖检是运用病理解剖知识，通过检查尸体的病理变化来诊断疾病的一种方法。剖检时，必须对病尸的病理变化做到全面观察，客观描述，详细记录，然后运用辩证唯物主义的观点，进行科学分析和推理判断，从而做出符合客观实际的病理解剖诊断。

（一）尸体剖检的意义

尸体剖检是运用兽医病理学知识检查尸体的病理变化，来诊断和研究疾病的一种方法。病理解剖学的研究主要依靠这种方法，在临床实践上则经常应用这种方法对病畜（禽）进行死后诊断。尸体剖检的意义有以下三个方面：

1. 提高临床诊断和治疗质量 在临床实践中，通过尸体剖检，可以检验临床诊断和治疗的准确性，及时总结经验，提高诊疗质量。

2. 尸体剖检是最为客观、快速的畜禽疾病诊断方法之一 对于一些群发性疾病，如传染病、寄生虫病、中毒性疾病和营养缺乏症等，或对一些群养动物（尤其是中、小动物如猪和鸡）疾病，通过尸体剖检，观察器官特征病变，结合临床症状和流行病学调查等，可以及早做出诊断（死后诊断），及时采取有效的防治措施。

3. 促进病理学教学和病理学研究 尸体剖检是病理学不可分割的、重要的实际操作技术，是研究疾病的必需手段，也是学生学习病理学理论与实践结合的一条途径。随着养殖业的迅速发展和一些新品种的引进，临床上常会出现一些新病，老病则可能发生新变化，给临床诊断造成一定的困难。对临床上出现的新问题，或新的病例进行尸体剖检，可以了解其发病情况，疾病的发生、发展规律以及应采取的防治措施。

尸体剖检，常按一定的目的进行。按剖检目的不同，尸体剖检分为诊断学剖检、科学研究剖检和法兽医学剖检三种。诊断学剖检的目的在于查明病畜（禽）发病和致死的原因、目前所处的阶段和应采取的措施。这就要求对待检动物的全身每个脏器和组织都要做细致的检查，并汇总相关资料进行综合分析。只有这样，才能得出准确的结论。科学研究剖检以学术研究为目的,如人工造病以确定实验动物全身或某个组织器官的病理变化规律。多数情况下,目标集中在某个系统或某个组织,对其他的组织和器官只做一般检查。法兽医学剖检则以解决与兽医有关的法律问题为目的,是在法律的监控下所进行的剖检。三者各依其目的要求来考虑剖检方法和步骤。

(二) 尸体的变化

动物死亡后,有机体变为尸体。因体内存在着的酶和细菌的作用以及外界环境的影响,动物死亡后逐渐发生一系列的死后变化。在检查判定大体病变前,正确地辨认尸体变化,可以避免把某些死后变化误认为生前的病理变化。尸体的变化有多种,其中包括尸冷、尸僵、尸斑、尸体自溶、尸体腐败、血液凝固。

1. 尸冷 指动物死亡后,尸体温度逐渐降至外界环境温度水平的现象。尸冷之所以发生是由于机体死亡后,机体的新陈代谢停止,产热过程终止,而散热过程仍在继续进行。在死后的最初几小时,尸体温度下降的速度较快,以后逐渐变慢。通常在室温条件下,一般以 $1℃/h$ 的速度下降,因此动物的死亡时间大约等于动物的体温与尸体温度之差。尸体温度下降的速度受外界环境温度的影响,如受季节的影响,冬季天气寒冷将加速尸冷的过程,而夏季炎热将延缓尸冷的过程。检查尸体的温度有助于确定死亡的时间。

2. 尸僵 动物死亡后,肢体由于肌肉收缩变硬,四肢各关节不能伸屈,使尸体固定于一定的形状,这种现象称为尸僵。

动物死后最初由于神经系统麻痹,肌肉失去紧张力而变得松弛柔软。但经过很短时间后,肢体的肌肉即行收缩变僵硬。尸僵开始的时间,因外界条件及机体状态不同而异。大、中动物一般在死后 1.5~6h 开始发生,10~24h 最明显,24~48h 开始缓解。尸僵从头部开始,然后是颈部、前肢、后躯和后肢的肌肉逐渐发生,此时各关节因肌肉僵硬而被固定,不能屈曲。解僵的过程也是从头、颈、躯干到四肢。除骨骼肌以外,心肌和平滑肌同样可以发生尸僵。在死后 0.5h 左右心肌即可发生尸僵,尸僵时心肌的收缩使心肌变硬,同时可将心脏内的血液驱出,肌层较厚的左心室表现得最明显,而右心往往残留少量血液。经 24h,心肌尸僵消失,心肌松弛。如果心肌变性或心力衰竭,则尸僵可不出现或不完全,这时心脏质度柔软,心腔扩大,并充满血液。因此,发生败血症时,尸僵不完全。

富有平滑肌的器官,如血管、胃、肠、子宫和脾等,平滑肌僵硬收缩,可使腔状器官的内腔缩小,组织质度变硬。当平滑肌发生变性时,尸僵同样不明显,如死于败血症动物的脾,由于平滑肌变性而使脾质度变软。

了解尸僵有助于在诊断过程中加以鉴别。尸僵出现的早晚、发展程度以及持续时间的长短,与外界因素和自身状态有关。如周围气温较高,尸僵出现较早,解僵也较迅速;寒冷时则尸僵出现较晚,解僵也较迟。肌肉发达的动物,要比消瘦动物尸僵明显。死于破伤风或番木鳖碱中毒的动物,死前肌肉运动较剧烈,尸僵发生的快而且明显。死于败血症的动物,尸僵不显著或不出现。另外,如尸僵提前,说明动物急性死亡并有剧烈的运动或高热疾病,如破伤风等;如尸僵时间延缓、拖后,尸僵不全或不发生尸僵,应考虑到生前有恶病质或烈性传染病,如炭疽等。

除了注意时间以外,还要注意关节弯曲情况。发生慢性关节炎时关节也不弯曲。但如果是尸僵的话,四个关节均不能弯曲;而如果是慢性关节炎的话,不能弯曲的关节只有一个或两个。

3. 尸斑　动物死亡后，由于心脏和大动脉的临终收缩及尸僵的发生，血液被排挤到静脉系统内，并由于重力作用，血液流向尸体的低下部位，使该部血管充盈血液，呈青紫色，这种现象称为坠积性瘀血。尸体倒卧侧组织器官的坠积性瘀血现象称为尸斑。一般在死后 1~1.5h 即可出现。尸斑坠积部的组织呈暗红色。初期，用指按压该部可使红色消退，并且这种暗红色的斑可随尸体位置的变更而改变。随着时间的延长，红细胞发生崩解，血红蛋白溶解在血浆内，并通过血管壁向周围组织浸润，结果使心内膜、血管内膜及血管周围组织染成紫红色，这种现象称为尸斑浸润，一般在死后 24h 左右开始出现。改变尸体的位置，尸斑浸润的变化也不会消失。

　　检查尸斑，对于死亡时间和死后尸体位置的判定有一定的意义。临床上应与瘀血和炎性充血加以区别。瘀血发生的部位和范围一般不受重力作用的影响，如肺瘀血或肾瘀血时，两侧的表现是一致的，肺瘀血时还伴有水肿和气肿。炎性充血可出现在身体的任何部位，局部还伴有肿胀或其他损伤。而尸斑则仅出现于尸体的低下部，除重力因素外没有其他原因，也不伴发其他变化。

4. 尸体自溶和尸体腐败　尸体自溶是指动物体内的溶酶体酶和消化酶如胃液、胰液中的蛋白分解酶，在动物死亡后，发挥其作用而引起的自体消化过程。自溶过程中细胞组织发生溶解，表现最明显的是胃和胰腺，胃黏膜自溶时表现为黏膜肿胀、变软、透明，极易剥离或自行脱落和露出黏膜下层，严重时自溶可波及肌层和浆膜层，甚至可出现死后穿孔。尸体腐败是指尸体组织蛋白由于细菌作用而发生腐败分解的现象，主要是由于肠道内的厌氧菌的分解、消化作用，或血液内、肺内的细菌的作用，也有从外界进入体内的细菌的作用。在腐败过程中，体内复杂的化合物被分解为简单的化合物，并产生大量气体，如氨、二氧化碳、甲烷、氮、硫化氢等。因此，腐败的尸体内含有多量的气体，并产生恶臭。尸体腐败的变化可表现在以下几个方面：

　　（1）死后臌气。这是胃肠内细菌繁殖，胃肠内容物腐败发酵、产生大量气体的结果。这种现象在胃肠道表现明显，尤其是反刍兽的前胃和单蹄兽的大肠更明显。此时，气体可以充满整个胃肠道，使尸体的腹部膨胀，肛门突出且哆开，严重臌气时可发生腹壁或横膈破裂。死后臌气应与生前臌气相区别，生前臌气压迫横膈使其前伸造成胸内压升高，引起静脉血回流障碍呈现瘀血，尤其是头、颈部，浆膜面还可见出血，而死后臌气则无上述变化。死后破裂口的边缘没有生前破裂口的出血性浸润和肿胀。在肠道破裂口处有少量肠内容物流出，但没有血凝块和出血，只见破裂口处的组织撕裂。

　　（2）肝、肾、脾等内脏器官的腐败。肝的腐败往往发生较早，变化也较明显。此时，肝体积增大，质度变软，污灰色，肝包膜下可见到小气泡，切面呈海绵状，从切面可挤出混有泡沫的血水，这种变化，称为"泡沫肝"。肾和脾发生腐败时也可见到类似肝腐败的变化。

　　（3）尸绿。动物死后尸体变为绿色，称为尸绿。由于组织分解产生的硫化氢与红细胞分解产生的血红蛋白和铁相结合，形成硫化血红蛋白和硫化铁，致使腐败组织呈污绿色，这种变化在肠道表现得最明显。临床上可见到动物的腹部出现绿色，尤其是禽类，常见到腹底部的皮肤为绿色。

　　（4）尸体腐败过程中产生大量带恶臭的气体，如硫化氢、己硫醇、甲硫醇、氨等，致使腐败的尸体具有特殊的恶臭气味。

　　通过尸体的自溶和腐败，可以使死亡的动物逐步分解、消失。但尸体腐败的快慢，受周围环境的温度和湿度及疾病性质的影响。适当的温度、湿度或死于败血症和有大面积化脓性炎症的动物，尸体腐败较快且明显。在寒冷、干燥的环境下或死于非传染性疾病的动物，尸体腐败缓慢且微弱。

尸体腐败可使生前的病理变化遭到破坏，这样会给剖检工作带来困难，因此，病畜死后应尽早进行尸体剖检，以免死后变化与生前的病变发生混淆。

5. 血液凝固 动物死后不久还会出现血液凝固，即心脏和大血管内的血液凝固成血凝块。在死后血液凝固较快时，血凝块呈一致的暗红色。在血液凝固缓慢时，血凝块分成明显的两层，上层为主要含血浆成分的淡黄色鸡脂样凝血块，下层为主要含红细胞的暗红色血凝块，这是由于血液凝固前红细胞沉降所致。

血凝块表面光滑、湿润，有光泽，质柔软，富有弹性，并与血管内膜分离。血凝块与血栓不同，应注意区别。动物生前如有血栓形成，血栓的表面粗糙，质脆而无弹性，并与血管壁有粘连，不易剥离，硬性剥离可损伤内膜。在静脉内的较大血栓，可同时见到黏着于血管壁上呈白色的头部（白色血栓）、红白相间的体部（混合血栓）和全为红色的游离的尾部（红色血栓即血凝块）。

血液凝固的快慢，与死亡的原因有关。由于败血症、窒息及一氧化碳中毒等死亡的动物，往往血液凝固不良。

（三）尸体剖检前的准备

进行尸体剖检，尤其是剖检传染病尸体时，剖检者既要注意防止病原扩散，又要预防自身感染。因此，必须做好如下工作：

1. 剖检场地的选择 尸体剖检，特别是剖检传染病尸体，一般应在病理剖检室进行，以便消毒和防止病原扩散。如果条件不许可而在室外剖检时，应选择地势较高、环境较干燥、远离水源、道路、房舍和畜（禽）舍的地点进行。剖检前挖深 2m 的深坑，剖检后将内脏、尸体连同被污染的土层投入坑内，再撒上石灰或喷洒 10% 的石灰水、3%～5% 来苏儿或克辽林，然后用土掩埋。

2. 尸体剖检常用器械和药品的准备 根据死前症状或尸体特点准备解剖器械，一般应有解剖刀、剥皮刀、脏器刀、外科刀、脑刀、外科剪、肠剪、骨剪、骨钳、镊子、骨锯、双刃锯、斧头、骨凿、阔唇虎头钳、探针、量尺、量杯、注射器、针头、天平、磨刀棒或磨刀石等。如果没有专用解剖器材，也可用其他合适的刀、剪代替。准备装检验样品的灭菌平皿、棉拭子和固定组织用的内盛 10% 福尔马林或 95% 酒精的广口瓶。常用消毒液，如 3%～5% 来苏儿、石炭酸、克辽林、0.2% 高锰酸钾、70% 酒精、3%～5% 碘酒等。此外，还应准备凡士林、滑石粉、肥皂、棉花和纱布等。

3. 剖检人员的防护 剖检人员在剖检尸体时，特别是在剖检传染病尸体时，应穿工作服，外罩胶皮或塑料围裙，戴胶手套、线手套、工作帽，穿胶鞋。必要时还要戴上口罩和眼镜。如缺乏上述用品时，可在手上涂抹凡士林或其他油类，保护皮肤，以防感染。在剖检中不慎切破皮肤时应立即消毒和包扎。

在剖检过程中，应保持清洁，注意消毒。常用清水或消毒液洗去剖检人员手上和刀剪等器械上的血液、脓液和各种排出物。

剖检后，双手先用肥皂洗涤，再用消毒液冲洗。为了消除粪便和尸腐臭味，可先用 0.2% 高锰酸钾溶液浸洗，再用 2%～3% 草酸溶液洗涤，退去棕褐色后，再用清水冲洗。

(四) 尸体剖检的注意事项

1. 尸体剖检的时间 尸体剖检应在病畜死后越早越好。尸体放久后，容易腐败分解，尤其是在夏天，尸体腐败分解过程更快，这会影响对原有病变的观察和诊断。剖检最好在白天进行，因为在灯光下，一些病变的颜色（如黄疸、变性等）不易辨认。供分离病毒的脑组织要在动物死后5h内采取。一般死后超过24h的尸体，就失去了剖检意义。此外，细菌和病毒分离培养的病料要先无菌采取，最后再取病料做组织病理学检查。如尸体已腐烂，可锯一块带骨髓的股骨送检。

2. 了解病史 尸体剖检前，应先了解病畜所在地区的疾病的流行情况、病畜生前病史，包括临床化验、检查和临床诊断等。此外，还应注意治疗、饲养管理和临死前的表现等方面的情况。

3. 自我防护意识 剖检前应在尸体体表喷洒消毒液；搬运尸体时，特别是搬运炭疽、开放性鼻疽等传染病尸体时，在用浸透消毒液的棉花团塞住天然孔，并用消毒液喷洒尸体后方可运送。

4. 病变的切取 未经检查的脏器切面，不可用水冲洗，以免改变其原来的颜色和性状。切脏器的刀、剪应锋利，切开脏器时，要由前向后，一刀切开，不要由上向下挤压或拉锯式的切开。切开未经固定的脑和脊髓时，应先使刀口浸湿，然后下刀，否则切面粗糙不平。

5. 尸检后处理

（1）衣物和器材。剖检中所用衣物和器材最好直接放入煮锅或手提高压锅内，经灭菌后，方可清洗和处理；解剖器械也可直接放入消毒液内浸泡消毒后，再清洗处理。胶手套消毒后，用清水洗净，擦干，撒上滑石粉。金属器械消毒清洁后擦干，涂抹凡士林，以免生锈。

（2）尸体。为了不使尸体和解剖时的污染物成为传染源，剖检后的尸体最好是焚化或深埋。特殊情况如人畜共患病或烈性病尸体要先用消毒药处理然后再焚烧。野外剖检时，尸体要就地深埋，深埋之前在尸体上洒消毒液，尤其要选择具有强烈刺激异味的消毒药如甲醛等，以免尸体被意外挖出。

（3）场地。剖检场地要进行彻底消毒，以防污染周围环境。如遇特殊情况（如禽流感），检验工作在现场进行，当撤离检验工作点时，要做终末消毒，以保证继用者的安全。

(五) 尸体剖检的步骤

为了全面系统地检查尸体所呈现的病理变化，尸体剖检必须按照一定的方法和顺序进行。但考虑到各种动物解剖结构的特点，器官和系统之间的生理解剖学关系，疾病的性质以及术式的简便和效果等，各种动物的剖检方法和顺序既有共性又有个性。因此，剖检方法和顺序不是一成不变的，而是依具体条件和要求有一定的灵活性。但是，不管采用哪种方法都是为了高效率地检查全身各个组织器官。对于所有的动物而言，一般剖检先由体表开始，然后是体内，体内的剖检顺序，通常从腹腔开始，之后胸腔，再后则其他。通常采用的剖检顺序是：

1. 外部检查 在剥皮之前检查尸体的外表状态。外部检查的内容，主要包括以下几方面：

（1）尸体概况。畜别、品种、性别、年龄、毛色、特征、体态等。

（2）营养状态。可根据肌肉发育情况及皮肤和被毛状况判断。

(3) 皮肤。注意被毛的光泽度，皮肤的厚度、硬度及弹性，有无脱毛、褥疮、溃疡、脓肿、创伤、肿瘤、外寄生虫等，有无粪泥和其他病理产物的污染。此外，还要注意检查有无皮下水肿和气肿。

(4) 天然孔（眼、鼻、口、肛门、外生殖器等）的检查。首先检查各天然孔的开闭状态，有无分泌物、排泄物及其性状、量、颜色、气味和浓度等；其次应注意可视黏膜的检查，着重检查黏膜色泽变化。

(5) 尸体变化的检查。动物死亡后，舌尖伸出卧侧口角外，由此可以确定死亡时的位置。尸体变化的检查，有助于判定死亡发生的时间、位置，并与病理变化相区别（检查项目见尸体变化）。

2. 致死动物 发病系统不同、检验目的不同，致死动物的方法也不同，主要有下列五种：

(1) 放血致死。大、中、小动物均适用，即用刀或剪切断动物的颈动脉、颈静脉、前腔动静脉等，使动物因失血过多而死亡。

(2) 静脉注射药物致死。如静脉注射甲醛、来苏儿等。

(3) 人造气栓致死。主要用于小动物。即从静脉中注入空气，使动物在短时间内死于空气性栓塞。

(4) 断颈致死。用于小动物或禽类。即将第一颈椎与寰椎脱臼，致使脊髓及颈部血管断裂而死，临床上常用于鸡的致死。这种方法方便、快捷，多数情况下不需器具，但却可造成喉头和气管上部出血，故呼吸道疾病时要注意区别。

(5) 断延髓。用于大家畜如牛的致死，这种方法要求有确实的把握，否则较危险。

3. 内部检查 内部检查包括剥皮、皮下检查、体腔的剖开及内脏的采出和检查等。

(1) 剥皮和皮下检查。为了检查皮下病理变化并利用皮革的经济价值，在剖开体腔以前应先剥皮。在剥皮过程中，注意检查皮下有无充血、出血、水肿、脱水、炎症和脓肿等病变，并观察皮下脂肪组织的多少、颜色、性状及病理变化的性质等。剥皮后，应对肌肉和生殖器官做一个大概的检查。

(2) 暴露腹腔，视检腹腔脏器。按不同的切线将腹壁掀开，露出腹腔内的脏器，并立即进行视检。检查的内容包括：腹腔液的数量和性状，腹腔内有无异常内容物，腹膜的性状，腹腔脏器的位置和外形，横膈膜的紧张程度、有无破裂等。

(3) 胸腔的剖开和胸腔脏器的视检。剖开胸腔，注意检查胸腔液的数量和性状，胸腔内有无异常内容物，胸膜的性状，以及肺、胸腺、心脏等。

(4) 腹腔脏器的采出。腹腔脏器的采出与检查可以同时进行，也可以先采出后检查。腹腔脏器的采出包括胃、肠、肝、脾、胰、肾和肾上腺等的采出。

(5) 胸腔脏器的采出。为使咽、喉头、气管、食道和肺联系起来，以观察其病变的互相联系，可把口腔、颈部器官和肺一同采出。但在大家畜一般都采用口腔、颈部器官、胸腔器官分别采出。

(6) 口腔和颈部器官的采出。先检查颈部动静脉、甲状腺、唾液腺及其导管，颌下和颈部淋巴结有无病变，然后采出口腔和颈部的器官。

(7) 颈部、胸腔和腹腔器官的检查。脏器的检查最好在采出的当时进行，因为此时脏器还保持着原有的湿润度和色泽。如果采出过久，由于受周围环境的影响，脏器的湿润度和色泽会发生很大的变化，使检查发生困难。但是，应用边采出边检查的方法，在实际工作中也常感不便，因为与病畜发病和致死原因有关的病变有时会被忽略。通常，腹腔、胸腔和颈部各器官和病畜发病致死等问题的关系最密切，所以这三部分脏器采出之后就要进行检查。检查后，再按需要采出和检查其他各部分。至于这三部分器官的检查顺序应服从疾病的情况，即先取与发病和致死的原因最有关系的器官进行检查，与该病理过程发生发展有联系的器官可一并检查。或考虑到对环境的污染，应先检查口腔器官，再检查胸腔器官，之后再检查腹腔脏器中的脾和肝，最后检查胃肠道。总之，检查顺序服从于检查目的和现场的情况，不应墨守成规。既要细致搜索和观察重点的病变，又要照顾到全身一般性检查。脏器在检查前要注意保持其原有的湿润程度和色彩，尽量缩短其在外界环境中暴露的时间。

（8）骨盆腔脏器的采出和检查。在未采出骨盆腔脏器前，先检查各器官的位置和概貌。可在保持各器官的生理联系下一同采出。公畜先分离直肠并进行检查。然后检查包皮、龟头、尿道黏膜、膀胱、睾丸、附睾、输精管、精囊腺及尿道球腺等；母畜检查直肠、膀胱、尿道、阴道、子宫、输卵管和卵巢的状态。如剖检妊娠子宫，要注意检查胎儿、羊水、胎膜和脐带等。

（9）脑的采出和检查。剖开颅腔采出脑后，先观察脑膜有无充血、出血和瘀血。再检查脑回和脑沟的状态（禽除外），然后切开大脑，检查脉络丛的性状和脑室有无积水。最后横切脑组织，检查有无出血及溶解性坏死等变化。

（10）鼻腔的剖开和检查。用骨锯（大、中动物）或骨剪（小动物和禽）纵行把头骨分成两半，其中的一半带有鼻中隔，或剪开鼻腔，检查鼻中隔、鼻道黏膜、额窦、鼻甲窦、眶下窦等。

（11）脊椎管的剖开、脊髓的采出和检查。剖开脊柱取出脊髓，检查软脊膜、脊髓液、脊髓表面和内部。

（12）肌肉、关节的检查。肌肉的检查通常只是对肉眼上有明显变化的部分进行，注意其色泽、硬度，有无出血、水肿、变性、坏死、炎症等病变；关节的检查通常只对有关节炎的关节进行，看关节部是否肿大，可以切开关节囊，检查关节液的含量、性质和关节软骨表面的状态。

（13）骨和骨髓的检查。主要对骨组织发生疾病的病例进行，先进行肉眼观察，检验其硬度及其断面的形象。骨髓的检查对于与造血系统有关的各种疾病极为重要。检查骨干和骨端的状态，红骨髓、黄骨髓的性质、分布等。

4. 某些组织器官检查要点

（1）淋巴结。要特别注意颌下淋巴结、颈浅淋巴结、髂下淋巴结、肠系膜淋巴结、肺门淋巴结等的检查。注意检查其大小、颜色、硬度，与其周围组织的关系及横切面的变化。

（2）肺。首先注意其大小、色泽、质量、质度、弹性、有无病灶及表面附着物等。然后用剪刀将支气管剪开，注意检查支气管黏膜的色泽、表面附着物的数量、黏稠度。最后将整个肺纵横切割数刀，观察切面有无病变，切面流出物的数量、色泽变化等。

（3）心脏。先检查心脏纵沟、冠状沟的脂肪量和性状，有无出血。然后检查心脏的外形、大小、色泽及心外膜的性状。最后切开心脏检查心腔。沿左侧纵沟切开右心室及肺动脉，同样再切开左心室及主动脉。检查心腔内血液的性状，心内膜、心瓣膜是否光滑，有无变形、增厚，心肌的色泽、质度，心壁的厚薄等。

（4）脾。脾摘出后，注意其形态、大小、质度；然后纵行切开，检查脾小梁、脾髓的颜色，红、白髓的比例，脾髓是否容易刮脱。

（5）肝。先检查肝门部的动脉、静脉、胆管和淋巴结。然后检查肝的形态、大小、色泽、包膜性状、有无出血、结节、坏死等。最后切开肝组织，观察切面的色泽、质度和含血量等情况。注意切面是否隆突，肝小叶结构是否清晰，有无脓肿、寄生虫性结节和坏死等。

（6）肾。先检查肾的形态、大小、色泽和质度，然后由肾的外侧面向肾门部将肾纵切为相等的两半（禽除外），检查包膜是否容易剥离，肾表面是否光滑，皮质和髓质的颜色、质度、比例、结构，肾盂黏膜及肾盂内有无结石等。

（7）胃的检查。检查胃的大小、质度，浆膜的色泽，有无粘连、胃壁有无破裂和穿孔等，然后沿胃大弯剖开胃，检查胃内容物的性状、黏膜的变化等。

反刍动物胃的检查，特别要注意网胃有无创伤，是否与膈相粘连。如果没有粘连，可将瘤胃、网胃、瓣胃、皱胃之间的联系分离，使四个胃展开。然后沿皱胃小弯与瓣胃、网胃之大弯剪开；瘤胃则沿背缘和腹缘剪开，检查胃内容物及黏膜的情况。

（8）肠管的检查。从十二指肠、空肠、回肠、大肠、直肠分段进行检查。在检查时，先检查肠管浆膜面的情况。然后沿肠系膜附着处剪开肠腔，检查肠内容物及黏膜情况。

（9）骨盆腔器官的检查。公畜生殖系统的检查，从腹侧剪开膀胱、尿管、阴茎，检查输尿管开口及膀胱、尿道黏膜，尿道中有无结石，包皮、龟头有无异常分泌物；切开睾丸及副性腺检查有无异常。母畜生殖系统的检查，沿腹侧剪开膀胱，沿背侧剪开子宫及阴道，检查黏膜、内腔有无异常；检查卵巢形状、卵泡、黄体的发育情况，输卵管是否扩张等。

（六）尸体剖检记录的编写

剖检记录必须包括主诉、发病经过、主要症状及体征、临床诊断、治疗经过、各种化验室检查结果、死亡前的表现及临床死亡原因等（表20-1）。

剖检记录必须遵守系统、客观、准确的原则，对病变的形态、大小、质量、位置、色彩、硬度、性质、切面的结构变化等都要客观地描述和说明，应尽可能避免采用诊断术语或名词来代替。有的病变用文字难以表达时，可绘图补充说明，有的可以拍照或将整个器官保存下来。

表20-1 动物尸体剖检记录

剖检号							
畜主		畜种		性别		年龄		特征	
临床摘要及临床诊断							
死亡日期				年	月	日	
剖检地点			剖检时间	年	月	日	时
剖检所见							
病理解剖学诊断							
结论							
剖检者							
				年	月	日	时

(七) 病理材料的采取和寄送

在尸体剖检时,为了进一步做出确切诊断,往往需要采取病料送实验室进一步检查。送检时,应严格按病料的采取、保存和寄送方法进行,具体做法如下:

1. 病理组织材料的采取和寄送 采取的病理材料,要采样全面,而且具有代表性,保持主要组织结构的完整性,如肾应包括皮质、髓质和肾盂;胃肠应包括从黏膜到浆膜的完整组织等。采取的病料应选择病变明显的部位,而且应包括病变组织和周围正常组织。并应多取几块。切取组织块时,刀要锋利,应注意不要使组织受到挤压和损伤,切面要平整。要求组织块厚度5mm,面积$1.5\sim3cm^2$;易变形的组织应平放在纸片上,一同放入固定液中。

病理组织材料用10%福尔马林溶液固定,固定液量为组织体积的5~10倍。容器底应垫脱脂棉,以防组织固定不良或变形,固定时间为12~24h。已固定的组织,可用固定液浸湿的脱脂棉或纱布包裹,置于玻璃瓶封固或用不透水塑料袋包装于木匣内送检。送检的病理组织学材料要有编号、组织块名称、数量、送检说明书和填写送检单,供检验单位诊断时参考。

2. 微生物检验材料的采取和寄送 采取病料应于病畜死后立即进行,或于病畜临死前扑杀后采取,尽量避免外界污染,以无菌操作采取所需组织,采后放在预先消毒好的容器内。所采组织的种类,要根据诊断目的而定。如急性败血性疾病,可采取心血、脾、肝、肾、淋巴结等组织供检验;生前有神经症状的疾病,可采取脑、脊髓或脑脊液;局部性疾病,可采取病变部位的组织如坏死组织、脓肿病灶、局部淋巴结及渗出液等材料。在与外界接触过的脏器采病料时,可先用烧红的热金属片在器官表面烧烙,然后除去烧烙过的组织,从深部采病料,迅速放在消毒好的容器内封好;采集体腔液时可用注射器吸取;脓汁可用消毒棉球收集,放入消毒试管内;胃肠内容物可收集放入消毒广口瓶内或剪一段肠管两端扎好,直接送检;血液涂片固定后,两张涂片涂面向内,用火柴杆隔开扎好,用厚纸包好送检;小动物可整个尸体包在不漏水的塑料袋中送检;对疑似病毒性疾病的病料,应放入50%甘油生理盐水溶液中,置于灭菌的玻璃容器内密封、送检。

采取病料用的刀、剪、镊子等设备、器械,使用前、后均应严格消毒。送检微生物学检验材料要有编号、检验说明书和送检报告单。同时,应在冷藏条件下派专人送检。

3. 中毒病料的采取与寄送 应采取肝、胃等脏器的组织、血液和较多的胃肠内容物和食后剩余的饲草、饲料,分别装入清洁的容器内,并且注意切勿与任何化学药剂接触混合,密封后在冷藏的条件下(装于放有冰块的保温瓶)送出。

第二节 尸体剖检术式

(一) 牛的尸体剖检术式

牛的尸体剖检,通常采取左侧卧位,以便于取出约占腹腔3/4的瘤胃。

1. 外部检查 外部检查包括检查畜别、品种、年龄、性别、毛色、营养状态、皮肤和可视黏膜以及部分尸征等。

2. 内部检查 包括剥皮、皮下检查、体腔的剖开及内脏器官的采出等。

（1）剥皮。将尸体仰卧，自下颌部起沿腹部正中线切开皮肤，至脐部后把切线分为两条，绕开生殖器或乳房，最后于尾根部会合。再沿四肢内侧的正中线切开皮肤，到球节做一环形切线，然后剥下全身皮肤（图20-1）。传染病尸体，一般不剥皮。在剥皮过程中，应注意检查皮下的变化。

（2）切离前、后肢。为了便于内脏的检查与摘除，牛先将右侧前、后肢切离。切离的方法是将前肢或后肢向背侧牵引，切断肢内侧肌肉、关节囊、血管、神经和结缔组织，再切离其外、前、后三方面肌肉即可取下。

（3）腹腔脏器的采出。

①切开腹腔。先将母畜乳房或公畜外生殖器从腹壁切除，然后从肷窝沿肋弓切开腹壁至剑状软骨，再从肷窝沿髂骨体切开腹壁至耻骨前缘（图20-2）。注意不要刺破肠管，造成粪水污染。

切开腹腔后，检查有无肠变位、腹膜炎、腹水或腹腔积血等异常。

②腹腔器官采出。剖开腹腔后，在剑状软骨部可见到网胃，右侧肋骨后缘部为肝、胆囊和皱胃，右肷部可见盲肠，其余脏器均被网膜覆盖。因此，为了采出牛的腹腔器官，应先将网膜切除，并依次采出小肠、大肠、胃和其他器官。

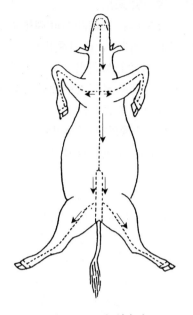

图20-1 牛剥皮法
（陆桂平.2001.动物病理）

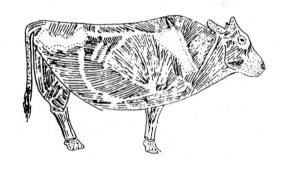

图20-2 腹腔打开
（陆桂平.2001.动物病理）

切取网膜：检查网膜的一般情况，然后将两层网膜撕下。

小肠的采出：提起牛盲肠的盲端，沿盲肠体向前，在三角形的回盲韧带处分离一段回肠，在距盲肠约15cm处做双重结扎，从结扎间切断。再抓住回肠断端向身前牵引，使肠系膜呈紧张状态，在接近小肠部切断肠系膜。由回肠向前分离至十二指肠空肠曲，再做双重结扎，于两结扎间切断，即可取出全部小肠。采出小肠的同时，要边切边检查肠系膜和淋巴结等有无变化。

大肠的采出：先在骨盆口找出直肠，将直肠内粪便向前挤压并在直肠末端作一次结扎，并在结扎后方切断直肠。抓住直肠断端，由后向前分离直肠系膜至前肠系膜根部。再把横结肠、肠盘与十二指肠回行部之间的联系切断。最后切断前肠系膜根部的血管、神经和结缔组织，可取出整个大肠。

牛胃、十二指肠和脾的采出：先将胆管、胰管与十二指肠之间的联系切断，然后分离十二指肠系膜。将瘤胃向后牵引，露出食管，并在末端结扎切断。再用力向后下方牵引瘤胃，用刀切离瘤胃与背部联系的组织，切断脾膈韧带，将牛的胃、十二指肠及脾同时采出。

胰采出：胰可从左叶开始逐渐切下，或将胰附于肝门部和肝一同取出，也可随腔动脉、肠系膜一并采出。

肝采出：先切断左叶周围的韧带及后腔静脉，然后切断右叶周围的韧带、门静脉和肝动脉（勿伤右肾），便可采出肝。

肾和肾上腺采出：首先应检查输尿管的状态，然后先取左肾，即沿腰肌剥离其周围的脂肪囊，并切断肾门处的血管和输尿管，采出左肾。右肾用同样方法采出。肾上腺可与肾同时采出，也可单独采出。

(4) 胸腔脏器的采出。

①锯开胸腔。锯开胸腔之前，应先检查肋骨的高低及肋骨与肋软骨结合部的状态。然后将膈的左半部从季肋部切下，用锯把左侧肋骨的上、下两端锯断，只留第一肋骨，即可将左胸腔全部暴露。

锯开胸腔后，应注意检查左侧胸腔液的量和性状，胸膜的色泽，有无充血、出血或粘连等。

②心脏的采出。先在心包左侧中央作十字形切口，将手洗净，把食指和中指插入心包腔，提取心尖，检查心包液的量和性状；然后沿心脏的左侧纵沟左右各1cm处，切开左、右心室，检查血量及其性状；最后将左手拇指和食指分别伸入左、右心室的切口内，轻轻提取心脏，切断心基部的血管，取出心脏。

③肺的采出。先切断纵隔的背侧部，检查胸腔液的量和性状；然后切断纵隔的后部；最后切断胸腔前部的纵隔、气管、食管和前腔动脉，并在气管轮上做一小切口，将食指和中指伸入切口牵引气管，将肺取出。

④腔动脉的采出。从前腔动脉至后腔动脉的最后分支部，沿胸椎、腰椎的下面切断肋间动脉，即可将腔动脉和肠系膜一并采出。

(5) 骨盆腔脏器的采出。先锯断髂骨体，然后锯断耻骨和坐骨的髋臼支，除去锯断的骨体，盆腔即暴露。用刀切离直肠与盆腔上壁的结缔组织。母牛还应切离子宫和卵巢，再由盆腔下壁切离膀胱颈、阴道及生殖腺等，最后切断附着于直肠的肌肉，将肛门、阴门做圆形切离，即可取出骨盆腔脏器。

(6) 口腔及颈部器官的采出。先切断咬肌，再在下颌骨的第一臼齿前，锯断左侧下颌支；再切断下颌支内面的肌肉和后缘的腮腺、下颌关节的韧带及冠状突周围的肌肉，将左侧下颌支取下；然后用左手握住舌头，切断舌骨支及其周围组织，再将喉、气管和食管的周围组织切离，直至胸腔入口处，即可采出口腔及颈部器官。

(7) 颅腔的打开与脑的采出。

①切断头部。沿寰枕关节切断颈部，使头与颈分离，然后除去下颌骨体及右侧下颌支，切除颅顶部附着的肌肉。

②取脑。先沿两眼的后缘用锯横行锯断，再沿两角外缘与第一锯相接锯开，并于两角的中间纵锯一正中线，然后两手握住左右两角，用力向外分开，使颅顶骨分成左右两半，这样脑即取出（图20-3）。

(8) 鼻腔的锯开。沿鼻中线两侧各一厘米纵行锯开鼻骨、额骨，暴露鼻腔、鼻中隔、鼻甲骨及鼻窦。

图20-3 颅腔剖开
(陆桂平．2001．动物病理)

(9) 脊髓的采出。剔去椎弓两侧的肌肉，凿（锯）断椎体，暴露椎管，切断脊神经，即可取出脊髓。

上述各体腔的打开和内脏的采出，是系统剖检的程序。在实际工作中，可根据生前的疾病性质，进行重点剖检，适当地改变或取舍某些剖检程序。

（二）猪的尸体剖检术式

1. 外部检查　在进行尸体检查前，先仔细了解病死猪的生前情况，尤其是比较明显的临床症状，这将缩小对所患疾病的考虑范围，使剖检有一定导向性。

2. 内部检查　猪的剖检一般采用背位姿势，为了使尸体保持背位，需切断四肢内侧的所有肌肉和髋关节的圆韧带，使四肢平摊在地上，借以抵住躯体，保持不倒。然后再从颈、胸、腹的正中侧切开皮肤，只腹侧剥皮。如果是大猪，又不是传染病死亡，皮肤可以加工利用时，建议仍按常规方法剥皮，然后再切断四肢内侧肌肉，使尸体保持背位。

（1）皮下检查。皮下检查在剥皮过程中进行。除检查皮下有无充血、炎症、出血、瘀血、水肿（多呈胶冻样）等病变外，还必须检查体表淋巴结的大小、颜色，有无出血，是否充血，有无水肿、坏死、化脓等病变。小猪（断乳前）还要检查肋骨和肋软骨交界处，有无串珠样肿大。

（2）腹腔的剖开和腹腔脏器的采出。从剑状软骨后方沿白线由前向后切开腹壁至耻骨前缘，观察腹腔中有无渗出物；渗出液的数量、颜色和性状，腹膜及腹腔器官浆膜是否光滑，肠壁有无粘连；再沿肋骨弓将腹壁两侧切开，则腹腔器官全部暴露。

腹腔脏器的采出：可先取出脾与网膜，其次为空肠、回肠、大肠、胃和十二指肠。

脾和网膜的采出：在右季肋部可见脾。提起脾，并在接近脾根部切断网膜和其他联系后取出脾。然后将网膜从其附着部分离采出。

空肠和回肠的采出：将结肠盘向右侧牵引，盲肠拉向左侧，显露回盲韧带与回肠。在离盲肠约15cm处，将回肠做二重结扎并切断。然后握住回肠断端，用刀切离回肠、空肠上附着的肠系膜，直至十二指肠空肠曲，在空肠起始部做二重结扎并切断，取出空肠和回肠。边分离肠系膜边检查肠浆膜有无出血，肠系膜有无出血、水肿，肠系膜淋巴结有无肿胀、出血、坏死。

大肠的采出：在骨盆腔口分离直肠，将其中粪便挤向前方做一次结扎，并在结扎后切断直肠。从直肠断端向前方分离肠系膜，至前肠系膜根部。分离结肠与十二指肠、胰腺之间的联系，切断前肠系膜根部血管、神经和结缔组织，以及结肠与背部之间的联系，即可取出大肠。

随后可依次将胃和十二指肠、肾和肾上腺、胰腺和肝采出。

（3）胸腔的剖开及胸腔脏器的采出。用刀先分离胸壁两侧表面的脂肪和肌肉，检查胸腔的压力，用刀切断两侧肋骨与肋软骨的接合部，再切断其他软组织，除去胸壁腹面，胸腔即可露出。检查胸腔、心包腔有无积液及其性状，胸膜是否光滑，有无粘连。

分离咽喉头、气管、食道周围的肌肉和结缔组织，将喉头、气管、食道、心脏和肺一同采出。

（4）剖检小猪。可自下颌沿颈部、腹部正中线至肛门切开，暴露胸腹腔，切开耻骨联合露出骨盆腔。然后将口腔、颈部，胸腔、腹腔和骨盆腔的器官一起取出。

（5）颅腔剖开。可在脏器检查完后进行。清除头部的皮肤和肌肉，在两眼眶之间横劈额骨，然后再将两侧颞骨（与颧骨平行）及枕骨髁劈开，即可掀掉颅顶骨，暴露颅腔。检查脑膜有无充血、出血。必要时，取材送检。

按一定顺序，逐一检查各个内脏器官的病理变化。

（三）禽的尸体剖检术式

1. 鸡的致死 活鸡用脱颈法或颈部放血致死。

2. 了解死禽的一般状况 主要了解家禽的种别、性别、年龄等，还要了解禽群的饲养管理状况，发病经过及病禽状况、死亡数等。

3. 外部检查 先观察全身羽毛的状况，看看是否光泽，有无污染、蓬乱、脱毛等现象；泄殖腔周围的羽毛有无粪便污染；皮肤有无肿胀；关节及脚趾有无脓肿或其他异常。检查冠、肉垂和面部的颜色、厚度、有无痘疹等。压挤鼻孔和鼻窝下窦，观察有无液体流出，口腔有无黏液。检查两眼虹彩的颜色。最后触摸腹部有无变软或积有液体。

4. 内部检查 剖检前最好用水或消毒液将尸体表面及羽毛浸湿，以防剖检时有绒毛和尘埃飞扬。将尸体仰卧放（即背位）在搪瓷盘内或垫纸上用力掰开两腿，使髋关节脱位，拔掉颈、胸、腹正中部的羽毛（不拔也可），在胸骨嵴部纵向切开皮肤，然后分别向前、后延伸至嘴角和肛门，向两侧剥离颈、胸、腹部皮肤。观察皮下有无充血、出血、水肿、坏死等病变，注意胸部肌肉的丰满程度、颜色，有无出血、坏死，观察龙骨是否变形、弯曲。在颈椎两侧寻找并观察胸腺的大小及颜色，有无小的出血、坏死点。检查嗉囊是否充盈食物，内容物的数量及性状。观察腹围大小，腹壁的颜色等。

在后腹部，将腹壁横向切开。顺切口的两侧分别向前剪断胸肋骨（注意别剪破肝和肺）、喙骨及锁骨，最后把整个胸壁翻向头部，使整个胸腔和腹腔器官都清楚地显露出来。

如果进行细菌分离，应采用无菌技术打开胸、腹腔，进行分离接种。

体腔打开后，注意观察各脏器的位置、颜色、浆膜的状况，体腔内有无液体，各脏器之间有无粘连。然后再分别取出各个内脏器官，方法是：可先将心脏连心包一起剪离，再取出肝。在食管末端将其切断，将胃肠道、胰、脾一同取出，方法是：向后牵拉腺胃，边牵拉边剪断胃肠与背部的联系，然后在泄殖腔前切断直肠（或连同泄殖腔一同取出），即可取出胃肠道。在分离肠系膜时，要注意肠系膜是否光滑，有无肿瘤，在胃肠采出时，注意检查在泄殖腔背侧的腔上囊（原位检查即可，也可采出）。

①气囊在禽类分布很广，胸腔、腹腔皆有，在体腔打开、内脏器官采取过程中，随时注意检查，主要是看气囊的厚薄，有无渗出物、霉斑等。

②陷藏于肋间隙内及腰荐骨凹陷处的肺和肾，可用外科刀柄或手术剪剥离取出。取出肾时，要注意输尿管的检查。

③卵巢可在原位检查，注意其大小、形状、颜色（注意和同日龄鸡比较），卵黄发育状况或病变。输卵管位于左侧，右侧已退化，只见一水泡样结构，输卵管检查可在原位进行。睾丸检查可在原位进行，注意其大小、颜色，二者是否一致。

④口腔、颈部器官检查，剪开一侧口角，观察后鼻孔、腭裂及喉口有无分泌物堵塞、口腔黏膜有无伪膜。再剪开喉头、气管、食道及嗉囊，观察管腔及黏膜的性状，有无渗出物、渗出物的性状、黏膜的颜色，有无出血、伪膜等，注意嗉囊内容物的数量、性状及内膜的变化。

⑤脑的采出，可先用刀剥离头部皮肤，再剪除颅顶骨（大鸡用骨剪或普通剪，小鸡用手

术剪），即可露出大脑和小脑，将头顶部朝下，剪断脑下部神经，将脑取出。

⑥外周神经检查。在大腿内侧，剥离内收肌，即可暴露坐骨神经；在脊椎的两侧，仔细地将肾剔除，露出腰荐神经丛。对比观察两侧神经的粗细、横纹及色彩、光滑度。

由于鹅、鸭与鸡的解剖结构相似，并且所患的许多疾病也相似，所以鹅与鸭的尸体剖检可参照鸡的进行。所不同的是，鹅、鸭有两对淋巴结，一对颈胸淋巴结位于颈的基部，紧贴颈静脉，呈纺锤形；另一对为腰淋巴结，位于腹部主动脉两侧，呈长圆形。剖检时要注意检查。

（四）兔的剖检术式

1. 询问病史及外部检查 尸检者在尸检前了解病情和兔的有关情况。然后再进行仔细的外部检查，主要检查天然孔、被毛、皮肤和营养状况有什么异常和变化。

2. 剖检术式

（1）剥皮。用水或消毒液将尸体浸湿，尸僵时用力将四肢掰开，腹部朝上，置于小动物尸检台上或搪瓷盘内。是否剥皮，视情况而定，一般推荐剥皮，至少腹侧剥皮，因为皮下病变极为常见。剥皮时，从下颌角开始，沿颌间中线经过颈部腹面沿胸腹壁正中线做一纵切口至肛门。用镊子提起皮肤，用剪刀或手术刀剥离皮肤，一般只剥离腹侧皮肤。若全剥，则在口角稍后部，做一环形切开与纵口会合。前肢在桡骨中部，后肢在跗关节处做环形切口，在四肢内侧垂直于纵切口切开皮肤，将尸体皮肤全部剥掉。在剥皮过程中要注意检查皮下病变，如创伤、化脓、炎症、瘀血、水肿、黄疸等。检查、采取体表淋巴结（颌下、腋下、腹股沟淋巴结）。并注意检查肌肉的异常变化。

（2）腹腔的剖开及腹腔脏器的采出。已剥皮或未经剥皮背侧卧位的尸体，将两前肢与腹壁附着处少许切割，使两前肢充分向两侧伸展，对两后肢往下施加压力，使耻骨联合稍有断裂，骨盆腔充分暴露。在腹壁正中松弛部位，用镊子提起腹壁，剪一小孔。用圆头剪刀插入腹腔内，剪开腹壁。前方止于胸骨的剑状软骨，后方止于肛门。在胸骨剑状软骨处，垂直于第一切口，紧靠着最后肋骨后缘，剪开左右侧腹壁到腰肌为止，使整个腹腔充分暴露出来。观察腹腔渗出液的有无、多少及性状，并可直接涂片检查或培养，然后仔细检查腹膜有无炎症、增厚及粘连，腹腔器官的位置有无异常。兔的腹腔大部被盲肠所占据，几乎充满右腹部，回肠进入盲肠处膨大，称圆小囊。盲肠末端为壁厚细长的蚓突，两者为淋巴组织。

腹腔视检完后，开始摘除腹腔器官。先摘出脾和网膜。用镊子提起胃贲门部，切断贲门部和食道，向后一边牵拉一边分离，将胃肠从腹腔内一起摘出。用镊子夹住静脉根部，小心将肝摘出。用镊子剥离肾周围脂肪，将肾和肾上腺一同摘出。最后摘出膀胱与生殖器官（可在原位检查）。摘出的器官按一定顺序摆放在盘中（为防止干燥，可盖浸有生理盐水的纱布）。

（3）胸腔的剖开及胸腔器官的采出。在肋骨上端，肋骨与胸骨交接处由后向前剪断两侧肋骨，提起胸壁，胸腔器官即暴露。胸腔暴露后，要注意检查胸腔和心包的液体数量及性状；胸膜和心包膜有无炎症、增厚及粘连。

胸腔脏器的摘出：先摘出胸腺，然后将心脏、肺、气管及喉头一同摘出。

（4）口腔及颅腔的剖开。如有必要，要打开口腔、鼻腔及颅腔进行检查。通常在检查完内脏器官之后进行，从颊部做纵向切口，然后将一侧的下颌支剪断，向外侧翻转，使舌及口腔全部暴露出来。

颅腔的剖检：在枕骨与第一颈椎的关节处切断，将头与尸体分离。把头放在解剖盘内，以两内眼角联一条直线，在此直线两端向枕骨大孔各联一条线，用外科刀沿这三条直线破坏骨组织。去掉头盖骨后，用镊子提起脑膜，用剪刀剪开，即可检查颅腔液体的数量、颜色、透明度以及脑膜等情况。最后用镊子钝性剥离大脑与周围连结，然后将大脑从颅腔内撬出。

按一定顺序，对各组织器官逐一进行检查。

❖【附】病理大体标本制作

（一）标本选取

选作病理标本的器官，力求新鲜，病变要有代表性，既有病变部分，也有供对照的较为正常部分。标本厚度以 2~5cm 为宜，过厚固定液难于渗透。较大器官切取部分组织固定，切面必须平整，因固定后不再重切，以保持原有状态。要保存膀胱或胃肠等管腔器官的原有形态，腔内可先填充脱脂棉后再行固定。如要展示腔面，应先剪开，以浆膜面贴于适当大小的硬纸板上后再行固定。制作标本的组织选取后，均应贴上标签，写明采取时间和主要病理特征。

（二）标本固定

组织选取后，一般用 10% 福尔马林固定，固定液的量应为所采标本的 5~10 倍。标本在固定的容器内应平展，以免在固定过程中变形。较大标本在固定过程中要更换固定液 1~2 次。固定时间按标本大小而定，一般以一周左右为宜。对在固定液中易于漂浮的组织（如肺）可覆盖纱布或薄层脱脂棉。固定容器底部和周壁亦应铺以适当厚度的脱脂棉，使标本充分接触固定液。

（三）标本保存

最常用的标本保存液为 5%~10% 的福尔马林液。先将病理标本在较大的容器内充分固定，然后取出用流水充分冲洗，作适当修整，装入与标本形态相似的标本缸（或瓶）内，标本缸（或瓶）有玻璃制的，也可按标本形态用有机玻璃制作。装有标本的缸（瓶）内要加上足量的 10% 福尔马林固定液，用封瓶剂封口，贴上标签，写明病变名称、固定液种类和标本采取与制作日期。

（四）原色标本制作方法

在动物尸体解剖中，需保持病变组织及脏器新鲜时原有颜色（自然色彩）的大体标本，可利用不同的方法进行原色标本反应。原色标本是用特殊方法恢复并保持血红蛋白的红色，使标本的色泽与未固定时的新鲜标本颜色相似。因此制作过程中必须注意标本新鲜和防止溶血，固定前切勿用水冲洗。

1. Kaiserling 原色法

（1）试剂配制。

① 第一液：甲醛　　　　　　　　　　　　200mL
　　　　　硝酸钾　　　　　　　　　　　　30g
　　　　　醋酸钾（钠）　　　　　　　　　30g
　　　　　蒸馏水加至　　　　　　　　　　1 000mL

②第二液：95%乙醇　　　　　　　用量以浸过标本为度
③第三液：甘油　　　　　　　　　200mL
　　　　　醋酸钾　　　　　　　　100g
　　　　　麝香草酚　　　　　　　2.5g
　　　　　蒸馏水　　　　　　　　1 000mL

(2) 染色方法。
①标本取材后勿用水冲洗，直接浸入第一液固定3～7d（根据标本大小而定）。
②标本固定至适宜程度后，经流动的自来水冲洗12～24h。
③放入第二液内进行反应，一般为1～3h。以标本颜色恢复到未固定前的原有色泽为宜。
④用干纱布吸去表面液体后，切忌用水洗，直接放入第三液中保存。

2. Kaiserling 改良原色法

(1) 试剂配制。
①第一液：甲醛　　　　　　　　　100mL
　　　　　醋酸钾（钠）　　　　　50g
　　　　　蒸馏水加至　　　　　　1 000mL
②第二液：95%乙醇或甲醇液　　　用量以浸过标本为度
③第三液：氯化钠　　　　　　　　300g
　　　　　醋酸钾　　　　　　　　100g
　　　　　蒸馏水　　　　　　　　1 000mL

溶解后的溶液如有混浊，多系醋酸盐溶液不纯所致。遇此情况可加适量活性炭，过滤后使用。

(2) 染色方法。标本处理过程与前述法相同，效果可靠。

3. 硫酸镁混合液原色法

(1) 试剂配置。
①第一液：甲醛　　　　　　　　　100mL
　　　　　醋酸钠　　　　　　　　50g
　　　　　蒸馏水　　　　　　　　1 000mL
②第二液：95%乙醇　　　　　　　用量以浸过标本为度
③第三液：硫酸镁　　　　　　　　100g
　　　　　醋酸钠　　　　　　　　60g
　　　　　蒸馏水　　　　　　　　1 000mL
　　　　　麝香草酚　　　　　　　2.5g

以上试剂一次配成溶液，过滤使用。

(2) 染色方法。标本处理过程与前述法相同，效果可靠。

4. Pulvertaft 原色法

(1) 试剂配制。

①第一液：同 Kaiserling 法。

②混合液：即显色兼保存液。甘油 300mL，醋酸钠溶于加温的蒸馏水内，再加入甘油和甲醛，最后用常温蒸馏水加至总量。如溶液混浊或含有杂质以滤纸过滤。如果滤液还不清晰透明，再往滤液内加入樟脑饱和乙醇溶液 50mL，并用滤纸过滤。在封固盛装标本的容器内，加入所用溶液总量的 0.4% 亚硫酸氢钠水溶液。

(2) 染色方法。

①取新鲜标本或经 10% 甲醛生理盐水溶液进行短期固定的标本，用第一液固定 3～7d。

②固定好的标本经流水充分冲洗后，装入有盖容器内，先加入混合液，然后按加入总液量再加入 0.4% 亚硫酸氢钠液，立即密封。标本则逐渐显示出原有颜色并得以保存。

【制作原色标本的注意事项】

①采取的新鲜标本避免用水冲洗，以防红细胞溶解。如果标本含血过多，可用纱布吸干后，浸入固定液中固定。

②固定时间，应视标本大小及组织性质而定。固定时间过久，则使组织增加酸性，以后移入酒精中时，便不能转化为变性的血红蛋白，标本就难以恢复原色。

③从固定液中取出的标本，要在流水中充分冲洗，至福尔马林气味消失为止；用布吸干后再放入酒精内回色。酒精可使由福尔马林所引起的酸性血红蛋白变为碱性血红蛋白，后者不但颜色鲜明，而且不易褪色。当标本投入酒精中以后，要时时注意观察，待标本恢复原色时即可取出。在酒精中放置过久，又可使恢复的色泽消退。回色通常需 2h 左右。

④恢复原色的标本放入固定液后，要加盖密封，防止阳光照射。

⑤封瓶剂的配制法为：氧化锌 300g，桐油 100g，松香 5g。先将桐油加热溶解松香（忌加热过久），煮妥后装入瓶内密封久存。用时将氧化锌放在调制板上加入桐油，随加随搅，搅拌均匀制成粉团，置瓶内用水浸存。封瓶时取适量搓成条状，敷于标本缸口四周，以密封缸盖。

(五) 标本装封方法

任何固定的标本，为了保存备用，都必须装封。其装封有玻璃缸和有机玻璃装封法。

1. 玻璃缸标本装封法 经过固定后的标本需要装封时，首先用白布标记号码，浸渍融化的石蜡，用透明线系在标本背面不显著的地方，再将标本用透明线系在玻璃缸内相等大小的玻璃棒上（经加工的），然后放入缸内。将浸存液灌注至近缸口，最后用蜂蜡松香黏合剂（或白胶）封固缸盖。

2. 有机玻璃标本缸装封法

(1) 规格和选择。无色透明有机玻璃为其原材料，按其厚度常采用 2mm、3mm 至 6mm 等七种规格。根据标本的大小而选用不同规格有机玻璃，缸底的原材料应比缸壁厚些。缸底周边应根据标本的大小（高度）而留有合适尺寸，以便标本既放置平稳又装饰美观。

(2) 裁锯和边。根据标本尺寸，按一定比例计算量裁缸体的大小，计算要准确，以免过大、过小或形状不正，以至浪费原材料。计算尺寸时还必须注意留有裁锯、磨平时的损耗。然后将黏接处的余边磨平，要求放在平玻璃板上无丝毫缝隙。磨边的操作要两手用力均匀，不然则会出现两端高低不平，胶合不牢固，或有肉眼可见的缝隙，这样可造成注射后涌水现象。

（3）电热成形。经裁锯和磨平的缸体材料，还必须用电热丝加热变软后成形。在电热加热时，应严格按裁量划线对准，不可有任何偏离。然后开启电源，待电热丝发红后，缓慢地接触到材料划线上。待其软化后，关闭电源。将其移开电热丝，迅速用木条（可根据需要预先制好）按预定形状来压。待冷却不至变形后，移开木条，按同法继续加热烘压成形。缸体成形后，将其一边用氯仿胶合黏接。黏接时在其上端稍稍加压，等氯仿干燥黏和牢固后，锯去多余边条，锉平创光。

（4）盖、底板的胶合和钻孔。成形后的缸壳的上、下边口，要分别在 2 号、0 号刚玉砂布上磨平。先按比例裁制底板，其四周边缘应锉成 45°倾斜角，然后放正位置与缸壳黏接。在一角靠边缘处，钻一直径 3mm 的圆孔。以备灌注浸存液用。然后将缸内洗净，装置好标本，再取与缸体同样厚薄的材料作为盖板并与缸体黏合密封，锯去多余边角，锉平创光。以上工序完成后，再灌注浸存液，并用胶纸黏好圆孔（口）。

（5）抛光。一般可用纱布涂上牙膏进行洁擦或用抛光机抛光，抛光的主要部位为周边和操作时磨毛的部位。

复习思考题

1. 尸体的变化有哪些？
2. 尸体剖检前应做哪些准备工作？
3. 牛的尸剖时应向哪侧倒卧？怎样取出牛的腹腔器官？
4. 简述鸡的尸体剖检方法。
5. 尸体剖检应注意哪些事项？
6. 简述常规病理材料采集的方法和注意事项。

思政园地

尸体剖检，安全先行

动物病理实训指导

实训一　细胞和组织的损伤

【实训目标】能正确识别常见组织器官萎缩、变性、坏死的眼观变化和镜检变化。本实训时间为 2h。

【实训材料】大体标本、组织切片、幻灯片、CAI 课件、挂图、光学显微镜、幻灯机、显微图像投影和分析系统等。

【方法步骤】

（一）萎缩

1. 材料　萎缩性鼻炎病猪的鼻腔大体标本。

2. 眼观　萎缩性鼻炎病猪患病早期，鼻黏膜有卡他性炎症，表现黏膜肿胀、充血、水肿，鼻腔中有浆液性、黏液性或脓性渗出物，常混有血液。疾病中期典型者，黏膜坏死脱落，鼻甲骨退化为不正形的残留物，鼻甲骨上下卷曲极度萎缩时，两则鼻腔各变成大腔洞。疾病后期，鼻中隔发生弯曲或厚薄不匀。常见鼻筒歪斜、上翘和鼻梁皮肤皱褶。

（二）肾细胞肿胀

1. 材料　发热、急性传染病或急性中毒的动物（畜、禽）的肾标本与病理切片。

2. 眼观　肾稍肿大，形状不变，边缘较钝圆。颜色变淡，灰黄色，好像用开水烫过。质脆易碎。剖开时被膜外翻，且易剥离。切面稍隆起，无光泽，皮质部与髓质部分界欠清晰，组织纹理模糊。

3. 镜检　肾小管尤其是近曲小管的上皮细胞分界不清，突入管腔内，使管腔腔隙变狭小且不规则。高倍镜下，肾小管上皮细胞细胞质内有数量不等、红染的细小颗粒。变性上皮细胞的细胞核一般仍清晰可见。肾间质显得狭窄，其间毛细血管稀少。

4. 鉴别　屠宰放血良好的猪肾，眼观呈淡白色，略带黄色，组织纹理清晰。

（三）肝细胞肿胀

1. 材料　发热、急性传染病或急性中毒动物的肝标本与病理切片。

2. 眼观　肝肿大，边缘钝圆，被膜紧张，呈灰黄色或土黄色，严重者同开水烫过一样；质脆易碎，切面隆起，边缘外翻，结构模糊不清，肝小叶间隔变窄。肝颗粒变性很少单独发生，常同时存在瘀血和脂肪变性。因而其形态表现复杂，后者甚至掩盖前者。

3. 镜检　肝细胞索普遍肿大，肝静脉窦狭窄难以辨认。肝细胞着色不匀，有很多细小颗粒。细胞核无明显改变。

4. 鉴别　屠宰放血良好的动物，其肝呈浅灰色，组织纹理清晰。

（四）肝脂肪变性

1. 材料　急性败血性传染病、急性中毒（有机磷中毒、霉玉米中毒、黄曲霉中毒等）和营养缺乏病（饲料中蛋白质、蛋氨酸、硒缺乏等）动物的肝标本与病理切片。

2. 眼观 肝肿大、包膜紧张，边缘钝圆，色微黄或土黄色，质地变软，切面上肝组织纹理模糊，肝小叶间隔不明显。触之有油腻感。若脂变的肝同时伴有瘀血，其切面呈红黄相间的槟榔肝形象。

3. 镜检 肝细胞细胞质内出现大小不等的圆形脂肪空泡，这是脂肪滴在制片过程中被有机溶剂溶解后留下的空隙。严重时，小的脂肪滴互相融合成较大脂肪滴，整个细胞质部位被一个大空泡占据，细胞核被挤于细胞一侧。有时脂肪滴较小但数量很多，使细胞呈网状，细胞核通常位于中央，但变小，甚至皱缩或溶解。肝细胞索不均匀地增粗，肝静脉窦狭窄。严重时，肝窦排列紊乱，肝窦边缘可见内皮细胞和星状细胞，小叶分界模糊，与一般脂肪组织相似，故称为脂肪肝。

4. 鉴别

（1）饥饿肝。见于屠宰猪，因为饥饿和缺水。眼观肝呈土黄色，但体积和硬度均正常，肝小叶分界明显，切面上组织纹理清晰。

（2）水泡变性。在一般石蜡切片中，其组织像与脂肪变性相似，可用组织化学染色方法鉴别（如做冰冻切片用苏丹Ⅲ染色，脂肪滴染成橘红色）。

（五）心肌脂肪变性

1. 材料 败血性传染病、中毒或恶性口蹄疫动物的心脏与病理切片。

2. 眼观 心弥漫性脂肪变性时，轻者难于确定，重者心肌呈灰黄色或土黄色，质地稍软，切面干燥，组织纹理较模糊。有时在心外膜下和心室乳头肌及肉柱部分的小静脉周围，可见土黄色斑点或条纹，分布于色泽正常的心肌之间，呈红黄相间的虎皮样斑纹，称为虎斑心。

3. 镜检 通常小静脉周围的心肌纤维脂变严重；可见脂肪小滴呈串珠状排列在心肌纤维之间。细胞核形态正常，位于细胞中央。心肌纤维的分界清晰。

（六）皮肤干性坏疽

1. 材料 慢性猪丹毒病猪厚皮部的坏死皮肤和耕牛锥虫病及霉稻草中毒时的坏死耳壳、尾巴大体标本。

2. 眼观 坏死部与正常皮肤分界清楚、分界处常见脓样物和充血。坏死的皮肤干固皱缩，呈棕褐色或黑色，硬如皮革。末梢部位干性坏疽可完全分离脱落。躯体部位的皮肤坏疽则因皮下结缔组织增生而牢固附着，若强力撕脱则形成易出血的肉芽面。

【实训报告】

1. 描述肝、肾细胞肿胀的眼观病变特征。
2. 描述肝、心脏脂肪变性的眼观病变特征。
3. 绘图说明肝、肾细胞肿胀的组织学病变特征。
4. 绘图说明肝、心脏脂肪变性的组织学病变特征。
5. 试描述皮肤干性坏疽的眼观病变特征。

实训二 细胞和组织的适应与修复

【实训目标】通过实训，能掌握增生、肥大、肉芽组织、瘢痕组织、包囊形成、钙化等的病变特点，能正确识别增生、肥大、肉芽组织、瘢痕组织、包囊形成、钙化等的眼观变化和镜检变化。本实训时间为2h。

【实训材料】大体标本、组织切片、幻灯片、CAI课件、挂图、光学显微镜、幻灯片机、显微图像投影和分析系统等。

【方法步骤】

（一）心肌肥大

1. 材料　心瓣膜病或肺循环血压过高患病动物的心脏标本与病理切片。

2. 眼观　心室肥大时心脏的心界扩大，心尖钝圆，右心室肥大明显时，可见双心尖外观，甚至整个心尖层都由右心室占据。心腔扩张或正常或变小，腔内可能积血，乳头肌、肉柱和瓣膜相应变粗。心室壁和室中隔均增厚。

3. 镜检　心肌纤维普遍增粗，肌细胞核相应增大，肌浆丰富，肌原纤维数量多，有时见心肌纤维粗细不一致。间质相对减少，血管增粗。

（二）增生性淋巴结炎

1. 材料　猪气喘病的肺门淋巴结、纵隔淋巴结和仔猪副伤寒的肠系膜淋巴结及增生性淋巴结炎的标本与病理切片。

2. 眼观　体积明显增大，可增大3～10倍，灰白色，质地较硬实。切面也呈灰白色，湿润，边缘有轻度充血。

3. 镜检　淋巴小结生发中心增大，成淋巴细胞和网状细胞高度增生，许多淋巴细胞处于有丝分裂状态。增生的淋巴细胞呈弥漫性分布或形成新的淋巴小结。淋巴小结生发中心数量增多，淋巴小结外周仅有一薄层的小淋巴细胞。淋巴窦扩张，其中充满多量淋巴细胞和渗出液。

（三）皮肤上皮再生

1. 材料　皮肤外科切口第一期愈合标本与病理切片。

2. 眼观　第一期愈合的外科切口为灰白色线状疤痕，表面有薄层褐色干痂覆盖。

3. 镜检　由切口两侧表皮新生上皮组织呈薄层覆盖着愈合切口，其下为肉芽组织。真皮切口由富含成纤维细胞的肉芽组织填充，缺乏毛囊、皮脂腺和汗腺。愈合的皮肤切口，在新生的表皮上有血凝块和组织碎屑形成的痂覆盖。

（四）肉芽组织

1. 材料　有肉芽组织的创伤、溃疡标本与病理切片。

2. 眼观　肉芽组织表面覆盖以少量黄红色较黏稠的分泌物或黄白色的纤维膜片，其下的肉芽色泽鲜红、呈颗粒状、湿润，触之易出血。

3. 镜检　肉芽组织为幼嫩的纤维结缔组织，其组成和变化分层有所不同。表层为红染无结构的坏死物质，混杂有不少浓缩的炎症细胞核和核碎片，在坏死物和其下面的肉芽组织交界处，有大量中性粒细胞和其他炎症细胞浸润，可见到出血。中层为丰富的毛细血管。包括：在接近表层的毛细血管大多垂直地向创面生长，并呈袢状弯曲，互相吻合。毛细血管内空虚或有一些红细胞。成纤维细胞较大，椭圆形、长圆形或胞浆分支而呈星形，细胞质丰富，微嗜碱性；细胞核多呈椭圆形泡沫状；淡染，常见到核仁。有较多的中性粒细胞与巨噬细胞，还有红细胞和浆液。深层胶质纤维增多。成纤维细胞变为纤维细胞（细胞伸长，细胞质少，细胞核深染、呈长椭圆形或长条状，核仁消失），数量减少。毛细血管明显减少，中性粒细胞减少或消失。

（五）瘢痕组织

1. 材料 皮肤创伤愈合后形成的瘢痕标本与病理切片。

2. 眼观 瘢痕部位不平，其表面光滑、无毛、灰白色、质硬。剖面呈灰白色，组织结构致密。

3. 镜检 瘢痕为成熟的纤维组织，有大量胶原纤维。纤维呈丝网状，常按同一方向排列成束，嗜伊红性较强。其间的纤维细胞核细长。纤维和细胞间可能散在少量淋巴细胞，血管很少。无毛囊、皮脂腺和汗腺。瘢痕表面的皮肤表层较正常，皮肤薄，且不均匀。

（六）钙化

1. 材料 奶牛、黄牛的已钙化的结核病淋巴结或肺及马、猪肝内已钙化的寄生虫虫卵、幼虫结节（如猪细颈囊尾蚴病、马圆形线虫病、牛血吸虫病等）肝大体标本。

2. 眼观 结核病病灶发生钙化后，在黄白色干酪样坏死物中可见白色石灰样的颗粒、斑点、条纹。钙化后，整个坏死病灶呈粗糙的灰白色石灰样硬块。难于切开，用金属轻刮切面有沙砾感并发出沙沙声。肝内寄生虫幼虫和虫卵钙化灶呈小球状，坚硬、乳白色，似嵌入肝内的沙粒（沙粒肝），用刀可割出。钙化小球表面有珍珠光泽，需用力才能切开，剖面常呈灰白色轮状，中心为黄白色虫体残骸。钙化标本浸入10%硝酸中一定时间，因钙盐被溶解而变软化。

（七）包囊形成

1. 材料 带有厚包囊的成熟脓肿和牛、羊棘球虫幼虫、猪细颈囊尾蚴与马圆虫幼虫等寄生虫部位形成的包囊及组织坏死后（如牛肺疫肺、肺结核灶等）局部形成的包囊大体标本。

2. 眼观 包囊厚薄不等，薄者如膜，厚者可达1cm以上。包囊内有脓液、寄生虫或其他病理产物，还可能有出血和钙盐沉着。包囊与周围组织分界明确，如脓肿，包囊内表面有脓液黏附。包囊切面为致密组织，刚形成时呈灰红色，以后渐变为灰白色，质硬。

【实训报告】

1. 绘制心肌肥大、肉芽组织再生显微图。
2. 肉芽组织是怎样形成的，有何特点？肉芽组织的功能有哪些？
3. 机化和包囊形成在修复机体损伤中的作用有哪些？
4. 钙化是机体的抗损伤的一种反应，它是怎样形成的？

实训三　局部血液循环障碍

【实训目标】 通过实训，掌握充血、瘀血、出血、血栓、栓塞、梗死等的病变特点，能正确识别其眼观变化和镜检变化。本实训时间为2h。

【实训材料】 大体标本、组织切片、幻灯片、CAI课件、挂图、光学显微镜、幻灯机、显微图像投影和分析系统等。

【方法步骤】

（一）肾充血

1. 材料　急性猪丹毒或兔出血症（兔瘟）病兔的肾及肾急性感染或急性肾小球性肾炎早期病例的肾标本与病理切片。

2. 眼观　肾稍肿大，全肾呈鲜红色，夹杂有灰色的云雾状斑纹，被膜容易撕脱。切面上皮质部鲜红色，颜色比髓质部深，呈鲜红色而且斜对光时像大头针帽突出。

3. 镜检　单纯肾充血时仅可见肾小球增大，毛细血管充满血液。肾小囊腔狭窄，腔内有少许红染的均质物（血浆）。肾小管无明显变化。

（二）急性肺瘀血

1. 材料　急性感染、中毒引起左心急性心扩张和功能不全时患病动物的肺及牛、羊等动物急性胃肠膨胀时的肺标本与病理切片。

2. 眼观　病变呈全肺性，肺膨隆，暗红色至黑红色，手感沉重，致密。切开时，流出大量黑红色较稠的血液，可能还混有泡沫。肺小叶间隔增宽且呈胶冻样。

3. 镜检　肺泡壁毛细血管及小静脉高度扩张，充满红细胞。肺泡腔内、小叶间隔以及支气管腔内可能有一些红染的均质物（漏出的血浆）和少许红细胞、巨噬细胞。

（三）肝瘀血

1. 材料　急性肺瘀血、水肿患病动物（如急性肺疫病猪）的肝（急性肝瘀血）和心瓣膜病、心包疾病（牛创伤性心包炎）、慢性阻塞性肺部疾病（肺气肿、慢性支气管炎、猪喘气病、间质性肺炎等）患病动物的肝（慢性肝瘀血）标本与病理切片。

2. 眼观　急性瘀血时，肝体积略增大，边缘钝圆，呈暗紫红色，质脆易碎。切开时流出黑红色的血液。切面上，小静脉扩张，肝小叶中央部呈暗红色圆斑（肝小叶中央静脉扩张）。慢性瘀血时，瘀血的中央静脉及邻近肝窦区域呈暗红色，肝小叶周边的肝实质呈黄色，因而肝切面呈红黄相互交错的斑纹，状似槟榔的剖面。这种变化的瘀血肝称为"槟榔肝"。

3. 镜检　①轻度瘀血时，肝小叶的中央静脉和靠近中央静脉的窦状隙均扩张，充满红细胞。②严重瘀血时，中央静脉及窦状隙高度充盈血液，其管壁已难以确认，肝细胞索排列紊乱，不同程度的萎缩甚至消失。小叶周边部的肝细胞肿胀，细胞质内出现大小不等、轮廓清晰的空泡（脂肪变性）。③慢性瘀血的肝，小叶中央部肝细胞消失后，网状纤维胶原化，可见红染的胶原纤维向小叶外周伸展，成为瘀血性肝硬化。

（四）出血

1. 材料　各种动物败血症中毒时不同部位各种形式出血和各种动物非传染性疾病和机

械性伤害时各种形式出血的标本与病理切片。

2. 眼观 ①瘀斑及瘀点：在皮肤、黏膜及浆膜呈鲜红或红色斑点状。大斑点称为瘀斑，小斑点称为瘀点。皮肤、黏膜上的瘀斑带紫色者称紫癜。②血肿：在皮下、腹膜下、肾包膜下、肌间、脏器内，甚至脑组织内等部位形成的血肿为分界清楚的全血凝块，暗红或黑红色。较大的血肿，剖面常呈轮层状，还可能有未凝固的血液。时间稍久的血肿块颜色渐退，其外围带有纤维组织包囊。③积血：各种浆膜腔和体腔如胸腔、心包腔、腹腔、鞘膜腔、脑室、肾盂等腔体均可发生积血，血量多少不等，常混有凝血块。时间较长者因出现机化而在浆膜面上生长出绒毛状的灰白色纤维组织，后者甚至造成腔内器官粘连或腔室闭锁。

（五）动脉血栓

1. 材料 马前肠系膜动脉干和回盲结肠动脉，因戴拉风线虫幼虫寄生所致慢性动脉炎、动脉瘤和其他动物的动脉血栓标本与病理切片。

2. 眼观 动脉的病变部增大，呈球形、纺锤形或圆筒形等。病变部动脉壁明显增厚，其内膜上附着大小不等的血栓。血栓呈黄白色、黄褐色至红褐色，表层的血栓可以剥脱。

3. 镜检 ①病变早期，病损处动脉内膜缺损，附着小的白色血栓块。红染丝网状纤维素形成珊瑚状梁架，其空隙中充满白细胞、血小板及其碎片。血栓内可见虫体。②在较后期，血栓内有肉芽组织长入，逐渐被机化。

（六）血栓机化

1. 材料 猪慢性猪丹毒心内膜炎时心瓣膜的赘生物标本与病理切片。

2. 眼观 心瓣膜上有形状不规则、状似花椰菜的赘生物，质地较脆而硬，与瓣膜或心壁牢固相连，不易剥离。在切面上，表层为黄白色的血栓，深层可见从瓣膜长入的灰白色致密纤维组织条索。

3. 镜检 瓣膜上的疣状赘生物表面是血栓，由纤维素梁架及崩解的白细胞组成。赘生物基部有肉芽组织自心瓣膜内长入血栓内。

（七）栓塞

1. 材料 牛或马溃疡性心内膜炎时的肾和家兔实验性肾脂肪栓塞的肾标本与病理切片。

2. 镜检 肾栓塞多见于肾小球和皮质部间质的小血管内。栓塞的肾小球大部分毛细血管网扩张，管腔中充满栓子。心内膜炎继发的栓塞，栓子为内含蓝染细颗粒状菌块的血栓物质。脂肪栓塞时，在苏木素-伊红染色中血管内的脂肪栓子被溶去而只留下空泡；在脂肪染色的切片中，可清晰地看到染成特定颜色的圆形和椭圆形脂肪栓子堵塞着血管。

（八）肾贫血性梗死

1. 材料 慢性猪丹毒病猪、传染性胸膜肺炎病牛，以及亚急性或慢性心内膜炎患病动物的肾梗死标本与病理切片。

2. 眼观 肾梗死灶在皮质部呈锥体形，底端朝着肾表面，色灰白或黄白，界限清楚；大小不一，常见的为小指甲大；稍隆起、硬实，有红色的出血和炎症反应带环绕。在肾纵切面上，黄白色的梗死灶大小不一，但都呈三角形。

3. 镜检 ①梗死灶内肾小管上皮细胞的分界及细胞内微细结构已不清晰，细胞核呈溶解、固缩或破裂状态；肾小管及间质的结构模糊不清，残留的结缔组织细胞肿大淡染。②梗死灶的外周有充血、出血及大量中性粒细胞浸润，此即出血和炎症反应带。后期的梗死灶其外围的结缔组织增生，梗死灶内亦见中性粒细胞浸润及成纤维细胞增生。③梗死灶炎症反应带外面的肾组织一般仍正常，可供观察时对照。

4. 鉴别 淋巴白血病：猪患淋巴白血病时在肾皮质部的转移瘤块，呈界限清楚的灰白色结节，大小不一，可达指头大，其周围常有出血带围绕，肿瘤内也有出血。因此无论在肾切面上或表面部与梗死灶相似。但肿瘤灶在切面上是近圆形而不呈三角形，分布位置无一定规律。

（九）脾出血性梗死

1. 材料 急性猪瘟病猪的脾梗死标本与病理切片。

2. 眼观 脾体积正常或稍增大，其边缘或表面有暗红色单个或多个，大小不等的隆起的或略高于周围组织的梗死灶，分界清楚，质度硬实。梗死灶多时，可互相融合。切面上见梗死灶呈结节状或圆锥状。锥体状的梗死灶底部位于表面，尖端指向脾中心。梗死灶黑红色，但中央色稍淡，较干燥，无光泽，脾结构轮廓尚能辨别。梗死灶周围有暗红色的出血性浸润带。

3. 镜检 ①梗死区内小梁尚可分辨。病变初期，脾小梁轮廓尚存，后期则淋巴细胞和网状细胞崩解，甚至所有组织呈均质红染的无结构物，其间混杂核碎片和数量不等的红细胞。②梗死灶的外围有严重的出血及大量含铁血黄素沉着。偶尔见橙黄色的针形血质聚集。③梗死灶内及梗死区附近的白髓中央动脉及其分支血管的内皮细胞肿胀，管壁均质红染增厚，致血管内腔狭小或闭塞。④后期梗死灶内及其外周部血管外膜以及小梁的纤维结缔组织增生。

4. 鉴别 脾血肿：病变通常呈黑红色硬块，但分布无特定部位，一般为球形，不呈锥体状，较大的血肿在切面上呈轮层状。

【实训报告】

1. 观察充血、瘀血、出血、梗死等器官或组织的大体标本，描述其眼观病变特征。
2. 绘出肺瘀血、肝瘀血、肾梗死显微图。

实训四　水　肿

【实训目标】 通过实训，掌握水肿的病变特点，能正确识别皮下水肿、胃肠道水肿、肺水肿、肝水肿的眼观变化和镜检变化。本实训时间为2h。

【实训材料】 大体标本、组织切片、幻灯片、CAI课件、挂图、光学显微镜、幻灯机、显微图像投影和分析系统等。

【方法步骤】

（一）皮下水肿

1. 材料　慢性消耗性疾病的皮下水肿标本及病理切片，牛栎树叶中毒的皮下水肿标本和病理切片。

2. 眼观　水肿处呈界限不清的肿胀，皮肤弹性减退，在较薄皮肤处指压后留下压痕，如生面团样。切开皮肤时，流出浅黄色清亮液体，皮下疏松结缔组织富含液体，多呈透明胶冻状。

3. 镜检　皮下结缔组织很疏松，胶原纤维束松散，部分胶原纤维肿胀，分离成许多散开细丝状原纤维，有的崩裂溶解。表皮的基底层细胞多呈空泡变性；皮下组织的纤维细胞以及皮脂腺和汗腺的上皮细胞亦不同程度的变性与坏死。

（二）胃肠道水肿

1. 材料　仔猪水肿病病猪的胃及病理切片，严重肝硬化患病动物的胃肠道。

2. 眼观　胃壁或肠壁增厚，黏膜湿润而富有光泽，较透明。切面上，黏膜下层明显增宽，液体多，水肿严重时，有清亮液体流出，呈透明胶冻样。

3. 镜检　胃壁或肠壁的黏膜固有层、黏膜下层，严重者甚至肌层和浆膜层的间质中可见均质红染的水肿液蓄积，组织松散，黏膜上皮细胞、腺体上皮细胞、胶原纤维和平滑肌纤维等彼此分离。严重水肿时，胶原纤维束离散成单个的原纤维，呈红染细丝状。黏膜上皮细胞和腺上皮细胞乃至平滑肌纤维发生水泡变性，因而在其细胞质和部分细胞核内有空泡。

（三）肺水肿

1. 材料　心力衰竭、低蛋白血症患病动物的肺水肿标本和切片、某些中毒性疾病或变态反应性疾病患病动物肺水肿标本和切片。

2. 眼观　肺体积增大，质量增加，质地变实。表面富有光泽，肺小叶间隔增宽。切面上有带泡沫的液体流出。

3. 镜检　肺泡壁毛细管扩张充血，肺泡腔内充满均质红染的水肿液，水肿液中有脱落的上皮细胞。肺小叶间隔、细支气管周围和小血管周围的间质因水肿液蓄积而增宽且变得疏松。

【实训报告】

1. 描述皮下水肿、胃肠道水肿、肺水肿的眼观病变特征。
2. 绘制皮下水肿、胃肠壁水肿、肺水肿的镜检图。

实训五　脱　水

【实训目标】通过不同浓度食盐溶液引起红细胞形态变化实验，推理说明机体脱水时对细胞的影响。本实训时间为1h。

【实训材料】抗凝血，显微镜，带凹槽载玻片，滴管，10%、0.9%、0.1%的氯化钠溶液。

【方法步骤】

（1）将三种浓度氯化钠溶液分别滴入3块玻片的凹槽内，数滴即可，勿太多，以防溢出。

（2）分别向各玻片凹槽内不同浓度的氯化钠溶液中滴入抗凝血1滴。

（3）片刻后，轮流将载玻片置于低倍镜下，观察细胞状态，直至出现变化为止，然后在高倍镜下观察红细胞的变化。

【实训报告】

记录不同浓度氯化钠溶液引起红细胞变化的结果，并分析其原因。

实训六 炎 症

【实训目标】 识别各种炎性细胞的组织学特征，识别各类型炎症的眼观病变特征，识别各类型炎症的组织学病理变化特征。本实训时间为 4h。

【实训材料】 大体标本、CAI 课件、幻灯片、幻灯机、组织切片、光学显微镜等。

【方法步骤】

（一）炎症细胞

1. 材料 各种炎症细胞的示范病理切片、幻灯、课件图片、显微图像投影和分析系统等。

2. 镜检

（1）中性粒细胞。细胞核一般都分成 2～5 叶，幼稚型中性粒细胞的细胞核呈弯曲的带状、杆状或锯齿状而不分叶。细胞体圆形，细胞质淡红色，内有淡紫色的细小颗粒。禽类的称为嗜异性粒细胞，细胞质中含有红色的椭圆形粗大颗粒。

（2）嗜酸性粒细胞。细胞核一般分为二叶，各自成卵圆形，细胞质丰富，内含粗大的强嗜酸性染色反应的红色颗粒。

（3）单核细胞和巨噬细胞。细胞体积较大，圆形或椭圆形，常有钝圆的伪足样突起，核呈卵圆形或马蹄形，染色质细粒状，细胞质丰富，内含许多溶酶体及少数空泡，空泡中常含有一些消化中的吞噬物。

（4）上皮样细胞和多核巨细胞。上皮样细胞外形与巨噬细胞相似，呈梭形或多角形，细胞质丰富，细胞膜不清晰，内含大量内质网和许多溶酶体；细胞核呈圆形、卵圆形或两端粗细不等的杆状，核内染色质较少，着色淡，此类细胞的形态与复层扁平细胞中的棘细胞相似，故称上皮样细胞。多核巨细胞是由多个巨噬细胞融合而成，细胞体积巨大。它的细胞质丰富，在一个细胞体内含有许多个大小相似的细胞核。细胞核的排列有三种不同形式：①细胞的核沿着细胞体的外周排列，呈马蹄状，这种细胞又称为朗汉斯巨细胞；②细胞核聚集在细胞体的一端或两极；③细胞核散布在整个巨细胞的细胞质中。

（5）淋巴细胞。血液中的淋巴细胞大小不一，有大、中、小型之分。大多数是小型的成熟的淋巴细胞，细胞核为圆形或卵圆形，常见在核的一侧有小缺痕；核染色质较致密，染色深；细胞质很少，嗜碱性。未成熟的大淋巴细胞数量较少，细胞质较多。

（6）浆细胞。细胞呈圆形，较淋巴细胞略大，细胞质丰富，轻度嗜碱性，细胞核圆形，位于一端，染色质致密呈粗块状，多位于核膜的周边呈辐射状排列，致使细胞核染色后呈车轮状。

（二）变质性肝炎

1. 材料 各种动物的变质性肝炎的眼观标本、组织切片、幻灯片、图片等。

2. 眼观 肝不同程度肿胀，包膜紧张，呈暗红和土黄色相间的斑驳色彩，并有出血斑、出血灶和坏死灶。

3. 镜检 肝细胞普遍肿大，肝细胞索排列紊乱，肝细胞部分发生脂肪变性或坏死变化；

坏死区大小和数量不一，坏死区周围有中性粒细胞或淋巴细胞浸润。中央静脉、肝窦、汇管区血管扩张充血或出血，中性粒细胞或淋巴细胞浸润。

（三）浆液性肺炎

1. 材料　各种动物的浆液性肺炎的眼观标本、组织切片、幻灯片、图片等。

2. 眼观　肺肿胀，暗红色，表面湿润，间质增宽，质地变实，切面流出多量泡沫样液体，支气管内充满浆液。

3. 镜检　肺间质血管和肺泡壁毛细血管扩张充血，肺泡腔及支气管腔内有粉红色浆液充盈，其中有中性粒细胞、单核细胞、脱落的上皮细胞分布，间质因炎性水肿而增宽。

（四）纤维素性肺炎

1. 材料　牛（猪）传染性胸膜肺炎、巴氏杆菌病等肺的眼观标本、组织切片、幻灯片、图片等。

2. 眼观　病变肺叶增大，呈暗红或灰红色、灰白色，切面可见肺间质增宽，淋巴管扩张，肺质地变实，呈大理石样外观。肺表面附有纤维素性伪膜。

3. 镜检　肺泡壁毛细血管充血，肺泡腔内有多量粉红色的网状纤维素，其间分布红细胞、白细胞及脱落的上皮细胞，肺间质增宽，有多量纤维素和白细胞分布或肉芽组织增生。

（五）纤维素性心包炎

1. 材料　猪肺疫、猪链球菌病、牛巴氏杆菌病、家禽大肠杆菌病等眼观标本、组织切片、幻灯片、课件图片等。

2. 眼观　心包表面血管充血，心包增厚并附有有黄白色的絮状纤维素，心外膜充血、肿胀、粗糙不平，表面附着黄白色纤维素膜，易于剥离。有的纤维素膜覆盖在心外膜上，形成绒毛状。

3. 镜检　心外膜或心包上附有许多纤维素性渗出物，内有许多炎性细胞浸润，心外膜充血、出血、不完整，临近心肌变性、坏死。

（六）化脓性炎

1. 材料　肝脓肿、肾脓肿和化脓灶的眼观标本、组织切片、幻灯片、课件图片等。

2. 眼观　肝、肾表面的化脓灶为黄白色，周围有红色炎症反应；肝、肾脓肿为突出的包囊，新鲜标本压之有波动感。

3. 镜检　肝、肾化脓灶部初期血管充血，大量中性粒细胞积聚，然后大量中性粒细胞变性、坏死、成为脓细胞，局部组织坏死或溶解，化脓灶周围组织充血、水肿；病程较长时，肉芽组织增生。

（七）出血性淋巴结炎

1. 材料　急性猪瘟、巴氏杆菌病的淋巴结等眼观标本、组织切片、幻灯片、课件图片等。

2. 眼观　淋巴结肿大，暗红色或黑红色。切面呈弥漫性暗红色或有出血性斑点。猪出血性淋巴结炎症可呈现暗红色出血斑和灰白色淋巴组织相间的大理石样花纹。

3. 镜检　可见淋巴滤泡大小不等，髓索肿大，淋巴窦扩张及内皮细胞肿胀脱落。淋巴组织和淋巴窦内有大量的红细胞积聚。

（八）慢性猪瘟固膜性肠炎

1. 材料　慢性猪瘟病猪的盲肠、结肠等的眼观标本、组织切片、幻灯片、课件图片等。

2. 眼观 肠黏膜可见散在的纽扣状溃疡（纽扣状肿），它是在肠壁淋巴滤泡坏死的基础上发展的局灶型固膜性炎症。溃疡面上的坏死痂形成明显的隆突的同心层结构，形似纽扣，圆形，质硬，色灰黄，沾染肠内容物色素而成暗褐色或污绿色，其周围常有红晕。

3. 镜检 病灶部肠黏膜脱落溶解，固有层组织坏死崩解，坏死组织中有渗出的纤维素和浸润的各种炎性细胞。

（九）结核性肺炎

1. 材料 牛、猪等结核性肺炎的眼观标本、组织切片、幻灯片、课件图片等。

2. 眼观 结核性肺炎常表现为小叶或小叶融合性。病变部充血、水肿，色灰红或灰白，质地硬实。切面上肺组织呈现灰黄色干酪样坏死物。慢性病例在肺表面和切面上可见灰白色的结节即结核结节，结节中心呈灰黄色干酪样坏死。

3. 镜检 ①病变区为小叶性或小叶融合性，有时为大叶性，肺泡腔内有浆液、纤维素和炎症细胞，肺组织和渗出物及增生成分一起发生干酪样坏死，变成无结构的干酪样坏死物；病灶周围肺组织充血、水肿和炎症细胞浸润并可见上皮样细胞和多核巨细胞（朗汉斯巨细胞）。②结核结节部可见结节的中央发生干酪样坏死，并常有钙盐沉着，紧靠坏死区的周围，有许多细胞体较大、分界不清的浅红色上皮样细胞组成一层细胞带，包围坏死区。其中常散在数量不等的朗汉斯巨细胞。结节的外围区，积集多量淋巴细胞和浆细胞，最外围则是纤维结缔组织形成的包裹层。

【实训报告】

1. 描述不同类型炎症的眼观病理学特征。
2. 绘图说明不同类型炎症的病理组织学特征。

实训七 肿　　瘤

【实训目标】能识别良性肿瘤与恶性肿瘤的眼观与组织学特征，能区别良性肿瘤与恶性肿瘤。本实训时间为2h。

【实训材料】CAI课件、幻灯片、大体标本、组织切片、光学显微镜、幻灯机、显微图像投影和分析系统等。

【方法步骤】

（一）纤维肉瘤

1. 材料　各种动物和家禽的纤维肉瘤标本与病理切片。

2. 眼观　纤维肉瘤的大小不一，有些可能很大，肿瘤外形为不规则结节状，境界不清楚，无包膜，质地坚实或为鱼肉状。当肿瘤侵蚀皮肤及黏膜，表面常形成溃疡和继发感染。肿瘤切面上为分叶状、均质和无光泽，呈淡红白色，可能显现条纹，常见红褐色的出血区和黄色的坏死区。

3. 镜检　纤维肉瘤是由交织的不成熟的成纤维细胞索和数量不等的胶原纤维所构成。瘤细胞通常为梭形，但也可能为卵圆形或星形。未分化肉瘤含有多核瘤巨细胞和具有异形核的瘤细胞。细胞核长圆形或卵圆形，染色深，核仁明显，2~5个，常见核分裂象。细胞质含量有差异，细胞质边界有时很难与基质辨别。纤维肉瘤是高度血管性的，但血管形成不良，所以常见出血。

（二）乳头状瘤

1. 材料　牛等动物乳头状瘤病的皮肤肿瘤标本与病理切片。

2. 眼观　乳头状瘤的大小不一，突起皮肤表面，肿瘤的外形如花椰菜状，表面粗糙和有许多细小裂隙，有蒂柄或宽广的基部与皮肤相连。

3. 镜检　可见乳头状瘤是由极度增厚的表皮组织所构成，中心为增生的真皮组织。真皮组织呈长圆形，表面覆盖角化过度的鳞状上皮。在棘细胞层中，可见细胞质呈空泡状的单个细胞中细胞群。颗粒层中有大量变性的细胞，细胞质发生空泡化，覆盖在真皮乳头顶部的表皮组织极度增生。

（三）鳞状细胞癌

1. 材料　有鳞状细胞癌的皮肤和皮下组织标本与病理切片。

2. 眼观　鳞状细胞癌的外观形态可能呈生长型或糜烂型。生长型的肿瘤呈大小不一的乳头状生长，形成花椰菜状的突起，表面常发生炎症而形成溃疡，容易引起出血。有的肿瘤向深部组织发展，就形成浸润性硬结。糜烂型的鳞状细胞癌初起时为表面有结痂的溃疡，以后溃疡向深部发展，外观呈火山口状。肿瘤的切面呈白色，质地柔软，形成均匀的结节形组织，结节之间有纤维组织分隔。

3. 镜检　鳞状细胞癌的组织学变化具有以下特征：

（1）鳞状细胞癌表现的分化程度差异很大，当上皮组织发生恶变时，其棘细胞层出现进行性的不典型增生，细胞形体增大，细胞核含染色质少，核仁增大和出现很多核分裂象。在癌组织尚未穿破基膜仍局限在上皮层内时，称为原位癌或上皮内癌。

（2）癌细胞的侵蚀性表现在能够穿过上皮层基膜，向下层结缔组织生长浸润。在深层组织中，癌组织呈树根状分枝，镜检中即可见到癌细胞构成的团块状和圆柱状的癌细胞巢，也就是内陷生长的上皮组织。癌细胞巢的界限清楚，团索之间有结缔组织的间质分隔开。

（3）分化较好的鳞状细胞癌，可见癌巢具有鳞状上皮的结构层次。癌巢的中心常有"癌珠"即角化珠形成。癌珠呈同心层状排列，深染红色，外观如透明蛋白，厚薄不等，由癌巢中央（相当于鳞状上皮的表层）的癌细胞角化形成。癌珠外周环绕着色淡的棘细胞层，细胞之间有时可见到细胞间桥。最外层相当于基底细胞层。分化程度差的鳞状细胞癌的癌巢结构的异型性大，很少见到角化的癌珠和细胞间桥，而癌细胞的核分裂象则很多，并出现不典型的核分裂象。

(四) 肾母细胞瘤

1. 材料　兔、猪和其他动物肾母细胞瘤标本与病理切片。

2. 眼观　瘤外观呈白色，分叶状，外面有一层厚的包膜，瘤块多连着皮质部，压迫实质。有时生长在肾里面，切开时才看到瘤块，瘤的切面结构均匀、柔软、灰白色如肉瘤状。大的肿瘤的切面上常见有出血坏死区域。

3. 镜检　可见肿瘤含有多种组织的混合物，包括结缔组织和上皮性成分。从包膜发出的结缔组织束伸入瘤的实质，把实质分隔成各种大小形状的团块。有些区域的实质呈肉瘤状，而另一些区域则呈腺瘤状结构。肉瘤状区域的细胞为圆形、卵圆或梭形，如成纤维细胞。腺瘤状区域的细胞形成腺泡和不规则、分支的盲管，偶尔也形成肾小球样的结构物。形成腺泡和盲管的细胞呈立方状或柱状；形成肾小球的细胞为扁平或立方状。这种以腺样上皮结构为主的肿瘤，有时也称作肾腺瘤。除此之外，肿瘤组织中还可见到一种充满血液或玻璃样物质的窦或隐窝。上皮细胞常见核分裂象。

(五) 淋巴肉瘤

1. 材料　牛、猪或其他动物淋巴肉瘤的淋巴结和转移其他器官如脾、肾、肝、肠等的标本与病理切片。

2. 眼观　淋巴结呈灰白色，质地柔软或坚实，切面呈鱼肉状，有时伴有出血或坏死。肿瘤早期有包膜，互相粘连或融合在一起，内脏器官（如脾、肝、肾等）的淋巴肉瘤有两种形式：结节型和浸润型。结节型为器官内形成大小不一的肿瘤结节，灰白色，与周围正常组织之间的分界清楚，切面上可见无结构的、均质的肿瘤组织，外观如淋巴组织。浸润型肿瘤组织呈弥漫性浸润在正常组织之间，外观仅见器官（如肝）显著肿大或增厚，而不见肿瘤结节。

3. 镜检　器官组织的正常结构破坏消失，被大量分化不成熟的瘤细胞所代替。

（1）淋巴细胞型淋巴肉瘤。是一种分化比较好的类型，瘤细胞比较接近成熟的淋巴细胞，分化不良的瘤细胞形态大小不一致，常有分叶现象，一般不见核分裂。

（2）淋巴母细胞型淋巴肉瘤。瘤细胞较不成熟，为一致的淋巴母细胞。细胞质嗜碱性，紧包在核外，细胞核大，染色增深，有明显的核仁。

（3）网状细胞型（组织细胞型）淋巴肉瘤。瘤细胞分化更不成熟，大小及形态如网状细胞。细胞的外形不清晰，含有多量细胞质，核泡状，淡染，呈肾形，有时几乎呈三角形，常见核分裂象。细胞常为多形态，有些细胞的细胞质内含有嗜伊红染色的细条（网状蛋白、胶原）。

(4) 干细胞型淋巴肉瘤。瘤细胞最不成熟，如最原始的造血组织细胞。细胞大，圆形或卵圆形，细胞质含得很少，轮廓规则，染色性不一，有的嗜伊红，有的略嗜碱性，有的介于两者之间。核很大，含染色质少，核分裂象多，且不典型。

(六) 鸡马立克氏病

1. 材料 马立克氏病病鸡的内脏器官、皮肤肌肉、外周神经丛标本与病理切片。

2. 眼观

(1) 神经型马立克氏病。在眼观标本上最常见的病变为一处或多处外周神经、脊神经及脊神经节的损害。其中最常发生病变的是腹腔神经丛、臀神经丛、坐骨神经丛以及内脏大神经等部位，病变的神经粗大，呈灰白色或黄色，水肿。病变的神经多数为一侧性，所以容易与对侧变化轻微的神经相对比。

(2) 内脏型马立克氏病。临床上最常见，为一种器官或多种器官（性腺、脾、心、肾、肝、肺、胰腺、腺胃、肠道、肾上腺、骨骼肌等）发生淋巴瘤性病灶。增生的淋巴瘤组织呈结节状肿块或弥漫性浸润在器官的实质内。结节性马立克氏病在器官表面或实质内可见到灰白色的肿瘤结节，大小和数量不一，结节的切面平滑。弥漫性的病变为器官弥漫增大，可以比正常增大数倍以至数十倍，器官色泽变淡。母鸡的卵巢和公鸡的睾丸最为常见。法氏囊常发生萎缩，不见形成肿瘤。

(3) 皮肤型马立克氏病。病变是在皮肤上形成的小结节，主要在毛囊部分。在严重病例，皮肤病灶外面如疥癣状，表面有结痂形成，遍布皮肤各处。有时皮肤上也可见到较大的肿瘤结节或硬结。

(4) 眼型马立克氏病。特征为虹膜发生环状或斑点状褪色，以至变弥漫性的灰白色、混浊不透明。瞳孔先是边缘不整齐，严重病例见瞳孔变成小的针孔状。

3. 镜检 以血管周围多形态细胞（包括淋巴细胞、浆细胞、成淋巴细胞、网状细胞以及少量巨噬细胞）的增生浸润为基本特征。

(1) 外周神经的病变包括轻度至重度的炎性细胞浸润，病变区的浸润细胞常为多种细胞的混合物，包括小淋巴细胞、中淋巴细胞、浆细胞及成淋巴细胞。有时伴有水肿、髓鞘变性和神经膜细胞增生。

(2) 内脏各个器官的肿瘤病灶外观形态上虽有差异，但它们的增生细胞成分都是基本相同的，即大小不等的淋巴细胞、浆细胞。器官的实质成分严重破坏消失，而被增生的瘤细胞替代。法氏囊为皮质和髓质发生萎缩、坏死，形成囊肿，滤泡间淋巴样细胞浸润。

(3) 皮肤型的病变，除了毛囊周围有多量淋巴细胞浸润外，血管周围有致密的淋巴细胞增生性浸润。大的增生性病灶可以引起表皮损坏以至形成溃疡。

【实训报告】

1. 对所观察的组织学病理变化进行绘图。
2. 对所观察的眼观标本病理变化特征进行描述。

实训八　造血系统病理

【实训目标】能识别各类淋巴结炎的眼观变化与镜检变化，能识别各类脾炎的眼观变化与镜检变化。本实训时间为 2h。

【实训材料】大体标本、组织切片、幻灯片、CAI 课件、挂图、光学显微镜、显微图像投影和分析系统等。

【方法步骤】

（一）急性浆液性淋巴结炎

1. 材料　急性败血性疾病时的淋巴结或器官、组织急性感染性炎症时的局部淋巴结标本与病理切片。

2. 眼观　淋巴结肿大，潮红或紫红色，稍软，切面湿润多汁，淋巴小结明显。

3. 镜检　淋巴组织内血管扩张充血，淋巴窦扩张，内含多量浆液，并混有多量的单核细胞、淋巴细胞、中性粒细胞和数量不等的红细胞，随着炎症的发展，淋巴小结的生发中心明显增大，其外周淋巴细胞密集。

（二）出血性淋巴结炎

1. 材料　急性猪瘟病猪的颌下淋巴结和腹股沟淋巴结大体标本。

2. 眼观　淋巴结肿胀变圆，呈暗红色，切面见周边出血，与灰白色的淋巴组织相间呈大理石样外观。

（三）急性炎性脾肿

1. 材料　急性猪丹毒、猪弓形虫病的脾标本与病理切片。

2. 眼观　脾体积肿大，呈樱桃红色，边缘钝圆，被膜高度紧张；切面隆突；脾小梁和白髓模糊不清。

3. 镜检　脾髓高度充血、出血。中性粒细胞浸润；白髓不明显，小梁显示稀少。

（四）增生性脾炎

1. 材料　牛、羊布鲁氏菌病、犊牛和仔猪副伤寒的脾标本与病理切片。

2. 眼观　脾稍增大或明显增大，边缘钝圆，深红色，质地坚韧，被膜增厚。切面上，脾小梁体积增大，甚至呈颗粒状突出，呈灰白色或灰黄色，副伤寒时，切面上有散在黄色小坏死灶和副伤寒结节。

【实训报告】

1. 描述急性淋巴结炎的眼观特点。
2. 绘图说明出血性淋巴结炎的镜检特点。

实训九　心脏病理

【实训目标】 能识别心包炎、心肌炎和心内膜炎的眼观变化和镜检变化。本实训时间为 1h。

【实训材料】 大体标本、组织切片、幻灯片、CAI 课件、挂图、光学显微镜、幻灯机、显微图像投影和分析系统等。

【方法步骤】

(一) 创伤性心包炎

1. 材料　牛、羊创伤性心包炎的心包及心脏标本与病理切片。

2. 眼观　心包显著增厚、扩张，心外膜粗糙，心包腔内蓄积多量的纤维素性渗出物。

3. 镜检　心外膜的间皮细胞变性、坏死和脱落，与心外膜邻接的心肌发生变性，心肌间质充血、水肿和白细胞浸润。

(二) 急性心肌炎

1. 材料　猪、牛急性巴氏杆菌病、链球菌病、猪急性丹毒时的心脏标本与病理切片。

2. 眼观　心室扩张，心肌呈灰红色，质地松软，切面无光泽，有时呈"虎斑心"变化。

3. 镜检　心肌纤维变性、坏死、崩解，间质血管充血、出血、水肿和炎性细胞浸润。

(三) 疣状心内膜炎

1. 材料　慢性猪丹毒病猪的心脏标本与病理切片。

2. 眼观　见左心房室瓣的心房面有一灰白色的疣状赘生物。

3. 镜检　心内膜变性、坏死脱落，心内膜下结缔组织胶原纤维肿胀，结构消失，变为一片均质的淡粉红色。心内膜上的疣状物由纤维素、白细胞和血小板构成。

(四) 溃疡性心内膜炎

1. 材料　牛金黄色葡萄球菌或化脓棒状杆菌所致败血症时发生急性、亚急性心内膜炎的心脏和马链球菌性败血症时急性、亚急性心内膜炎的心脏标本与病理切片。

2. 眼观　在心瓣膜上有一黄色花椰菜样的白色血栓附着，血栓可以剥离，剥离后局部显露溃疡面，心脏瓣膜增厚变形。

3. 镜检　病变部坏死的心内膜崩解成为均质红染物，有许多细胞核碎片，并形成表面极不整齐的溃疡，溃疡面上附着大块的白色血栓。

【实训报告】

1. 描述心包炎、心肌炎和疣状心内膜炎的眼观和镜检病理变化。
2. 绘图说明心包炎、心肌炎和疣状心内膜炎的眼观和镜检病变特征。

实训十　呼吸系统病理

【实训目标】 能识别支气管肺炎、纤维素性肺炎、肺气肿和肺萎陷的眼观和镜检特征。本实训时间为1h。

【实训材料】 大体标本、组织切片、幻灯片、CAI课件、挂图、光学显微镜、幻灯机、显微图像投影和分析系统等。

【方法步骤】

（一）支气管肺炎

1. 材料　幼小动物非传染性肺炎的肺和猪流感、牛肺疫（初期）、山羊和马胸膜肺炎（初期）的肺标本与病理切片。

2. 眼观　病变部肺组织致密，色暗红或灰红，质地硬实，称实变或胰变。病灶形状不规则，呈分界较清楚的斑状或岛屿状，散布在肺的各叶。

3. 镜检　肺泡壁毛细血管扩张充血，肺泡腔及支气管腔内有炎性渗出物充盈，间质因炎性水肿而增宽。

（二）纤维素性肺炎

1. 材料　牛、羊、猪、马传染性胸膜肺炎的肺和中后期牛、猪急性巴氏杆菌病的肺标本与病理切片。

2. 眼观　病变肺叶增大，呈暗红或灰红色，切面可见肺间质增宽，淋巴管扩张，肺质地变实，呈大理石样外观。

3. 镜检　肺泡壁毛细血管充血，肺泡腔内有多量的网织纤维素和红细胞、少量白细胞及脱落的上皮细胞，肺间质增宽，有多量渗出物蓄积。

（三）间质性肺炎

1. 材料　猪地方流行性肺炎、犊牛非典型肺炎和弓形虫、蛔虫感染所致猪、牛肺炎的肺及牛、马变态反应性肺炎的肺标本与病理切片。

2. 眼观　肺组织呈灰白色，较致密、硬实。病程久的，因有大量纤维组织增生而质地坚硬，切面组织致密，有纤维束纹理。

3. 镜检　肺间质的纤维组织大量增生，使肺结构遭受破坏，肺泡上皮细胞增大为立方状，肺泡腔内有脱落的上皮细胞、淋巴细胞和巨噬细胞。

（四）结核性肺炎

1. 材料　奶牛、黄牛结核性肺炎的肺标本与病理切片。

2. 眼观　结核性肺炎常表现为小叶性或小叶融合体，有时为大叶性干酪性肺炎。病变部充血、水肿，色灰红或灰白，质地硬实。切面上，肺组织有灰黄色干酪样坏死物充满，可挤出混浊的浆液和黏稠的脓样渗出物。

3. 镜检

（1）病变为小叶性、小叶融合性甚至大叶性，肺泡腔内有浆液、纤维素和炎性细胞（主要为淋巴细胞、巨噬细胞，混有少量中性粒细胞）。

(2) 肺组织和渗出物及增生成分一起发生干酪样坏死，变成均匀红染的无结构干酪样坏死物。

(3) 病灶周围肺组织表现充血、水肿和炎性细胞浸润。

(4) 病程稍久者，病变部周围可见上皮样细胞和朗汉斯巨细胞。

(五) 肺泡性肺气肿

1. 材料 各种原因引起的弥漫性或局部性肺泡性肺气肿动物的肺标本与病理切片。

2. 眼观 肺气肿部膨大，颜色苍白，肺泡因过度充气而呈大小不一的小气泡凸出于肺表面，指压留有压痕，并有捻发音，切面呈海面状。

3. 镜检 肺泡腔极度扩张，肺泡壁变薄或破裂消失，互相融合为大泡腔。

(六) 肺萎陷

1. 材料 猪气喘病、慢性支气管炎或其他原因所致肺萎陷的肺标本与病理切片。

2. 眼观 肺病变部体积缩小，表面下陷，呈暗红色或紫红色，质地较柔韧，缺乏弹性，切面平滑。

3. 镜检 肺泡隔明显增厚，毛细血管充血。肺泡腔狭窄或仅呈裂隙状，肺泡腔内有少许脱落的肺泡上皮细胞。

【实训报告】

1. 描述支气管肺炎、纤维素性肺炎、间质性肺炎的眼观和镜检病理变化。
2. 绘图说明支气管肺炎、纤维素性肺炎、间质性肺炎的镜检病变特征。

实训十一　胃肠病理

【实训目标】能识别各类胃肠炎的眼观和镜检特征。本实训时间为1h。

【实训材料】大体标本、组织切片、CAI课件、幻灯片、普通光学显微镜、幻灯机、显微图像投影和分析系统等。

【方法步骤】

（一）急性卡他性肠炎

1. 材料　变质饲料、毒物中毒性肠炎和仔猪大肠杆菌病、猪丹毒、沙门氏菌病所致肠炎及蛔虫病、猪小袋纤毛虫病肠炎等标本与病理切片。

2. 眼观　肠黏膜潮红、肿胀，表面被覆灰白色黏稠的黏脓状液体。

3. 镜检　黏膜上皮细胞变性，部分脱落，杯状细胞增多。固有层毛细血管充血、出血、水肿，有多量炎性细胞浸润。

（二）急性卡他性胃炎

1. 材料　急性猪丹毒、猪胃线虫的胃和马胃蝇蚴寄生的胃等标本与病理切片。

2. 眼观　胃黏膜充血发红，肿胀增厚，以胃底部严重，黏膜表面黏液增多，并常有出血点或糜烂。

3. 镜检　黏膜上皮细胞变性脱落，固有层及黏膜下层充血，并有轻度出血水肿和白细胞浸润。

（三）慢性卡他性肠炎

1. 材料　长期饲喂粗硬劣质饲料所致的动物原发性慢性肠炎和慢性传染病、肠道寄生虫病所致的动物继发性肠炎的肠道等标本与病理切片。

2. 眼观　肠黏膜增厚，形成皱襞，甚至表面呈脑回状；或表面粗糙呈颗粒状。黏膜表面常覆盖大量黏液。肠壁增厚，质硬。

3. 镜检　肠黏膜上皮细胞变性、坏死、脱落，黏膜面有大量黏液块和坏死脱落的细胞。固有层和黏膜下层纤维组织明显增生，并有炎性细胞浸润。

（四）纤维素性肠炎

1. 材料　患慢性副伤寒的仔猪盲肠、结肠、回肠和慢性猪瘟病猪的盲肠与结肠等标本与病理切片。

2. 眼观　黏膜表面形成灰白色或灰黄色纤维素伪膜，呈管状或片状脱落，黏膜表面充血、出血、水肿和糜烂。

3. 镜检　黏膜表面被覆有不同程度的丝网状纤维素，黏膜上皮细胞坏死脱落，固有层和黏膜下层充血、出血、水肿和炎性细胞浸润。

【实训报告】

观察并描述急性卡他性肠炎、出血性肠炎、纤维素性肠炎的眼观及镜检的病理变化。

实训十二 肝 病 理

【实训目标】 能识别肝疾病的病理形态特征。本实训时间为1h。

【实训材料】 大体标本、组织切片、幻灯片、CAI课件、挂图、光学显微镜、幻灯机、显微图像投影和分析系统等。

【方法步骤】

(一)肝坏死

1. 材料 兔瘟病兔的肝标本与病理切片。

2. 眼观 肝明显肿大，土黄色，质脆易碎。切面干燥，缺乏光泽。

3. 镜检 肝细胞坏死，细胞变圆，细胞质呈深红色，核碎裂、消失。严重者全肝肝细胞普遍坏死，中央静脉扩张、瘀血，枯否氏细胞肿胀、增生。

(二)肝硬化

1. 材料 各种原因引起肝硬化病猪的标本与病理切片。

2. 眼观 体积缩小，质地变硬，表面粗糙不平呈结节状突起，切面肝组织正常结构破坏。

3. 镜检 肝组织正常结构破坏，肝组织被增生的结缔组织分割成大小不等的假小叶，使肝细胞索结构紊乱，增生肝细胞肥大。部分肝细胞发生萎缩、变性。

【实训报告】

1. 描述肝炎、肝硬化的眼观和镜检病变特征。
2. 绘图说明肝炎的镜检特征。

实训十三 肾病理

【实训目标】 通过对大体标本、组织切片的观察，掌握肾小球肾炎、化脓性肾炎的形态特征。本实训时间为1h。

【实训材料】 大体标本、组织切片、CAI课件、幻灯片、普通光学显微镜、幻灯机、显微图像投影和分析系统等。

【方法步骤】

(一) 急性肾小球肾炎

1. 材料 猪急性猪丹毒、猪败血型链球菌病、牛急性沙门氏菌病、鸡新城疫、传染性贫血病马的肾等标本与病理切片。

2. 眼观 肾稍肿胀，呈苍白色，被膜紧张，容易剥离，表面和切面密布针尖大至粟粒大的出血点。

3. 镜检 肾小球肿大，毛细血管丛几乎充满整个肾小囊，内皮细胞和系膜细胞肿胀、增生，使肾小球呈现明显的细胞增多，肾小囊内可见渗出的白细胞和红细胞，肾小管上皮细胞肿胀、变性，使管腔变狭窄。

(二) 亚急性肾小球肾炎

1. 材料 患急性肾小球肾炎未愈而转变为亚急性时，或在同样疾病中肾小球肾炎病势较缓和而呈亚急性经过时动物的肾标本与病理切片。

2. 眼观 肾体积肿大，边缘较钝圆，呈黄白色，被膜不易剥离，切面上皮质部显著增宽，固有纹理不清。

3. 镜检 肾小囊上皮细胞增生，囊壁增厚，形成上皮性"新月体"或"半月体"，肾小球毛细血管丛坏死、塌陷，肾小管上皮细胞变性、坏死，管腔内有管形物。

(三) 慢性肾小球肾炎

1. 材料 急性或亚急性肾小球肾炎迁延为慢性型时，或起病缓慢、病程较长的肾小球肾炎患病动物的肾标本与病理切片。

2. 眼观 肾体积缩小，表面凹凸不平呈颗粒状。肾表面和切面颜色变淡，灰白色或淡黄色。质地硬实，被膜增厚，与肾表层组织牢固粘连，不能剥离。切面上见皮质部变薄、致密，组织纹理杂乱，皮质部和髓质部分界不清。

3. 镜检 肾小球多数已纤维化，部分肾小体由于肾小囊壁层细胞增生形成新月体和环状体。肾小囊外面有大量纤维组织增生，使肾小囊环状增厚。肾小管萎缩，肾间质纤维组织明显增生，并有淋巴细胞浸润。

(四) 间质性肾炎

1. 材料 猪、牛钩端螺旋体病、布鲁氏菌病、副伤寒病牛或传染性贫血病马的肾标本与病理切片。

2. 眼观 肾显著肿大，被膜紧张，易剥离。肾表面颜色淡白，因伴有毛细血管瘀血和小点出血而呈花斑状，质地柔软。切面上皮质部增宽，组织纹理杂乱。

3. 镜检 肾间质水肿，肾小体旁、血管周围及肾小管之间有多量炎性细胞浸润，并有成纤维细胞增生，肾小管上皮细胞有不同程度的变性、坏死。

（五）化脓性肾炎

1. 材料 牛、猪、马、羊脓毒败血症时的肾和牛、猪化脓性肾盂肾炎的肾标本与病理切片。

2. 眼观 肾稍肿大，颜色较深，被膜易剥离。肾表面有多量稍隆起的粟粒大的灰黄色或乳白色圆形小脓灶，脓灶周围有红色炎性反应带。切面上小脓灶较均匀地散布于皮质部。

3. 镜检 可见肾小球内有细菌团块形成的栓塞，其周围有大量中性粒细胞浸润，局部组织坏死和化脓性溶解，脓灶周围有充血、出血和炎性水肿。

（六）肾病

1. 材料 砷、汞中毒动物的肾标本与病理切片。

2. 眼观 肾呈轻度到中度肿胀，灰白色或灰红色，质地柔软易碎，甚至软化，肾被膜易剥离。切面皮质部增宽，组织纹理模糊，皮质部与髓质部界限不明显。

3. 镜检 肾小管上皮细胞呈不同程度变性、坏死甚至脱落，致使肾小管管腔狭窄或闭塞。肾间质水肿，并有炎性细胞浸润。

【实训报告】

1. 描述急性、亚急性和慢性肾小球性肾炎的眼观和镜检病理变化。
2. 绘图说明间质性肾炎、化脓性肾炎和肾病的镜检病变特征。

实训十四　生殖器官病理

【实训目标】　能识别卵巢囊肿、子宫内膜炎、乳腺炎的眼观和镜检病变特征。本实训时间为 1h。

【实训材料】　大体标本、组织切片、CAI 课件、幻灯片、挂图、光学显微镜、幻灯机、显微图像投影和分析系统等。

【方法步骤】

（一）卵巢囊肿

1. 材料　牛、猪、鸡等动物患卵泡性卵巢囊肿的卵巢。

2. 眼观　囊肿发生于一侧或两侧卵巢。囊肿一个或数个，大小不一，囊肿的卵泡比正常的大，壁较厚而紧张，其内充满清亮的液体。在鸡，囊肿常为多发，球形或卵圆形，囊壁薄，许多囊肿各以蒂柄系着，状似葡萄。

3. 镜检　囊内一般没有卵子，颗粒层因受压而萎缩，细胞扁平，甚至消失。当颗粒层消失时，囊肿壁则为纤维组织膜。

（二）急性卡他性子宫内膜炎

1. 材料　牛、猪、羊等动物性卡他性子宫内膜炎的子宫。

2. 眼观　子宫黏膜肿胀、粗糙，散布大小不等的出血点，表面被覆浆液或黏液性渗出物，有时黏膜形成糜烂。

3. 镜检　子宫黏膜固有层毛细血管、小静脉扩张、充血，甚至有小灶出血，有浆液和细胞浸润，表层尤其明显。浸润的细胞主要是中性粒细胞；黏膜上皮变性、坏死，部分剥脱。腺上皮增生，分泌亢进。黏膜面覆盖物由浆液、黏液、中性粒细胞、剥脱的上皮细胞等所组成，有时可见少量红细胞。

（三）卡他性乳腺炎

1. 材料　奶牛、奶羊卡他性乳腺炎的乳腺。

2. 眼观　病变的乳腺区明显肿胀，质地硬脆，易于切割。切面上，在炎症的早期为湿润，部分乳腺小叶呈灰红色，小叶间间质增宽、水肿。

3. 镜检　卡他性乳腺炎时，腺泡腔内有许多脱落上皮和白细胞（中性粒细胞、单核细胞和淋巴细胞），间质炎性水肿。

（四）睾丸炎

1. 材料　乙型脑炎公猪的睾丸。

2. 眼观　一侧或两侧睾丸肿胀，阴囊皮肤皱褶消失，比较透亮。切开时可见鞘膜内积液。睾丸实质充血，切面可见大小不等、楔形或斑点状的灰黄色坏死灶。慢性病例，睾丸萎缩、变硬。睾丸与阴囊粘连，切开睾丸可见其实质被灰白色结缔组织取代。

【实训报告】

1. 描述巢卵囊肿、乳腺炎、子宫内膜炎、睾丸炎的眼观病变特征。
2. 绘图并说明卡他性子宫内膜炎、卡他性乳腺炎的镜检特征。

实训十五　神经系统病理

【实训目标】能识别非化脓性脑炎的病理组织学特征和雏鸡脑软化的眼观与镜检特征。本实训时间为1h。

【实训材料】大体标本、组织切片、CAI课件、幻灯片、幻灯机、挂图、光学显微镜、显微图像投影和分析系统等。

【方法步骤】

（一）非化脓性脑炎

1. 材料　犬瘟热、急性鸡新城疫、猪传染性脑脊髓炎等病毒性疾病动物的脑。

2. 眼观　蛛网膜、软脑膜充血，有时有点状出血，脑膜水肿和脑室积液。

3. 镜检　多数神经细胞呈现浓缩、溶解或细胞质内有空泡出现，细胞核、质界限不清或消失。脑实质内血管周围间隙水肿，有淋巴细胞、单核细胞增生浸润形成"袖套现象"。神经胶质细胞增生，在变性的神经细胞周围有胶质细胞包围（卫星现象），并出现噬神经元现象。

（二）食盐中毒性脑炎

1. 材料　食盐中毒猪的脑。

2. 眼观　软脑膜水肿、血管充血，有不同程度的出血。

（三）雏鸡维生素E缺乏性脑软化

1. 材料　维生素E缺乏所致脑软化的小鸡脑。

2. 眼观　最常发生病变的部位是小脑，其后顺序为纹状体、大脑半球、延脑、中脑。小脑柔软、肿胀，脑膜水肿。小脑表面经常有散在的小出血点。脑回沟展平。小的病变，肉眼不能辨认；大的坏死区可达小脑的五分之四体积，呈淡灰黄色或淡绿色。纹状体坏死灶湿润而苍白，在早期与周围正常组织分界清楚。

【实训报告】

1. 绘图说明非化脓性脑炎的病理组织学特征。
2. 描述脑软化的眼观病理变化特征。

实训十六 代谢病病理

【实训目标】通过实训，能识别佝偻病和骨软化症、白肌病、PSE猪肉（猪白肌肉）、关节炎、关节痛风的病变特征。本实训时间为1h。

【实训目标】大体标本、组织切片、CAI课件、幻灯片、幻灯机、挂图、光学显微镜、显微图像投影和分析系统等。

【方法步骤】

（一）佝偻病

1. 材料 佝偻病小猪的长骨（肱骨、桡骨、股骨或胫骨）和肋骨与肋软骨连接部的标本。

2. 眼观 长骨两端增大，骨干部弯曲，骨质软。肋骨与肋软骨连接部增大如念珠状，排列成行，形成佝偻病串珠。长骨纵向锯面上骨骺软骨异常增宽，骨干与骺软骨交界处的骨骺线呈锯齿样。

（二）白肌病

1. 材料 硒缺乏症动物的骨骼肌。

2. 眼观 轻症者，病变肌肉出现灰白色条纹或斑块；严重者，整个肌肉呈灰红或灰白色，失去光泽，干燥。病变部分常发生钙化，呈白垩斑块。

3. 镜检 病变部肌纤维肿胀，横纹消失，肌浆呈颗粒状（变性）或均质红染，肌细胞核消失（蜡样坏死，肌肉凝固性坏死）。有些部位肌纤维断裂，肌浆淡染或溶解，只留下肌纤维膜。肌束间间质组织疏松，毛细血管充血，有少量巨噬细胞、淋巴细胞和中性粒细胞浸润。陈旧病灶，坏死肌纤维钙化，肌细胞再生，血管壁和间质纤维组织增生。

（三）PSE猪肉（猪白肌肉）

1. 材料 猪的白肌肉。

2. 眼观 肌肉颜色苍白，质地松软，并有液体渗出。

【实训报告】

1. 描述佝偻病、浆液性关节炎、白肌病、白肌肉、关节痛风的眼观病变特点。
2. 绘图说明白肌病的镜检特点。

实训十七　动物尸体剖检诊断技术

【实训目标】会进行动物尸体剖检的准备，会剖检常见病畜禽，会采集和保存病理材料，能进行病理剖检记录，能写出病理剖检报告。本实训时间为 6h。

【实训材料】

动物：根据各地区具体情况选择（牛、马、猪、羊、鸡、兔等）两种以上病死动物。

器械：剥皮刀、解剖刀、手术刀、肠剪、骨钳、板锯（弓锯）、骨斧、镊子、手术剪、卷尺、磨刀石（棒）、注射器、针头、瓷盘（盆或缸）等。

药品：0.1%新洁尔灭溶液、3%来苏儿溶液、3%碘酊、70%～75%酒精、10%福尔马林溶液或 95%酒精、药棉、纱布等。

【方法步骤】

先由教师示教，再让学生分组进行操作。操作按教材第二十章所述方法进行，在此不再重复。

【实训报告】

作尸体剖检记录一份。

附录　动物病理实践技能考核项目

序号	项目	考核内容	考核方法	评分等级及标准
一	尸体剖检准备	①剖检时间的选择 ②剖检场地的选择 ③尸体运送方法 ④剖检器材、药品的准备 ⑤剖检人员的防护措施	实际操作或口试	优：能独立正确完成前述准备工作 良：能独立正确完成大部分准备工作，个别环节需提示才能完成 及格：能基本完成大部分准备工作，其他环节有错误 不及格：准备工作基本不能独立完成
二	尸体剖检术式	掌握猪、马、牛、羊、禽尸体剖检程序、方法	实际操作结合口试	优：尸体剖检程序、方法规范，操作熟练 良：能掌握尸体剖检程序、方法，个别环节有错误 及格：尸体剖检程序、方法大部分掌握，其他环节有错误 不及格：上述内容基本不掌握
三	病理材料的采集、包装和送检	①微生物材料采集、包装、送检 ②病理组织材料的采集、包装和送检 ③毒物检查材料的采集、包装和送检	实际操作结合口试	优：病料的采集、包装和送检方法正确 良：病料的采集、包装和送检方法基本正确，个别环节有错误 及格：病料的采集、包装和送检方法大部分正确，小部分有错误 不及格：病料的采集、包装和送检方法大部分不正确
四	病理眼观标本和病理组织切片的识别	识别充血、瘀血、出血、水肿、变性、坏死、萎缩、炎症、肿瘤及常见器官系统的眼观病变和镜检病变	观察病理组织片大体标本和尸体剖检病例	优：操作规范，能正确识别上述病理变化 良：操作较规范，能正确识别上述绝大部分病理变化 及格：操作基本规范，在老师启发下能识别上述大部分病理变化 不及格：操作错误，在老师启发下，仍不能识别大部分病理变化
五	尸体处理	①挖坑掩埋法 ②毁尸焚烧法 ③发酵腐败法	口试	优：正确掌握三种处理方法 良：较正确掌握三种处理方法 及格：基本掌握三种处理方法 不及格：一种或一种以上处理方法不正确

参 考 文 献

鲍恩东.2000.动物病理学［M］.北京：中国农业科技出版社.
陈怀涛.2006.兽医病理解剖学［M］.3版.北京：中国农业出版社.
陈万芳.2000.家畜病理生理学［M］.2版.北京：中国农业出版社.
金惠铭，王建枝.2004.病理生理学［M］.6版.北京：人民卫生出版社.
李普霖.1994.动物病理学［M］.长春：吉林科学技术出版社.
李玉林.2006.病理学［M］.6版.北京：人民卫生出版社.
林曦.2002.家畜病理学［M］.3版.北京：中国农业出版社.
刘思当.1994.动物病理学［M］.北京：中国农业科技出版社.
陆桂平.2001.动物病理［M］.北京：中国农业出版社.
吴继锋.2006.病理学［M］.2版.北京：人民卫生出版社.
吴伟康，赵卫星.2007.病理学［M］.2版.北京：人民卫生出版社.
杨光华.2001.病理学［M］.5版.北京：人民卫生出版社.
张书霞.2005.家畜病理生理学［M］.3版.北京：中国农业出版社.
赵德明.2005.兽医病理学［M］.2版.北京：中国农业大学出版社.
郑明学.1994.食用动物病理及病理检验学［M］.太原：山西高校联合出版社.
周铁忠，陆桂平.2006.动物病理［M］.2版.北京：中国农业出版社.
朱坤熹.2000.兽医病理解剖学［M］.2版.北京：中国农业出版社.

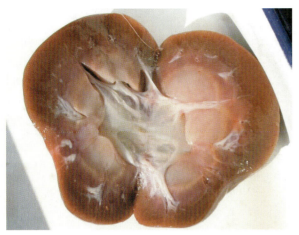

彩图1 肾萎缩（羊），皮质变薄

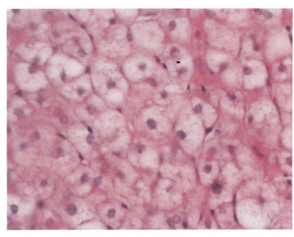

彩图2 肝细胞肿胀，核位于细胞中央，"气球样变"（400×）

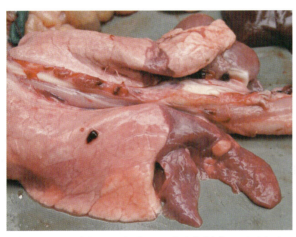

彩图3 肺肉样变：肺尖叶、心叶边缘锐薄，呈暗红色，弹性减弱，质地较实，与膈叶分界明显

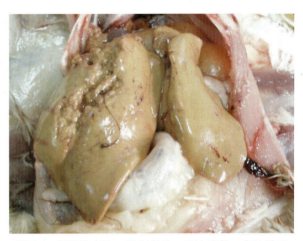

彩图4 肝脂肪变性，呈灰黄色，质地脆弱，有油腻感

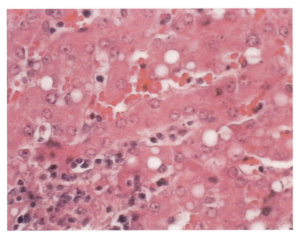

彩图5 脂肪变性：肝小叶周边肝细胞脂肪变性（400×）

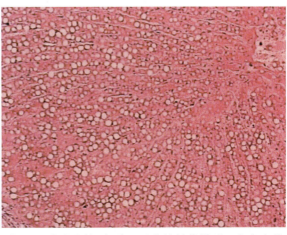

彩图6 脂肪变性（肝）：肝索放射状排列，内有串状空泡

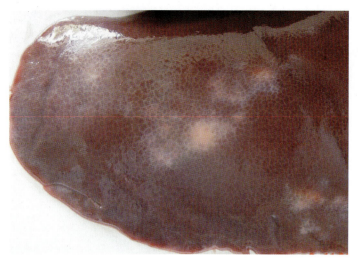

彩图7 乳斑肝：肝表面浅灰白色，肝小叶间质呈灰白色，小叶结构明显，局部可见黄豆大小乳白色的斑块，质地硬

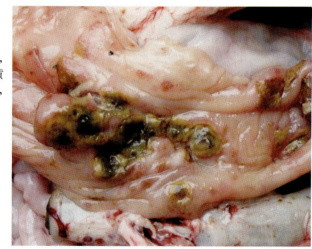

彩图8 坏死性肠炎：回盲交界处肠黏膜潮红，散在多个直径0.5～3cm、周边呈灰黄白色、中央呈暗褐色略突出的圆形病灶，"扣状肿"

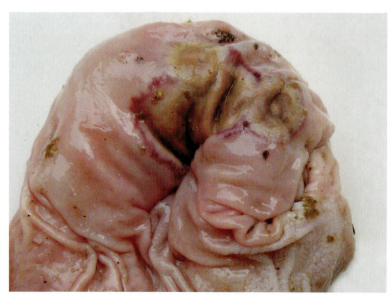

彩图9 坏死性胃炎：胃黏膜湿润、潮红、有光泽，局部有一直径约3cm的近圆形灰黄色病灶，病灶周围有一红色的炎性反应带环绕

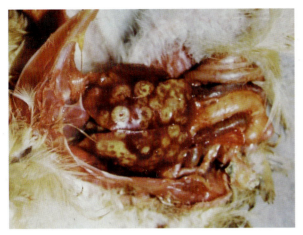

彩图10 肝坏死（鸡组织滴虫病）：肝呈斑驳状，肝表面散在大量圆形的、中央稍下陷、边缘稍隆起的黄色坏死灶

彩图11 肠系膜上包囊形成：在肠系膜上可见一个鸡蛋大小的灰白色的囊状物，外壁光滑，内充满灰红色固体无结构物，囊壁约2mm

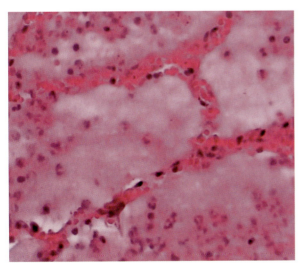

彩图12 浆液性渗出物：在肺泡腔内呈均质的淡染的毛玻璃样物质

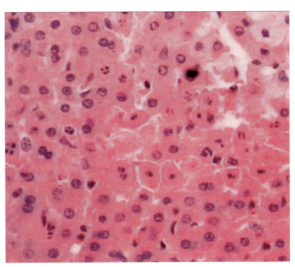

彩图13 坏死灶内可见核碎裂、核溶解、核固缩（400×）

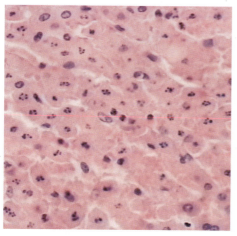

彩图14　淡染的区域内可见典型的核碎裂、核溶解（400×）

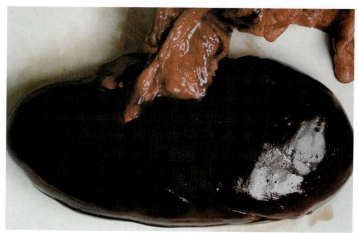

彩图15　肾淤血：体积增大，质量增加，呈暗红色

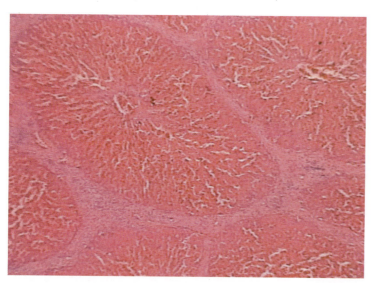

彩图16　急性肝淤血（猪）：肝小叶中央静脉及肝窦呈暗红色

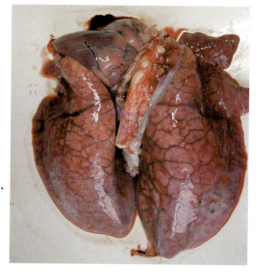

彩图17　肺淤血：体积增大，质量增加，深红色，间质增宽呈暗红色

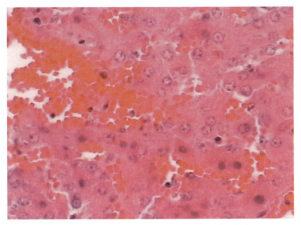

彩图18 肝淤血：中央静脉扩张，充满大量红细胞（400×）

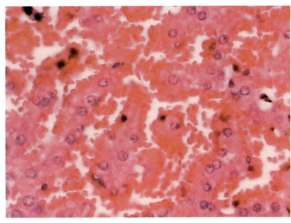

彩图19 急性肝淤血：淤血处肝细胞索变窄、离断。肝小叶中央静脉及邻近的肝窦显著扩张，充满红细胞（400×）

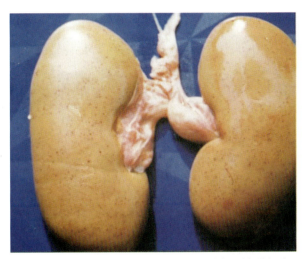

彩图20 肾脂肪变性（出血）：肾体积增大，被膜紧张，切面外翻，呈黄色，表面散在大小不等的出血点

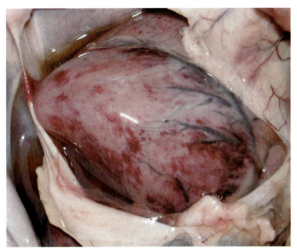

彩图21 病猪心外膜出血斑，心包腔积液

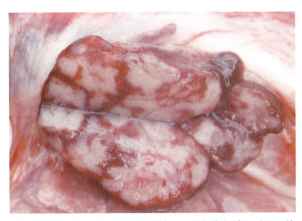

彩图22 淋巴结出血：边缘钝圆，被膜紧张，切口外翻，切面可见红白相间的大理石样花纹

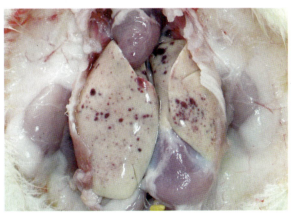

彩图23 肝出血：肝呈浅灰黄白色，表面散布针尖至黄豆大小的红点（斑）

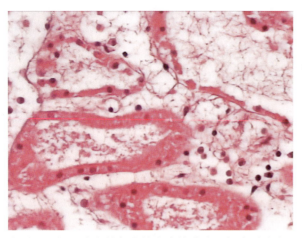

彩图24 梗死灶内的肾小管上皮核浓缩,细胞质浓染,或细胞溶解淡染,仅存细胞核(400×)

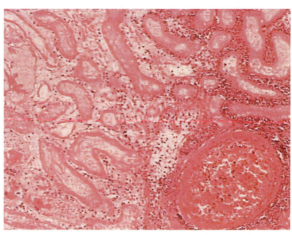

彩图25 肾贫血性梗死:着色很浅的梗死区,其周围绕以深染的出血和炎症反应带(100×)

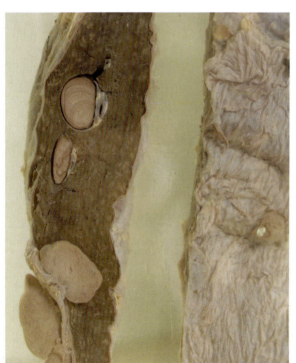

彩图26 脾静脉血栓:脾切面上可见5~6个直径1~3cm静脉管,管腔内充满灰白色层状物,局部与管壁相连,质实

图27 脾出血性梗死:脾边缘被膜下可见散在蚕豆大小的褐色病灶,突出于脾被膜,与周围正常组织分界明显

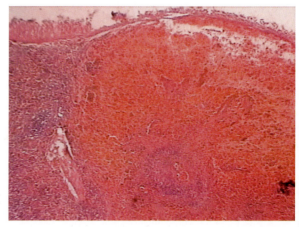

图28 脾出血性梗死:梗死区为红染的楔形区,与周围正常组织分界清楚,梗死区中淡蓝色区为脾小体(40×)

彩图29 淋巴结结核钙化：淋巴结呈黄白色，表面及切面可见黄豆至蚕豆大小的石灰样的病灶，质硬，切割有沙沙声

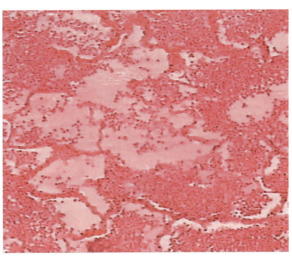

彩图30 浆液性渗出物：在肺泡腔内呈均质的淡染的毛玻璃样物质（100×）

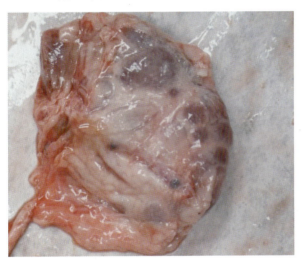

彩图31 胃（猪）浆膜水肿，呈胶冻状

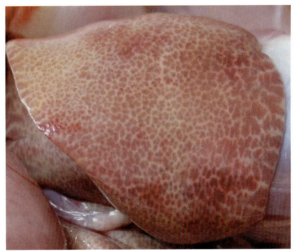

彩图32 增生性肝炎：肝体积增大，呈暗红色，间质增宽呈灰白色，肝小叶明显；严重者被膜粗糙

彩图33 肉芽组织：表面有一层纤维素和坏死组织；其下是肉芽组织，尚可见手术缝线及残留的变性坏死的肌组织

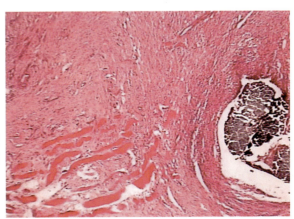

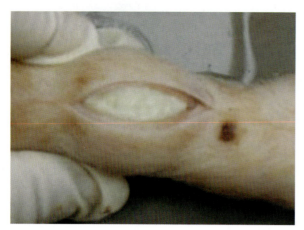

彩图34 猪关节化脓：趾关节背面皮下有一鹌鹑蛋大小的隆起，触摸有轻微的波动感，切开后可见内充满豆渣样的物质

彩图35 纤维素性心包炎肝周炎（鸡）：病鸡肝包膜、心包膜被覆一层灰黄色纤维素伪膜

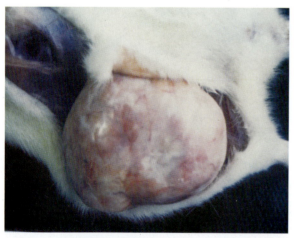

彩图36 小鼠乳腺瘤：小鼠的右后肢腹侧皮下有一个直径6cm的新生物，呈肉色，外被完整的包膜，厚薄不均

彩图37 牛皮肤乳头状瘤：牛前肢皮肤表面布满直径3～4cm的黑褐色结节状新生物